二氧化碳封存效果模拟与评价方法

赖枫鹏　张琳琳　李治平　编著

中国石化出版社

·北京·

内 容 提 要

本书以二氧化碳高效地质封存为目的，系统阐述了二氧化碳地质封存的相关理论方法，并引入工程实践进行介绍，具体内容包括二氧化碳地质封存机理，地质参数、流体属性、盖层特征及断层特征对封存效果的影响；在此基础上完成二氧化碳地质封存主控因素的筛选，并进一步总结形成了二氧化碳地质封存效果评价方法。

本书可供从事二氧化碳地质封存的工程技术人员参考和使用，也可作为高校碳储科学与工程专业、石油工程专业、资源勘查工程专业本科生，以及石油与天然气工程、地质资源与地质工程专业研究生的教学辅助用书。

图书在版编目(CIP)数据

二氧化碳封存效果模拟与评价方法 / 赖枫鹏，张琳琳，李治平编著. ——北京：中国石化出版社，2025.1.
ISBN 978-7-5114-7688-3

Ⅰ. X701.7

中国国家版本馆 CIP 数据核字第 2025VP4926 号

中国石化出版社出版发行

地址：北京市东城区安定门外大街 58 号
邮编：100011 电话：(010)57512500
发行部电话：(010)57512575
http://www.sinopec-press.com
E-mail:press@sinopec.com
北京艾普海德印刷有限公司印刷
全国各地新华书店经销

*

787 毫米×1092 毫米 16 开本 14 印张 313 千字
2025 年 1 月第 1 版　2025 年 1 月第 1 次印刷
定价:58.00 元

前　　言

二氧化碳（CO$_2$）是一种温室气体，大量排放 CO$_2$ 会对环境产生较大影响，如引起温室效应、出现极端天气、破坏海洋生态系统及造成冰川融化等。为了解决二氧化碳等温室气体的大量排放问题，应对气候变化，从 1992 年在里约热内卢通过的《联合国气候变化框架公约》（UNFCCC）到 2024 年在巴库举行的第 29 届联合国气候变化大会（COP29），各种世界峰会积极探讨解决方案。

碳中和是指排出的二氧化碳被植树造林、节能减排等措施抵消，实现碳排放与碳吸收平衡。1977 年，"碳中和"概念一经问世就迅速在西方走红。2020 年 9 月 22 日，国家主席习近平在第七十五届联合国大会一般性辩论上的讲话中指出，中国将提高国家自主贡献力度，采取更加有力的政策和措施，二氧化碳排放力争于 2030 年前达到峰值，努力争取 2060 年前实现碳中和。我国作为煤炭生产和消费大国、CO$_2$ 排放大国，以煤炭为主体的化石能源消费结构特征十分显著。2023 年，我国煤炭消费占一次能源消费总量的 55.3%，远高于其他化石能源及非化石能源消费量；同时 CO$_2$ 排放量比 2022 年增长 4.7%，排放总量达 126 亿 t。因此，推动碳排放尽早达峰、努力实现碳中和，是我国赢得全球气候治理主动权、履行国家自主贡献承诺的重要手段，也是我国践行绿色发展理念、建设生态文明的核心内容和内在要求。

二氧化碳捕集、利用与封存（CCUS）技术可以实现化石能源大规模可持续低碳利用，帮助构建低碳工业体系，同时与生物质或空气源结合具有负排放效应，是中国碳中和技术体系不可或缺的组成部分。中国政府通过国家高技术研究发展计划（"863"计划）、国家重点基础研究发展计划（"973"计划）、国家自然科学基金、国家科技支撑计划、国家重点研发计划、国家科技重大专项等支持 CCUS 领域的基础研究、技术研发和工程示范等。近年来，碳捕集、碳封存已成为减少温室气体排放和稳定全球气温的主要措施，其中二氧化碳地质封存技术可以移除已经存在于大气中的温室气体，为实现碳中和目标提供基础技术支撑。

二氧化碳地质封存的高效实施要求工程人员运用正确的理论方法，借助先进的技术手段，针对储层的地质特点及工程要求，找出最优的实施管理方案。本书着眼于二氧化碳的高效地质封存，以基本理论方法为基础，紧密结合作者的科学思考及研究成果，内容包括二氧化碳地质封存机理，地质参数、流体属性、盖层特征、断层特征对封存效果的影响，地质封存主控因素筛选和封存效果评价方法。本书理论方法与工程实践有效融合，内容紧跟行业技术发展。本书作者具有多年的二氧化碳地质利用与封存的教学、科学研究经验，在撰写过程中融入了对国外二氧化碳地质封存项目的研究思考及对新技术成果发展的理解，从而保证内容的理论性、创新性、实践性。

本书中涉及的研究工作先后得到了国家油气重大专项课题、"973"计划项目、国家自然科学基金项目、北京市自然科学基金项目、陕西省二氧化碳封存与提高采收率重点实验室开放课题、企业委托科研项目的资助，在此表示深深的谢意！

本书第1~2章、第7~8章由赖枫鹏撰写，第4~6章由张琳琳、赖枫鹏撰写，第3章由李治平、赖枫鹏撰写，全书由赖枫鹏统稿。研究生许智超、戴玉婷、宁雅洁、周鑫华、张浩楠、夏清萍、徐希同先后参加了与内容相关的研究工作。

本书编写过程中参考了大量的书籍和文献资料，已将主要参考文献在最后列出，在此谨对所有文献的作者表示深深的谢意！

由于作者水平有限，书中不妥之处在所难免，希望读者提出批评并给予指正，以便今后不断完善，在此深表感谢！

作　者

2024 年 10 月

目　　录

1 绪 论

为应对全球气候变化这一全人类共同面临的严峻挑战，减少 CO_2 排放量已成为世界共识，多数国家先后提出了"碳中和"承诺。我国在 2004 年成为世界最大的 CO_2 排放国，2010 年成为世界第二大经济体后，CO_2 排放问题愈加凸显。2020 年 9 月，我国明确提出"双碳"目标。CO_2 地质利用与封存以其巨大的减碳潜力和潜在的经济效益而备受各国关注，是公认的控制全球气候变暖的有效措施之一，同时也是保障能源安全、促进可持续发展的重要选择。本章主要介绍了 CO_2 地质封存方式、封存规模和国内外封存项目。

1.1 二氧化碳地质封存方式

二氧化碳地质封存是指借助工程技术手段将地面捕集的 CO_2 注入地质体中，利用地质条件强化能源、资源开采，实现 CO_2 与大气长期或永久隔绝的过程。按照封存位置不同，CO_2 地质封存可分为陆上封存和海上封存；按照封存地质体类型则分为深部咸水层封存、枯竭油气藏或开采后期油气藏及不可开采煤层封存。随着技术手段的更新发展，CO_2 地质封存方式也逐渐丰富，目前，常见的封存方式包括以下几种。图 1.1 为部分 CO_2 捕集、利用与封存示意图。

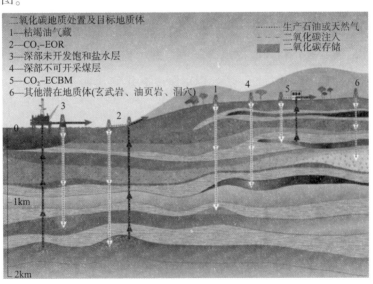

图 1.1　二氧化碳捕集、利用与封存示意

（1）二氧化碳驱油封存（CO_2 Enhanced Oil Recovery，$CO_2 - EOR$）

$CO_2 - EOR$ 指将 CO_2 注入油藏，利用其与原油的物理化学作用，使原油和油藏性质发生变化，实现提高原油采收率和封存 CO_2 双重目的的工业过程。CO_2 易达到超临界状态，具有较强的溶解性和萃取能力，对原油起到降黏、膨胀扩容作用。油田二次开采后，由于毛细管作用，原油会部分残留在岩石缝隙间，采用 CO_2 驱替可使原油黏度降低、体积膨胀，从而改善原油流动性，提高原油采收率，增加原油产量。

（2）二氧化碳驱替煤层气封存（CO_2 Enhanced Coal Bed Methane Recovery，$CO_2 - ECBM$）

$CO_2 - ECBM$ 是指将压缩后的 CO_2 或含 CO_2 的混合气体注入（深部不可采）煤层中，在实现 CO_2 长期封存的同时强化煤层气开采的工业过程。CO_2 注入煤层后，由于煤对 CO_2 的吸附能力强于甲烷，注入的 CO_2 会被煤体优先吸附（实现长期封存），并置换吸附态甲烷为游离态；同时，CO_2 注入还会降低煤体中甲烷分压，进一步加速甲烷解吸，游离态甲烷在注采压差作用下不断向采出井渗流运移，从而提高煤层气采收率。

（3）二氧化碳驱替页岩气封存（CO_2 Enhanced Shale Gas Recovery，$CO_2 - ESGR$）

$CO_2 - ESGR$ 是指用 CO_2 代替水进行页岩储层压裂，并利用页岩中 CO_2 吸附能力强于甲烷的特点置换甲烷，从而提高页岩气采收率并实现 CO_2 封存的技术，是当前国际研究的前沿技术。

（4）二氧化碳咸水层封存（CO_2 Storage in Saline Aquifer Salt Water，$CO_2 - SSA$）

$CO_2 - SSA$ 是指将加压后的高密度 CO_2 通过注入井注入咸水层中填充孔隙空间，以替代部分原生孔隙中的咸水，并通过溶解捕获、矿物捕获、结构捕获、残余气捕获、水动力捕获等方式，实现 CO_2 安全、稳定和长久封存的工业过程。在世界范围内，地下咸水层分布十分广泛，封存潜力巨大，被认为是迄今封存 CO_2 最可行的技术部署场所之一。

（5）二氧化碳深部咸水层封存与采水（CO_2 Enhanced Saline Water Recovery，$CO_2 - ESWR$）

$CO_2 - ESWR$ 是指将 CO_2 注入深部咸水层，开采深部水资源或驱替高附加值液态矿产资源（如溴素、钾盐、锂盐等），兼顾 CO_2 深度减排和长期封存的新型 CO_2 封存利用方式。

（6）二氧化碳枯竭油气藏封存（CO_2 Storage in Depleted Recover，$CO_2 - SDR$）

$CO_2 - SDR$ 是近几年提出的一种新的 CO_2 地质封存与利用方式，是指将 CO_2 注入枯竭油气藏中，在实现封存 CO_2 的同时，将残留油气资源开采出来，以提高原油与天然气的采收率，并实现减排 CO_2 的技术。

（7）二氧化碳增强型地热发电封存（$CO_2 - based$ Enhanced Geothermal Power，$CO_2 - EGP$）

$CO_2 - EGP$ 是以 CO_2 为工作介质的地热开采技术，由 D. W. Brown 在 2000 年首次提出。二氧化碳被注入地下，经地热层加热后上浮，主要是利用注入井与生产井形成的压差使

CO_2 形成自然循环，并不断从地下带出热量，在地面通过膨胀机发电，最后将经冷凝器冷却的 CO_2 由注入井注入地下，形成循环。与水相比，CO_2 具有更大的压缩性和膨胀性，可以增加浮力，减少流体循环系统的寄生功耗。

（8）二氧化碳封存与铀矿地浸开采（CO_2 – based In – situ Leaching of Uranium，CO_2 – ILU）

CO_2 – ILU 是指在铀矿床天然埋藏条件下，通过注液钻孔注入配制好的 $CO_2 + O_2$ 溶浸液，在含矿含水层中产生浸出剂，与铀矿物进行化学反应，形成含铀浸出液，浸出液再由钻孔抽提至地表，并输送至处理车间进行离子交换等工艺处理，最后得到合格产品的铀矿开采方法。该技术相较传统的酸法和碱法技术，具有方法简单、工艺流程短、建设周期短、基建投资少、劳动强度低、回收率高等优点。

将 CO_2 埋存于地下是一项安全环保、高效减排且技术可行的方案。虽然目前进行 CO_2 地质封存的场所较多，但可以大规模封存 CO_2 的场所主要是枯竭油气藏和咸水层。

枯竭油气藏封存 CO_2 的优势包括：最初聚集在圈闭（构造和地层）中的油气没有逸出（在某些情况下长达数百万年），表明地层具有一定的完整性和安全性；在前期油气开采阶段，大部分油气田的地质构造和物性得到了广泛的研究和表征；石油和天然气工业已经开发出计算机模型来预测油气的运动、驱替行为和圈闭；一些已经到位的基础设施和油井可能用于处理 CO_2 储存作业；二氧化碳储存方案可以优化以提高石油或天然气的采收率。

咸水层封存 CO_2 的注入深度较深，一般远离饮用水区域，对环境的影响较小；储层中的地层水含有较多矿物，注入的 CO_2 能在盐水层中溶解或与矿物等发生化学反应实现永久封存；具有分布面积广、厚度大、注入时所需井数少、储存成本低和储存容量大等优势。世界能源组织曾对全世界范围内 CO_2 封存总量做过评估，深部咸水层的封存量约占封存总量的 92%，是目前最具潜力的封存场所。

1.2 二氧化碳地质封存规模

CO_2 在温室气体排放中的占比最大，主要来自化石燃料燃烧、水泥制造等工业领域。工业革命之前，温室气体的浓度相对来说不是很高，平均体积分数大概为 0.028%，近十几年全球 CO_2 排放量逐步上升，2019 年至 2023 年，由于五项关键清洁能源技术（太阳能光伏、风能、核能、热泵和电动汽车）的发展，二氧化碳排放量正在出现结构性放缓，这四年与能源相关的总碳排放量增加了约 9 亿 t。由于干旱和不断上升的能源需求推高了化石燃料使用量，2023 年全球与能源相关的 CO_2 排放量又达到创纪录的 374 亿 t，较 2022 年增长 1.1%。中国作为碳排放大国，2023 年 CO_2 排放量增长 4.7%，达到 126 亿 t，是迄今全球最大的增幅，贡献了当年全球碳排放增长量的约 1/3，可见实现碳中和具有很大难度。欧美等主要发达国家和地区从碳达峰到实现碳中和往往需要 50～70 年，而我国规划仅用 30 年实现碳中和，更是面临巨大挑战，因此，有必要加快 CO_2 地质封存的理论研究，为现场进行大规模的封存示范性项目提供有力支撑。

根据《中国二氧化碳捕集利用与封存（CCUS）年度报告（2023）》，全球陆上 CO_2 地质封存潜力为 $6 \times 10^{12} \sim 42 \times 10^{12}$ t，海洋理论地质封存潜力为 $2 \times 10^{12} \sim 13 \times 10^{12}$ t；中国理论 CO_2 地质封存容量约为 $1.21 \times 10^{12} \sim 4.13 \times 10^{12}$ t。中国油田主要集中于松辽盆地、渤海湾盆地、鄂尔多斯盆地和准噶尔盆地，已探明油田可封存 CO_2 约 200 亿 t；中国气藏主要分布于鄂尔多斯盆地、四川盆地、渤海湾盆地和塔里木盆地，中国已探明气藏最终可封存 CO_2 约 150 亿 t；深部咸水层的 CO_2 封存容量为 $1.6 \times 10^{11} \sim 2.42 \times 10^{12}$ t，其中塔里木盆地、鄂尔多斯盆地、松辽盆地、渤海湾盆地、珠江口盆地等大中型沉积盆地，封存容量较大，封存条件相对较好。

目前，国外已经实施的二氧化碳地质封存与利用示范项目中，单体最大项目年封存 CO_2 能力高达 400 万 t。我国单体最大的 CO_2 地质封存与利用示范项目是吉林油田的 CO_2-EOR 示范项目，年 CO_2 注入量仅 80 万 t；2022 年 8 月，我国首个百万吨级 CCUS 项目——齐鲁石化—胜利油田项目正式建成投产。为推动 CO_2 地质利用与封存技术的规模化发展，美国、加拿大、挪威、阿尔及利亚、澳大利亚、中国等国家先后启动建设了十万吨级或百万吨级 CO_2 地质驱油封存或咸水层封存示范项目，全球 CO_2 封存能力约为 4000 万 t/a，预计 2050 年将达到 36 亿 t/a。

1.3 二氧化碳地质封存项目

1.3.1 国内二氧化碳地质封存项目

1.3.1.1 项目概况

我国是碳排放大国，实现 2030 年碳达峰目标的减排压力巨大，对 CO_2 地质封存技术有着迫切的需求。在政策支持下，我国已投运或建设中的 CO_2 地质封存与利用项目有 23 个，可实现年 CO_2 地质封存与利用量百万吨以上，涉及 CO_2-EOR、CO_2-SSA、CO_2-ECBM、CO_2-ILU 等多种封存方式，主要集中在鄂尔多斯盆地、渤海湾盆地、松辽盆地、沁水—临汾盆地、海拉尔盆地、苏北盆地及准噶尔盆地，分布面积较广（表 1.1）。总体来看，我国 CO_2 地质封存与利用技术发展迅速，各项技术处于不同程度的室内研究和工业示范阶段，但与其他国家相比，CO_2 地质封存示范项目非常有限，目前还是以 CO_2-EOR 为主。

在技术成熟度上，CO_2-EOR 技术已经达到工业示范阶段，吉林油田、大庆油田、胜利油田、中原油田等均开展了示范项目，已累计注入 CO_2 超过 150 万 t，但存在注入后监测体系不完备、监测技术落后等问题；CO_2-ECBM 技术尚处于工程试验阶段，现已完成的 7 项工程探索均由中联煤层气有限责任公司主导；CO_2 咸水层封存技术尚处于工业示范阶段，国家能源集团在鄂尔多斯盆地已完成十万吨级规模的工程示范；CO_2-ILU 技术已经达到了商业应用阶段，中国核工业集团在通辽进行了工业应用；CO_2 – ESWR、CO_2 – EGP、CO_2 – ESGR、CO_2 – SDR 等技术尚处于或已完成基础研究阶段，尚未开展相关现场试验，仍存在较大的不确定性，需进一步加强模拟研究与工程探索。

表 1.1　我国主要 CO_2 地质封存与利用示范工程

序号	项目名称	实施地	类型	年捕集量/ 万 t	年注入量/ 万 t	实施 年份	目前 状态
1	国家能源集团鄂尔多斯 咸水层封存项目	内蒙古鄂尔多斯	咸水层封存	10	10	2011	停注
2	中国核工业集团有限公司 通辽地浸采铀	内蒙古通辽	地浸采铀	未知	未知	2006	运行中
3	新疆某铀矿地浸采铀示范工程	新疆伊犁盆地	地浸采铀	未知	未知	2008	运行中
4	大庆油田 CO_2 – EOR 项目	黑龙江大庆	CO_2 – EOR	20	20	2003	运行中
5	中国石化华东油气田 CCUS 全流程示范项目	江苏东台	CO_2 – EOR	10	10	2005	运行中
6	吉林油田 CO_2 – EOR 研究与示范项目	吉林松原	CO_2 – EOR	60	43	2008	运行中
7	中国石化胜利油田 CO_2 – EOR 项目	山东东营	CO_2 – EOR	4	4	2010	运行中
8	延长石油煤化工 CO_2 捕集与 驱油示范项目	陕西西安	CO_2 – EOR	30	5	2013	运行中
9	中国石化中原油田 CO_2 – EOR 项目	河南濮阳	CO_2 – EOR	10	10	2015	运行中
10	敦华石油—新疆油田 CO_2 – EOR 项目	新疆克拉玛依	CO_2 – EOR	10	5 ~ 10	2015	运行中
11	长庆油田 CO_2 – EOR 项目	陕西西安	CO_2 – EOR	5	5	2017	运行中
12	陕西国华锦界电厂 15 万 t/a 燃烧后 CO_2 捕集与封存全流程示范项目	陕西榆林	CO_2 – EOR	15	15	2020	建设中
13	齐鲁石化—胜利油田 CCUS 项目	山东东营、淄博	CO_2 – EOR	100	100	2022	运行中
14	中国石化华东油气田江苏省二十万吨级 全链条工业应用示范工程	江苏东台	CO_2 – EOR	5	20	2022	建设中
15	国家能源集团江苏泰州电厂 50 万 t/a CO_2 捕集与资源化能源化利用示范项目	江苏泰州	CO_2 – EOR	50	50	2022	建设中
16	中联煤 TL – 003 井 CO_2 注入微型 先导性试验	山西沁水	CO_2 – ECBM	未知	0.1	2004	停注
17	中联煤 SX – 001 井深部煤层 CO_2 注入现场试验	山西沁水	CO_2 – ECBM	未知	0.1	2010	停注
18	中联煤驱煤层气项目(柳林)	山西柳林	CO_2 – ECBM	未知	0.1	2012	停注
19	中联煤深部煤层井组 CO_2 注入现场试验	山西沁水	CO_2 – ECBM	未知	0.2	2013	停注
20	中联煤 TS – 634 井组 CO_2 注入现场试验	山西沁水	CO_2 – ECBM	未知	0.2	2020	停注

1.3.1.2　代表性封存项目案例

我国对枯竭油气藏和咸水层等大规模 CO_2 封存的研究起步相对较晚，与 CO_2 – EOR 相比，前者的封存项目较少。2009 年，神华集团启动了我国首个咸水层大规模封存 CO_2 项目；2018 年，在新疆淮东彩南油田开展了 CO_2 强化深部咸水开采与储存先导性试验示范，利用 17 天时间，累计注入 1010t 的 CO_2；2019 年，我国最大燃煤电厂 CCUS 示范项目将捕

集后的 CO_2 注入咸水层封存；2021 年，启动了首个海上 CO_2 封存示范工程，以珠江口盆地高含 CO_2 的恩平 15 - 1 油田为目标，将海上油田伴生的 CO_2 分离和脱水后，回注至地下咸水层，设计每年 CO_2 封存量 30 万 t。下面对两个有代表性的二氧化碳封存项目——吉林油田的 CO_2 - EOR 项目和神华集团的 SH - CCS 项目进行具体介绍。

（1）吉林油田大情字井区块 CO_2 - EOR 示范项目

自 2006 年起，吉林油田在大情字井区块开始 CO_2 - EOR 工程探索，先后建成了黑 59、黑 79 南、黑 79 试验区，2014 年在黑 46 区实现工业化推广，2020 年又建成黑 125 加密五点工业化试验区。吉林油田大情字井区块位于松辽盆地南部中央坳陷区长岭凹陷中部，属于低孔、特低渗中深层碎屑岩储层，平均渗透率为 $4.5 \times 10^{-3} \mu m^2$。该区块于 2000 年投入开发，开发初期普遍面临产量递减快、注水效果差及水驱采收率低等难题。

吉林油田大情字井区块实施 CO_2 - EOR 技术后，单井产量较水驱提高 65%~200%，原油采收率较水驱提高幅度达 25%，年产油能力超过 10 万 t，年埋存 CO_2 能力 35 万 t，是目前国内 CO_2 累计封存量最大的 CO_2 - EOR 项目。截至目前，吉林油田大情字井区块已完成了 CO_2 驱与封存试验、水驱中期转 CO_2 驱与封存试验、水驱后期转 CO_2 驱与封存试验、CO_2 - EOR 技术工业化推广和工业化应用试验等，并基于此建成了 5 个国内领先的 CO_2 - EOR 示范区，实现了国内首个 CCS - EOR 全产业链、全流程工业化示范。

（2）鄂尔多斯盆地神华集团的 SH - CCS 示范项目

2008 年，在国家高技术研究发展计划（"863"计划）资助下，我国启动 CO_2 咸水层封存工程试验。2010 年，国家能源集团在鄂尔多斯盆地开展了国内首个陆上深部咸水层 CO_2 地质封存示范工程，选择的场地为我国第二大沉积盆地——鄂尔多斯盆地，总面积达 37 万 km^2，沉积深度超过 5000m。该场地的地质构造特征优良，经评估，咸水层 CO_2 封存潜力达 345 亿 t。鄂尔多斯盆地封存区域构造平缓，地层倾角为 1°~2°，整体为一自东向西倾斜的单斜构造，局部发育的小幅度隆起是差异压实作用形成的，断层不发育，构造挤压影响相对较弱。

项目将 CO_2 注入深度为 1690~2450m 的 18 个砂岩含水层，自上而下为三叠系下刘家沟组、二叠系石千峰组、二叠系石河子组、二叠系山西组、太原组以及奥陶系马家沟组盐水层。储层岩性除下部为奥陶系白云岩外，其余都是砂岩。储盖层具有低渗、多层、完整的总体特征。孔隙度为 5%~12.9%，渗透率为 0.1×10^{-3}~$6.58 \times 10^{-3} \mu m^2$。各层水型为 $CaCl_2$ 型，地层水 pH 值为 6~7，属于弱碱性水。项目将附近煤制油工厂产出的高浓度 CO_2 经捕集、低温浓缩后，进行高压注入。神华煤制油化工有限公司于 2010 年 6 月推动和实施，于 2011 年 5 月进行试注，9 月开始正式注入，至 2013 年 12 月，共成功注入约 20 万 t CO_2。整个项目总 CO_2 注入量约 30 万 t，达到了预期效果。该项目也是亚洲唯一一个十万吨级地下咸水层 CO_2 封存项目和世界第一个在低孔、低渗地下咸水层中实现多层注入、分层监测的全流程 CO_2 捕集与封存项目。

1.3.2 国外二氧化碳地质封存项目

1.3.2.1 项目概况

自 20 世纪 50 年代，美国和俄罗斯（苏联）就开展了 $CO_2 - EOR$ 技术研究。1972 年，Chevron 公司在美国得克萨斯州投产了世界首个 $CO_2 - EOR$ 商业项目；2000 年，加拿大在萨斯喀彻温省实施了全球最大规模的 $CO_2 - EOR$ 项目——Weyburn - Midale，平均年 CO_2 注入量约 200 万 t，有效助力了石油企业向负碳排放企业转变。1995—2001 年，美国在圣胡安盆地 Allison 试验区首次开展了 $CO_2 - ECBM$ 工程试验，成功实施了煤层气多井联合开采，之后各种 $CO_2 - ECBM$ 项目相继开展。除此之外，国外 $CO_2 - SSA$ 技术发展较早，目前已整体达到工业示范阶段，小部分项目已经达到商业化运行阶段。加拿大、挪威、美国、阿尔及利亚及日本等国家先后开展了 $CO_2 - SSA$ 工程试验，并基本取得预期效果（表1.2）。

表 1.2　国外主要 CO_2 地质封存与利用示范工程

序号	项目名称/工程位置	国家	类型	年捕集量/万 t	年注入量/万 t	实施年份
1	Terrell Natural Gas Processing Plant (Formerly Val Verde Natural Gas Plants)	美国	$CO_2 - EOR$	50	—	1972
2	Enid Fertilizer	美国	$CO_2 - EOR$	70	—	1982
3	Shute Creek Gas Processing Plant	美国	$CO_2 - EOR$	700	—	1986
4	Great Plains Synfuels Plant and Weybum - Midale	加拿大、美国	$CO_2 - EOR$	300	—	2000
5	Century Plant	美国	$CO_2 - EOR$	840	—	2010
6	Petrobras Santos Basin Pre - Salt Oil Field CCS	巴西	$CO_2 - EOR$	300	—	2011
7	Coffeyville Gasification Plant	美国	$CO_2 - EOR$	100	—	2013
8	Air Products Steam Methane Reformer	美国	$CO_2 - EOR$	100	—	2013
9	Uthmaniyah $CO_2 - EOR$ Demonstration	沙特阿拉伯	$CO_2 - EOR$	80	—	2015
10	Petra Nova Carbon Capture Alberta Carbon Trank Line (ACTL) with North	美国	$CO_2 - EOR$	140	—	2017
11	West Redwater Partnership's Sturgeon Refinery $CO_2 - Stream$	加拿大	$CO_2 - EOR$	140	—	2020
12	Allison 试验区，圣胡安盆地	美国	$CO_2 - ECBM$	—	33.6	1995
13	Pump 峡谷，圣胡安盆地	美国	$CO_2 - ECBM$	—	1.67	2008
14	Tanquary 农场，伊利诺伊盆地	美国	$CO_2 - ECBM$	—	0.009	2008
15	Virginia，阿巴拉契亚盆地中部	美国	$CO_2 - ECBM$	—	0.09	2009
16	褐煤区块，威利斯顿盆地	美国	$CO_2 - ECBM$	—	0.009	2009
17	黑武士盆地	美国	$CO_2 - ECBM$	—	0.0225	2010
18	Marshall，阿巴拉契亚盆地北部	美国	$CO_2 - ECBM$	—	0.45	2009
19	Buchanana，阿巴拉契亚盆地中部	美国	$CO_2 - ECBM$	—	0.147	2015
20	Fenn Big Valley，阿尔伯塔	加拿大	$CO_2 - ECBM$	—	0.02	1998

序号	项目名称/工程位置	国家	类型	年捕集量/万 t	年注入量/万 t	实施年份
21	Alder Flats，阿尔伯塔	加拿大	CO_2 – ECBM	—	—	2006
22	Kaniow，Silesian 盆地	波兰	CO_2 – ECBM	—	0.076	2004
23	Ishikari 盆地，北海道	日本	CO_2 – ECBM	—	0.08	2004
24	Sleipner	挪威	咸水层封存	—	100	1996
25	In Salah	阿尔及利亚	咸水层封存	—	120	2004
26	Snøhvit	挪威	咸水层封存	—	70	2008
27	Quest	加拿大	咸水层封存	—	120	2015
28	linois Industrial Carbon Capture and Storage	美国	咸水层封存	—	100	2017
29	Gorgon Carbon Dioxide	澳大利亚	咸水层封存	—	400	2019
30	Qatar LNG CCS	卡塔尔	咸水层封存	—	100	2019

1.3.2.2 代表性封存项目案例

虽然 EOR 技术已有 50 余年的工程实践历史，但将 CO_2 封存作为首要目的、缓解温室效应却是近 20 年发展起来的新技术。与其他封存方式相比，国外的大规模 CO_2 封存项目也较多。

（1）国外枯竭油气藏 CO_2 封存代表性项目

国外枯竭油气藏 CO_2 地质封存总体处于机理探索及小规模先导试验阶段，主要包括澳大利亚 CO_2 CRC Otway 项目、加拿大 Alberta 项目、荷兰 K12 – B 项目等；此外还开展了一些研究项目，包括德国 Altmark 气田（CLEAN 项目），澳大利亚 Otway 项目、CASTOR 项目等。下面对部分国外枯竭油气藏 CO_2 封存的代表性项目进行具体介绍。

1）匈牙利气田项目。

20 世纪 80 年代，匈牙利气田为提高气藏最终采收率，最早将 CO_2 注入临近衰竭的天然干气藏，气藏采出程度为 67%，压力降至 2.5MPa，气藏埋深为 700 ~ 850m，为中低渗气藏（渗透率为 5×10^{-3} ~ $40 \times 10^{-3} \mu m^2$）。开注 6 年后，共注入 6.9 万 t 的 CO_2，压力增加约 2MPa，注气阶段累计采出天然气为原始天然气储量的 11.6%，最终气藏采收率为 78.6%。由于该气藏非均质性极强，一年半后注入气突破，注气阶段采出的天然气量仅为剩余天然气储量的 35%，受波及效率的影响，并不能达室内实验增加剩余储量 70% 的目标。

2）荷兰 K12 – B 气田项目。

荷兰 K12 – B 项目位于北海，其气田天然气组分中 CO_2 含量高，占比达到 13%，为满足 CO_2 含量低于 2% 的管道输送要求，需要将天然气中的 CO_2 分离出来就地回注，这是世界首次将采出的 CO_2 回注原气藏。储层在海平面下约 3800m，地层压力从原始地层压力 40MPa 降低至 4MPa（采收率为 90%），地层温度为 128℃，储层由渗透率为 300×10^{-3} ~ $500 \times 10^{-3} \mu m^2$ 的高渗透地层与渗透率为 5×10^{-3} ~ $30 \times 10^{-3} \mu m^2$ 的中低渗透率地层组成，盖层为厚达 500m 的盐岩。该项目于 2002 年开始对回注方案进行可行性研究，2004 年进行现场试验，先后将 CO_2 注入气藏的一个废弃区块进行封存和注入一个即将废弃的区块进行强化采气技术处理，注入气成分为 $95\% CO_2 + 5\% CH_4$（甲烷），CO_2 的年注入量最高可达 31.0 万 ~47.5 万 t。

项目分为三个研究阶段。第一阶段：利用现有管柱和设备实施注 CO_2 的适应性研究，具体包括厘清 CO_2 对设备、地层和采气的影响，对地面及井下设备的要求，考察合适的注入井废弃流程，考察法律法规及社会方面的可行性，HSE 评价分析，经济性评价。第二阶段：研究 CO_2 注入和封存相关的技术、操作、安全、环境、经济等问题，并通过项目获得相关经验，这个过程持续了 15 年。第三阶段：研究将 CO_2 注入及封存规模从示范规模扩展到商业规模的适应性。第一阶段和第二阶段任务已经通过项目完成了，第三阶段任务仍在评估中。采用温度压力梯度测试、采出气水分析、测井、示踪剂、电磁成像工具等分析方法监测 CO_2 的影响，项目运行期间未发生明显的事故，证实了 CO_2 在荷兰大陆架枯竭气藏封存的适应性和安全性可以得到保障。

3）加拿大 Alberta 项目。

加拿大 Alberta 项目由于油气枯竭，将 2 口采气井转换成了酸气回注井，从 2002 年开始向气藏实施酸气[$98\% CO_2 + 2\% H_2S$（硫化氢）]回注，注入后 1~3 年内采气井有 CO_2 突破，2005 年由于酸气的突破而停止注气。实验发现 CO_2 突破早于 H_2S，在某些井中突破的时间差高达 1 年。其原因为 CO_2 的溶解度远低于 H_2S，导致 H_2S 会优先溶于注入井附近的地层水，饱和 H_2S 的地层水进一步降低了 CO_2 的溶解能力，CO_2 只能以气相形式向远端运移。这种色谱分离现象可以应用于对 CO_2 的监测，将溶解度远低于 CO_2 的 N_2 与其共同注入地层，则 N_2 会先于 CO_2 到达监测井，因此 N_2 的突破可以作为 CO_2 发生突破的监测信号。

4）澳大利亚 Otway 项目。

澳大利亚 Otway 项目是首个在枯竭的天然气储层中进行 CO_2 储存的严格监测试点，也是在 CO_2-CRC 框架下开展的首个澳大利亚 CO_2 安全生产、运输、灌注和地下封存的示范项目。Otway 盆地（海域）位于澳大利亚维多利亚省西南部，分布多个废弃油气田及富 CO_2（>90%）的 Buttress 气田，地化指标显示 CO_2 为火山来源。该项目于 2004 年开始进行选址和特征描述，制订 CO_2 生产、运输和回注的运营计划，定量风险评估设计了一个广泛的监控和验证计划。注入从 2008 年 3 月开始，混合气体在地面进行干燥和压缩，然后通过地下管道输送 2.25km 的距离，以平均每周 870t 的速度重新注入深度约 2000m 的枯竭的 Naylor 气田，大约注入了 6.5 万 t 的 CO_2 和 CH_4。目标层为 2000m 以下，厚 25~30m 的砂—粗砂储层，储层孔隙度为 20%，渗透率介于 1000×10^{-3}~$5000 \times 10^{-3} \mu m^2$，具有高孔隙度、高渗透率特征，盖层为多个炭质薄层，能够提供良好封闭条件。在断层作用下储层三面均为厚度 300m 的泥岩，将 CO_2 运移范围限制在 $0.5km^2$ 之内。Otway 项目地震图像和流体采样分析证实了地质力学模型和地球化学模型分析的正确性。监测结果显示，大气、土壤、浅层地下水中均无示踪剂，证实了枯竭气藏 CO_2 封存的安全性和有效性。

5）德国 CLEAN 项目。

德国 CLEAN 项目由德国联邦教育和研究部资助（2008—2011 年），针对将 CO_2 注入 Altmark 气藏驱气提高采收率及其地质封存，在 CO_2 注入地质风险评价、井筒完整性、环境效应监测等方面开展了系统的研究。室内实验、数值模拟和矿场试验证实了 Altensalzwedel 储层封存 10 万 t CO_2 的安全性。尽管由于未获批准，没能大规模实施注气，但仍为全球注 CO_2 提高气藏采收率（$CO_2 - EGR$）提供了系统丰富的技术和管理经验。

（2）国外咸水层 CO_2 封存代表性项目

$CO_2 - SSA$ 技术在国际上已处于工业示范阶段。20 世纪 90 年代初，加拿大在阿尔伯塔盆地开展了世界首个 $CO_2 - SSA$ 项目，该项目注入的气体为 CO_2 和 H_2S 的混合气体。1996 年，挪威国家石油公司 Sleipner 油田离岸 CO_2 地质封存项目正式运行，每年将 100 万 tCO_2 注入位于北海海床下的 Utsira 咸水层中，该项目是世界上首个实现商业化运行的地质封存与利用项目，也是目前运行时间最长的 CO_2 咸水层封存项目。2004 年，阿尔及利亚在 In Salah 气田开展了 $CO_2 - SSA$ 工程试验，截至 2011 年，累计注入 380 万 tCO_2。2008 年，挪威国家石油公司在 Snøhvit 气田开展了海底 CO_2 咸水层封存项目，该项目每年封存 70 万 tCO_2，是世界上首个在严寒气候（北极圈）地区运行的封存项目。2003—2005 年，日本在长冈市开展陆上 $CO_2 - SSA$ 工程试验，其间共封存 CO_2 约 1 万 t。2004 年，美国资源公司在得克萨斯州北部海湾地区开展了 Frio 地层 $CO_2 - SSA$ 工程试验，每 10 天将约 1600t 的 CO_2 注入深 1500m 的砂岩储层内。2019 年，澳大利亚 Gorgon CCS 项目落地，截至 2021 年 7 月，该项目已累计注入 CO_2 近 500 万 t。世界范围内 CO_2 咸水层封存项目的顺利运行证实了 $CO_2 - SSA$ 技术的可行性，并提供了长期大规模的封存经验。下面对国外部分咸水层 CO_2 封存的代表性项目进行具体介绍。

1）挪威 Sleipner 项目。

挪威北海的 Sleipner 咸水层封存项目于 1996 年投入运营，碳源为 Sleipner West 气田伴随天然气产出的 CO_2，含量约为 9%，碳封存量约为 80 万 t/a。项目将 CO_2 封存在 Utsira 砂岩储层中，这是一个高度拉长的砂储层，从北向南延伸 400km 以上，从东到西延伸 50 ~ 100km，面积约为 26100km^2。Utsira 顶部地层和地表变化相对平稳，分布范围为 550 ~ 1500m，但主要在 700 ~ 1000m 内。砂组的局部厚度为 200m，下伏砂质单元进一步增加了储层的总厚度。盖层序列变化较大，可分为下盖层、中盖层和上盖层三个主要单元，且下盖层的范围远远超出了目前 Sleipner 注入的 CO_2 所占据的区域，提供了有效的密封，因此不会发生 CO_2 泄漏风险。Utsira 组为受盆地限制的海相低注浅层松散砂岩，孔隙度为 30% ~ 40%，渗透率在 1μm^2 以上。根据室内岩心实验，Utsira 砂组主要由未胶结的细粒砂组成，偶有中粗粒。

2）挪威 Snøhvit 项目。

挪威 Snøhvit 项目是全球比较成功的典型咸水层二氧化碳封存示范工程之一。碳源为伴随 Snøhvit、Albatross 和 Askeladd 油田产生的 CH_4 一起产出的 CO_2，经分离等一系列处理后重新注入。Snøhvit 位于挪威巴伦支海西南边缘 Hammerfest 盆地中部的东西断块系统中，Hammerfest 盆地长度为 150km、宽度为 70km，北部、东南部和西部分别与洛帕高地、芬马克台地和特罗姆瑟盆地相连。Snøhvit 储层为上三叠统—中侏罗统，包括 Fruholmen、Tubåen、Nordmela 和 Støhvit 组，主要由砂岩夹薄页岩层组成，被侏罗系页岩和白垩系页岩盖层覆盖。Snøhvit 项目将 CO_2 注入 Tubåen 组咸水层。Tubåen 组包括一个三角洲至河流砂岩层序，沉积于侏罗纪早期。受分流河道和海潮影响，三角洲平原沉积环境砂岩相变化很大，夹有粉砂岩和泥岩。其上是沉积在低海岸平原环境中的 Nordmela 组的富含泥浆的沉积物，其下是 Fruholmen 组。Nordmela 组之上为 Støhvit 组，Støhvit 组被中侏罗世晚期的 Fuglen 组覆盖。Tubåen 组中分流河道沉积使得储层分隔性较好，咸水层的厚度约为 45 ~ 75m、深度为 2600m，以砂岩为主，孔隙度和渗透率分别为 10% ~ 15% 和 185×10^{-3} ~ $883 \times 10^{-3} \mu m^2$，储层压力和温度分别为 28.5MPa 和 98℃，在 Tubåen 组咸水层中测量到盐度约高达 160g/L。

Snøhvit 油田是海上 CO_2 注入场地，水深约为 330m，处于完全水下开发阶段，在 80m 水深的生产和钻井平台上，CO_2 在与 Snøhvit、Albatross 和 Askeladd 油田产生的 CH_4 分离后被重新注入，这些 CH_4 中含有 5% ~ 8% 的 CO_2。注入始于 2008 年 4 月，计划在该项目的 30 年生命周期内注入 CO_2 约 $23 \times 10^6 t$。

2 二氧化碳地质封存机理

二氧化碳地质封存是降低温室气体含量、缓解温室效应的重要手段之一，枯竭油气藏和咸水层作为两种大规模二氧化碳地质封存方式，已在国内外陆续开展理论研究与工程示范项目。枯竭油气藏具有合格油气藏储层优势，其储层的孔隙度、渗透率、饱和度参数与二氧化碳埋存所需参数极为相似，且含水层可以溶解大量二氧化碳，理论封存量大，储层中致密的泥页岩盖层为二氧化碳埋存形成了密闭空间，是安全性较好的天然屏障；咸水层的盐穴是理论上最好的二氧化碳埋存空间，咸水层一般含有大量相互连通的孔隙，为二氧化碳的运移溶解提供了有利途径，封存潜力大，且二氧化碳与矿物质离子的结合可以使其在储层中实现长期封存。

本章重点介绍二氧化碳地质封存过程中流体的性质、岩石的物理性质、二氧化碳—地层水—岩石的相互作用、二氧化碳的运移特征以及封存机理。

2.1 流体性质

在二氧化碳地质封存过程中，地层流体的物理、化学性质对渗流的影响最大，因此对比二氧化碳和地层水在地层中的性质差异，以及二氧化碳—地层水—岩石的相互作用，对二氧化碳的运移特征及封存机理研究是十分必要的。

2.1.1 气体性质

作为空气组分之一的 CO_2，常温下无色无味，溶于水会形成酸性溶液，是一种常见的温室气体。在物理性质方面，CO_2 的熔点为 $-56.6℃$，沸点为 $-78.5℃$，标准条件下较空气密度大；在化学性质方面，CO_2 不活泼，热稳定性很高，不能燃烧，通常也不支持燃烧，属于酸性氧化物，具有酸性氧化物的通性。CO_2 的产生途径多样，电力场、钢铁厂、水泥厂和化石燃料电厂等行业都是 CO_2 排放的主力军。

（1）二氧化碳相态

CO_2 相态随温度和压力的变化而改变，共有固态、液态、气态和超临界态四种状态。如图 2.1 所示，标准大气压条件下，CO_2 为气态，密度为 $1.87kg/m^3$；随着压力的增加，CO_2 转变为液态，密度降低；当温度低于 $-78.5℃$ 时，CO_2 凝结为固态，变成干冰；当温度为 $-56℃$、压力为 $0.52MPa(5.2bar)$ 时，气相、液相、固相三相呈平衡状态，平衡状态

点即三相点；当温度增加到 31.1℃，且压力高于
7.38MPa(73.8bar)时，CO_2 转变为超临界态，对
应的状态点为临界点。

在高于临界点的温度和压力下，压缩 CO_2 不
会改变超临界 CO_2 的状态，仅仅会导致其密度变
化。此外，在临界点附近，压力与温度的微小改
变都会导致 CO_2 扩散系数、流体黏度和密度等物
性的剧烈变化，因此在临界点附近，超临界 CO_2
具有较强的突变性和可调性。当前在地质封存工
程中，常常将工业生产的 CO_2 捕获收集后经加温
加压处理为超临界状态，以进行注入，但不是必
然条件。由于 CO_2 的临界点较低，一般认为地下

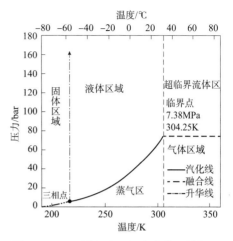

图 2.1　CO_2 随温度—压力变化下的相图

注：1MPa = 10bar

750m 就可达到临界点。在地质封存过程中，大多数项目的地层温度和压力在临界点以上，
因此 CO_2 一直为超临界状态，不存在或极少存在相态的转变。

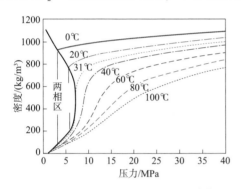

图 2.2　CO_2 的密度与温度和压力的关系

降低幅度越大。

（3）二氧化碳黏度

黏度是流体黏滞性的量度，是流体流动性
对其内部摩擦现象的一种表示，黏度越大，流
体的流动性越差。与密度类似，CO_2 的黏度也
是温度和压力的函数，从图 2.3 中可以看出，
黏度的变化与密度的变化规律基本一致。压力
较低时，CO_2 的黏度基本不发生变化；压力较
高时，黏度随着温度的升高而减小（减小速率先
快后慢）、随着压力的增加而增大（增大幅度逐
渐增加）。在临界点附近，CO_2 的黏度对温度和

（2）二氧化碳密度

CO_2 的密度是温度和压力的函数，其密度随
温度的增加而减小，随压力的升高而增大。从
图 2.2 中可以看出，超临界 CO_2 的密度与液相流
体接近，变化范围很广，可从 $150kg/m^3$ 变化至
$1100kg/m^3$。当 CO_2 处于临界点附近时，流体的
密度受温度和压力的影响较为明显。即压力越接
近 7.38MPa，随压力增加，CO_2 密度增长幅度越
大；温度越接近 31.1℃，随温度增加，CO_2 密度

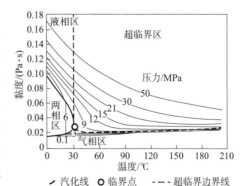

图 2.3　CO_2 的黏度与温度和压力的关系

压力的变化非常敏感，很小的温度或压力变化就可导致黏度剧烈变化。超临界流体的黏度

仅比常压气体的黏度高一个数量级左右，远小于液体的黏度，这保证了超临界 CO_2 在地层中的强流动性。

（4）超临界二氧化碳的特殊性质

超临界状态下的物质较单纯的液态或气态不同，有许多特殊的性质。从表 2.1 可以看到，超临界 CO_2 密度与液态二氧化碳相近，表面张力几乎为零，具有较好的传质性；黏度与气态 CO_2 接近，扩散系数远大于液态 CO_2，具有较强的流动性。超临界 CO_2 的双重优势使其能够进入任何比 CO_2 分子大的空间，在地质封存中既可缩小在储层中的存储空间，又可以保证其流动性能，更利于地质封存。

表 2.1　超临界流体与气体、液体的性质比较

物理性质	气体	超临界流体	液体
密度/（g/cm³）	0.0006 ~ 0.002	0.2 ~ 0.9	0.6 ~ 1.6
黏度/（mPa·s）	10^{-2}	0.03 ~ 0.1	0.2 ~ 3.0
扩散系数/（cm²/s）	10^{-1}	10^{-4}	10^{-5}

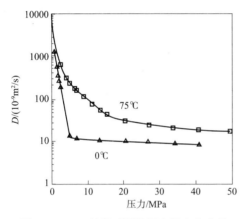

图 2.4　CO_2 扩散系数随压力的变化曲线

1）超临界二氧化碳的扩散系数。

流体的扩散系数（D）是衡量流体扩散能力的重要参数，图 2.4 显示了温度为 0℃ 和 75℃ 时 CO_2 的扩散系数随着压力的变化规律。从图 2.4 中可以看出，当压力低于临界压力时，CO_2 的扩散系数随压力的升高而迅速降低，当压力较高时，压力对 CO_2 扩散系数的影响相对较小。除此之外，随着温度的上升，CO_2 的扩散系数也在增加，当压力高于临界点后，CO_2 扩散系数受温度的影响也较小。超临界 CO_2 的扩散系数为 $10 \times 10^{-4} \sim 50 \times 10^{-4} cm^2/s$，远高于液态 CO_2 的扩散系数（液体二氧化碳的扩散系数小于 $10^{-5} cm^2/s$），具有较强的流动性。

2）超临界二氧化碳表面张力。

超临界 CO_2 表面张力主要受温度的影响，如图 2.5 所示。CO_2 的表面张力（σ_n）随温度（T）的升高逐渐下降，当流体温度接近临界温度时，CO_2 的表面张力几乎下降为 0，因此超临界 CO_2 的传质性得到了显著的提高，其在地层孔隙中的流动能力远强于液态 CO_2，可以到达地层中微小孔道的末端。注入超临界 CO_2 可避免 CO_2 在封存初期早早分离为气液两态，与单纯注入气态或液态二

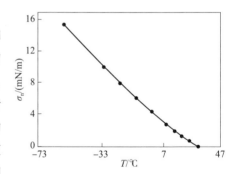

图 2.5　CO_2 表面张力随温度的变化曲线

氧化碳相比，注入超临界态的 CO_2 可以使 CO_2 在储层中滞留的时间更长。此外，由于 CO_2

分子量较大，超临界 CO_2 流体的密度也较大，具有很强的吸附能力，使其能够吸附在地层孔隙中，不易被其他物质置换出来，地质封存的效果较好。

2.1.2 地层水性质

(1)物理性质

针对地层水物理性质的研究是水质分析的基础，主要包括颜色、透明度、气味、密度和 pH 值等。其中，颜色、透明度、气味通过观察可以直接判断；密度和 pH 值等参数需要利用一定技术手段测量获得，pH 值是判断地层水是否符合饮用水的标准。枯竭油气藏地层水的 pH 值一般在 4.5 ~ 6.5 范围内，不符合饮用水标准(饮用水 pH 值为 6.5 ~ 8.5)；密度普遍为 1.1 ~ 1.3g/cm³，和咸水层的地层水密度特征相同，都较 CO_2 密度大，从而导致 CO_2 在密度差作用下向上运移。

1)地层水的密度。

在 CO_2 地质封存过程中，溶解的矿物离子可以使地层水密度增加将近 20%，CO_2 的溶解也可以使地层水的密度增加 2% ~ 3%。若 CO_2 密度不发生变化，其与地层水之间的密度差会逐渐增大，从而导致 CO_2 传质能力增强，向上运移距离增加，接触到新鲜地层水的机会增多，有利于 CO_2 地质封存。除此之外，地层水密度还受温度、压力和矿化度影响。通过对实验数据进行拟合可以得到相应的计算公式，计算结果如图 2.6、图 2.7 所示，地层水密度随温度升高而降低、随矿化度和压力的增加而增大。

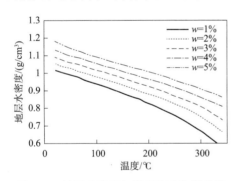

图 2.6 地层水密度与温度和矿化度关系　　图 2.7 地层水密度与压力和温度关系

2)地层水黏度。

地层水黏度同样受温度、压力和矿化度的影响，但压力对地层水黏度的影响很小，可以忽略。黏度反映了流体的流动性，即黏度越小，流体流动能力越大。根据计算公式可以得到较为准确的地层水黏度数值，如利用 Phillips 关系式(2.1)计算：

$$\frac{\mu}{\mu_w} = 1 + 0.0816m + 0.0122m^2 + 0.000128m^3 + 0.000629T(1 - e^{-0.7m}) \quad (2.1)$$

式中　m——NaCl 的物质的量浓度，mol/L；

　　　T——温度，℃；

　　　μ_w——纯水的黏度，Pa·s。

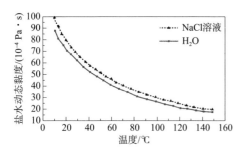

图2.8　地层水的黏度与温度、矿化度的关系

为了使结果更准确，用实验数据对结果进行拟合，得到的结果如图2.8所示。地层水黏度与矿化度呈正相关关系，与温度呈负相关关系，所以在较低矿化度和较高温度条件下，地层水的流动性更好。

3）地层水的压缩系数。

压缩性是流体在压力的作用下体积缩小的性质，用压缩系数来表示。储层性质、压力、温度、溶解和矿化度都会影响地层水压缩系数。在通常情况下，压力上升，地层水压缩系数降低；温度升高，压缩系数先降低后增加，变化不大，一般可以认为不变；溶解气量增加时地层水压缩系数上升；地层水的压缩系数与矿化度的变化成反比。由于CO_2注入后，引起地下很多参数发生变化，从而导致地层水压缩系数改变。同时，地层水压缩系数的变化也会影响CO_2的密度、黏度和溶解性。

压缩系数的计算比较困难，一般情况下压缩系数只能取经验值。通常地层水的等温压缩系数数值为$(3.7 \sim 5.0) \times 10^4 \mathrm{MPa}^{-1}$，但是为了比较精确地计算，可以用质量守恒和密度的计算公式进行推导。

（2）化学性质

关于地层水化学性质的研究是水质分析的关键，主要包括地层水矿化度、化学组成、地层水类型和水化学特征。地层水的矿化度和化学组成受地下环境及此环境中一系列物理、化学、生物作用的共同影响。矿化度较高的地层水不宜作为饮用水，阴阳离子含量决定了地层水的化学组成。矿化度与主要离子浓度关系十分紧密，如氯离子（Cl^-）浓度随总矿化度增大而增高，相关性较好；其他阳离子浓度也随总矿化度增大而升高，但其相关性较Cl^-差。

地层水类型的研究是水质分析的核心。在明确了物理性质和化学性质的前提下，可以确定地层水的类型。目前常用的地层水分类方案主要有两种：一种是按矿化度分类，另一种是按地层水化学组成分类。矿化度（M）是无机盐含量在地层水中所占比例，即质量浓度，地层水的矿化度是地下水动力场和化学场在不同的地质环境中长期作用于地下水的结果。按照矿化度由小到大，可将地层水分为五类：淡水（$M<1\mathrm{g/L}$）、微咸水（$1\mathrm{g/L} \leqslant M < 3\mathrm{g/L}$）、咸水（$3\mathrm{g/L} \leqslant M < 10\mathrm{g/L}$）、盐水（$10\mathrm{g/L} \leqslant M < 50\mathrm{g/L}$）、卤水（$M \geqslant 50\mathrm{g/L}$）。苏林的地层水分类方案主要依据阴阳离子的质量浓度及其组成关系。此种方案将地层水划分为四种类型：硫酸钠型（Na_2SO_4型，大陆水）、碳酸氢钠型（$NaHCO_3$型，大陆水）、氯化镁型（$MgCl_2$型，海水）、氯化钙型（$CaCl_2$型，深层水）。其中，$NaHCO_3$型和$CaCl_2$型在油气田中分布广泛，Na_2SO_4型和$MgCl_2$型相对较少见。

地层水的水化学特征参数是评价地层水是否适宜进行CO_2地质封存的重要指标，其不仅能够反映地层水所处的水文地球化学环境，还可以反映水岩相互作用的强度。与CO_2封存有关的水化学特征参数主要有钠氯系数(r_{Na^+}/r_{Cl^-})、氯镁系数($r_{Cl^-}/r_{Mg^{2+}}$)、脱硫系数($100 \times SO_4^{2-}/r_{Cl^-}$)和镁钙系数($r_{Mg^{2+}}/r_{Ca^{2+}}$)。

1）钠氯系数。

钠氯系数又称变质系数，可以说明地下水的变质程度，是地层封闭性、地层水变质作用程度和储层水文地球化学环境的重要指标。Cl^-化学性质稳定，很少与其他离子发生化学反应；Na^+含量通常伴随吸附、沉淀作用减少，因此一般封闭条件好的储层的钠氯系数较小。该系数越大，说明地层水受渗入水的影响越强；该系数越小，说明水体环境受渗入水的影响较弱，对地层水中CO_2等的封存越有利。

2）氯镁系数。

氯镁系数是反映浓缩变质作用和阳离子吸附交换作用的重要水化学特征参数。Mg^{2+}由于吸附、交换作用含量会减少，而Cl^-化学性质相对稳定，所以氯镁系数值一般较大。通常情况下，地层水的封闭性越好，封闭时间越长，氯镁系数值越大，变质作用或地层水岩作用越明显，储层保存条件越好。

3）脱硫系数。

脱硫系数是地下水环境氧化还原程度的重要指标。还原环境中，脱硫细菌将还原为H_2S，逐渐在地层水中减少至消失。脱硫系数越小，表明SO_4^{2-}含量越少，还原环境越强，地层封闭性越好，对地层水中CO_2等的保存越有利。脱硫系数通常以1为界限，小于1表明地层水还原彻底，封闭性好；反之，则认为还原不彻底，原因可能是浅表层氧化作用。

4）镁钙系数。

镁钙系数也是水化学的重要特征参数之一，镁钙系数主要反映储层次生孔隙发育程度。镁钙系数值小，说明Ca^{2+}含量多，容易生成方解石矿物，表明次生孔隙发育良好；镁钙系数值大，说明Mg^{2+}含量多，容易生成白云石矿物，与有机质生烃排酸反应不强烈，导致次生孔隙发育不好。

2.2 岩石的物理性质

储层CO_2、地层水两相流模拟中，储层岩石物理参数主要包括：孔隙度、渗透率、密度等。储层岩石大多为砂岩，为多孔介质，含有较多孔隙，其孔隙中又充满了地层水，下面对多孔介质的两个重要属性——孔隙度和渗透率进行介绍。

2.2.1 孔隙度

孔隙度是指岩样中所有孔隙空间体积之和与该岩样体积的比值，称为该岩石的总孔隙度，以百分数表示。储集层的总孔隙度越大，说明岩石中孔隙空间越大，储层岩石越疏松，容纳的地层水量越多。多孔介质的结构非常复杂，为从数学角度分析孔隙度，一般将孔隙度定义成一个连续函数。考虑多孔介质中的任意一点$P(x, y, z)$，取一个体积微元

ΔV_i，该微元是围绕 P 点取的并包含足够多的孔隙。ΔV_i 内孔隙的体积为 $(\Delta V_p)_i$，点 P 是孔隙空间的形心，微元体积 ΔV_i 中的平均孔隙度 ϕ_i 可表示为式(2.2)：

$$\phi_i = \frac{(\Delta V_p)_i}{\Delta V_i} \tag{2.2}$$

2.2.2　渗透率

在一定压差下，岩石允许流体通过的能力以渗透率表示，渗透率是表征土壤或岩石传导液体能力的参数。其大小与在介质中流动的液体性质无关，而与孔隙度、液体渗透方向上孔隙的几何形状、颗粒大小及排列方向等因素密切相关。不同渗透率的储层对计算结果有较大影响。CO_2 流体由岩层内孔隙通道或裂隙通道向周围运移扩散，渗透率较低的孔隙度使得孔隙水压力较难消散，产生较大的诱发断层活化的危险。

2.3　二氧化碳—地层水—岩石相互作用

CO_2 注入地层后，会与地层水和岩石发生一系列物理化学反应，这些反应将直接导致原生矿物的溶蚀与次生矿物的沉淀，从而影响地层水的组成，以及岩石的矿物组成、孔隙度、渗透率、润湿性和力学性质等物理性质，并最终影响 CO_2 注入效率、封存容量，以及封存的长期安全性和稳定性。

首先，注入的 CO_2 部分在地层水中发生溶解并生成碳酸，碳酸电离产生 H^+、HCO_3^- 和 CO_3^{2-}。CO_2 在地层水中的溶解度与地层水矿化度、CO_2 注入压力及地层温度密切相关，表现为 CO_2 溶解度随压力增加而增大，随地层温度、地层水矿化度的增加而显著降低，其中温度为影响 CO_2 溶解度的主控因素，压力次之，矿化度对 CO_2 溶解的影响最小。CO_2 的溶解改变了原始地层水的酸碱平衡环境，生成的碳酸根将与地层水中的钙、镁、钡、铁等金属离子发生反应并生成沉淀(表2.2)。地层水中的钙离子浓度对 CO_2 的矿化捕获至关重要。

表2.2　常见二氧化碳—地层水化学反应方程式

序号	反应方程式	次生矿物
1	$CO_2(g) + H_2O(1) \Longleftrightarrow H_2CO_3(aq)$	—
2	$H_2CO_3(aq) \Longleftrightarrow H^+(aq) + HCO_3^-(aq)$	—
3	$HCO_3^- \Longleftrightarrow H^+(aq) + CO_3^{2-}(aq)$	—
4	$Ca^{2+}(aq) + CO_3^{2-}(aq) \longrightarrow CaCO_3(s)$	方解石
5	$Fe^{2+}(aq) + CO_3^{2-}(aq) \longrightarrow FeCO_3(s)$	菱铁矿
6	$Mg^{2+}(aq) + CO_3^{2-}(aq) \longrightarrow MgCO_3(s)$	菱镁矿
7	$Ba^{2+}(aq) + CO_3^{2-}(aq) \longrightarrow BaCO_3(s)$	毒重石
8	$Ca^{2+}(aq) + Mg^{2+}(aq) + 2HCO_3^-(aq) \longrightarrow CaMg(CO_3)_2(s) + 2H^+(aq)$	白云石
9	$Na^+(aq) + Al^{3+}(aq) + 2H_2O + HCO_3^-(aq) \Longleftrightarrow NaAlCO_3(OH)_2(s) + 3H^+(aq)$	片钠铝石

其次，酸性流体会与岩石中的方解石、白云石、长石及黏土等矿物发生溶解反应，并生成石英、高岭石、片钠铝石等次生矿物(表 2.3)，且不同矿物发生溶解、沉淀反应的时间存在先后差异。随着温度的升高或溶液 pH 值的降低或溶液矿化度的增加，矿物的溶蚀溶解作用加剧，热力学性质不稳定矿物(如方解石)的溶蚀速率远大于热力学性质稳定的矿物(如黏土和石英)。方解石、白云石、铁白云石在酸性环境中发生完全溶解，而长石、黏土等矿物在酸性环境中发生非完全溶解，伴随新矿物生成。原生矿物的溶解、次生矿物的沉淀及微粒迁移将直接导致孔隙度、渗透率、润湿性和力学性质等岩石物性发生变化，进而改变储层的可注性与盖层的封闭性，最终影响封存地质体的长期稳定性与安全性。

表 2.3 常见二氧化碳—地层水—岩石矿物化学反应方程式

序号	矿物名称	反应方程式	次生矿物
1	方解石	$CaCO_3 + H^+ \longrightarrow Ca^{2+} + HCO_3^-$	完全溶解
2	白云石	$CaMg(CO_3)_2 + 2H^+ \longrightarrow Ca^{2+} + Mg^{2+} + 2HCO_3^-$	完全溶解
3	铁白云石	$Ca(Fe_{0.7}Mg_{0.3})(CO_3)_2 + 2H^+ \longrightarrow Ca^{2+} + 0.7Fe^{2+} + 0.3Mg^{2+} + 2HCO_3^-$	完全溶解
4	铁云母	$KFe_3(AlSi_3)O_{10}(OH)_2 + 10H^+ \longrightarrow Al^{3+} + K^+ + 3Fe^{2+} + 3SiO_2 + 6H_2O$	石英
5	钾长石	$2KAlSi_3O_8 + 9H_2O + 2H^+ \longrightarrow 2K^+ + Al_2Si_2O_5(OH)_4 + 4H_4SiO_4$	高岭石
6	钠长石	$2NaAlSi_3O_8 + 3H_2O + 2CO_2 \longrightarrow 2Na^+ + 2HCO_3^- + Al_2Si_2O_5(OH)_4 + 4SiO_2$	高岭石、石英
7		$NaAlSi_3O_8 + H_2O + CO_2 \longrightarrow NaAlCO_3(OH)_2 + 3SiO_2$	片钠铝石、石英
8	钠沸石	$NaAl_3Si_3O_{10}(OH)_2 + 2H_2O + CO_2 \longrightarrow$ $NaAlCO_3(OH)_2 + Al_2Si_2O_5(OH)_4 + SiO_2$	片钠铝石、石英、高岭石
9	钙长石	$CaAl_2Si_2O_8 + H_2CO_3 + H_2O \longrightarrow CaCO_3 + Al_2Si_2O_5(OH)_4$	高岭石、方解石
10		$CaAl_2Si_2O_8 + 2Na^+ + 3CO_2 + 3H_2O \longrightarrow$ $2NaAlCO_3(OH)_2 + CaCO_3 + 2SiO_2 + 2H^+$	片钠铝石、石英、方解石
11	高岭石	$Al_2Si_2O_5(OH)_4 + H_2O + 2CO_2 + 2Na^+ \longrightarrow 2NaAlCO_3(OH)_2 + 2SiO_2 + 2H^+$	片钠铝石、石英
12	伊利石	$K_{0.85}Mg_{0.25}Al_{2.35}Si_{3.4}O_{10}(OH)_2 + 22H^+ \longrightarrow$ $2.35Al^{3+} + 0.85K^+ + 0.25Mg^{2+} + 12H_2O + 3.4Si$	石英
13	蒙脱石	$Ca_{0.17}Mg_{0.34}Al_{1.66}Si_4O_{10}(OH)_2 + 6H^+ \longrightarrow$ $1.66Al^{3+} + 0.17Ca^{2+} + 0.34Mg^{2+} + 4SiO_2 + 4H_2O$	石英
14	绿泥石	$(Fe,Mg)_5Al_2Si_3O_{10}(OH)_8 + 8H^+ \longrightarrow$ $3SiO_2 + 2.5Fe^{2+} + 2.5Mg^{2+} + 8H_2O + 2AlO_2^-$	石英
15	橄榄石	$2Mg_2SiO_4 + CO_2 + 2H_2O \longrightarrow Mg_3Si_2O_5(OH)_4 + MgCO_3$	蛇纹石、菱镁矿
16	蛇纹石	$2Mg_3Si_2O_5(OH)_4 + 3CO_2 \longrightarrow 3MgCO_3 + Mg_3Si_4O_{10}(OH)_2 + 3H_2O$	菱镁矿、滑石
17	滑石	$Mg_3Si_4O_{10}(OH)_2 + 3CO_2 \longrightarrow 3MgCO_3 + 4SiO_2 + H_2O$	菱镁矿、石英

二氧化碳—地层水—岩石相互作用是一个包括多相流体的渗流、力学响应、化学反应等复杂的相互作用过程。超临界 CO_2 注入地层使得注入区域储层孔隙压力增加，从而导致储层、盖层应力场改变。而储层应力场的扰动会对岩体孔隙率、渗透率及毛管压力产生影响，有的孔隙中岩石矿物被溶解，有的孔隙喉道被堵塞，进一步影响 CO_2 的扩散和运移；同时由于注入 CO_2 的温度与周围地层温度有一定差异，导致岩层中发生对流换热，而温度

场的变化通过改变储层流体的密度、黏度，进而影响 CO_2 的注入和运移。二氧化碳—水—岩石反应在矿物封存机理中发挥着主要作用。厘清反应对储层孔隙度和渗透率的影响对确保 CO_2 在咸水层中长期封存十分必要。各个地层在结构、矿物学和水文地质学上各不相同，故在封存选址时应将这些条件作为主要考虑因素。

2.4 二氧化碳的运移特征

超临界 CO_2 在地层中的封存过程是一个非常复杂的多相多组分流动过程，经过扩散、溶解、对流等一系列复杂过程实现封存。CO_2 注入后，首先在浮力的作用下克服毛细管压力不断从井底朝顶部发生垂向上的运移，顶部的 CO_2 饱和度不断增加；其次受水平方向注入压力的驱动，发生侧向运移，因此超临界 CO_2 在驱替地层水溶液的过程中，受密度差、浓度差和压力差的共同作用在整个储存区域会形成类似漏斗状的扩散晕。大量的 CO_2 注入后，以注入井为中心形成三个明显的区域：单气相区、气—液两相区和单液相区。同时 CO_2 饱和度以注入井为中心向四周逐渐减小。从 CO_2 埋存的整个过程出发，CO_2 在地层水中的溶解、扩散及对流主要发生在 CO_2 从水层底部向上的迁移、气层向盖层的扩散、地层顶部向下储层的质量传递过程中。在不同时期 CO_2 的传质方式如图 2.9 所示。

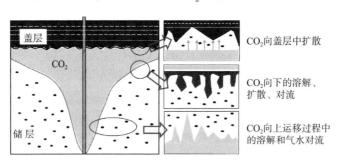

图 2.9　不同时期的 CO_2 传质形式

2.4.1 二氧化碳的溶解

在地质封存过程中，CO_2 主要存在两种溶解途径：一种是沿着迁移路径溶解，即在 CO_2 向上扩散和沿盖层横向扩散过程中溶解，这种途径短期（几十年）内 CO_2 溶解量很少；另一种是由于溶解了 CO_2 的咸水密度增大，与低密度咸水的对流运动伴随溶解，这种途径不仅增加了 CO_2 与咸水接触面积，加快了 CO_2 溶解速度，还延长了溶解态 CO_2 在地层中的停留时间。CO_2 和地层水之间的溶解将影响注入过程和流动特征，主要表现在以下四个方面：

1）CO_2 溶解到地层中，会加大饱和 CO_2 咸水的密度，在密度差作用下发生对流进一步促进溶解，这种方式不仅快（仅需几小时），而且在实际含水层中大量溶解的 CO_2 保持未反应状态，进一步保证了封存的安全性。精确预测水相的密度是模拟 CO_2 在地层中埋存的另一个重要方面。$H_2O - CO_2$ 系统的实验数据显示 CO_2 水相的密度增加了 2% ~3% ，在地层条件下，饱和 CO_2 的地层水密度大约比没有 CO_2 的地层水密度大 10 ~15kg/m³。

2）CO_2 溶解到地层水中，增加地层水的黏度。随着地层水黏度的增加，地层水的流动性减弱，可以防止饱和 CO_2 的地层水运移出地表。在一定的温度和压力下，混合流体的黏度随着流体中 NaCl 和 CO_2 浓度的增加而增加。

3）CO_2 溶解到咸水后变成了水相状态，和地层水发生反应生成酸，在酸性条件下，CO_2 会和很多岩石反应，生成碳酸盐或者沉淀。

4）水溶解到或蒸发到 CO_2 中，使地层水中的水分减少，地层矿化度随着水分的减少而增加，形成干透和盐析。

干透是指水不易溶于超临界的 CO_2 中；但是，CO_2 持续注入地质储层中将会导致注入井周围区域变得干燥。随着地层水中的水不断地被提取出来，甚至束缚水饱和度减少到几乎为零的程度，这使地层水的相对渗透率增加。加大注入量会导致一个低矿化度的地层水环境，同时还可以导致高矿化度地层水中注入量的大幅度减少。

盐析是指随着地层水变干，其矿化度和密度都在增加，并且地层水中含有的盐类变得过饱和。这是蒸发岩地层的地下等价物。在靠近井筒的地带和井、管道及其他设施中，这种现象被称为缩放。特定矿物的饱和状态和各种盐类的连续沉淀将会被其他存在的阳离子和阴离子影响。一旦盐类开始沉淀，孔隙度和渗透率就会减少。在高矿化度地层水环境中，最重要的矿物类型是 NaCl。

溶解度决定了溶解到地层水中的 CO_2 的分布。CO_2 溶解到地层水后，将不再以自由相的状态存在，可以减少 CO_2 的泄漏，使封存更加安全。地层水中 CO_2 溶解度的计算方法很多，例如 Drummond、Cramer/Batistelli、Duan、Nesbitt、Rumpf、Spycher 等。常用的方法有两种，一种是 Duan，另一种是 Spycher，其中 Duan 的使用范围较广，温度范围为 0 ~260℃，压力范围是 0 ~200MPa，离子浓度范围为 0 ~4.3mol/kg H_2O，也是最新的和最精确的公式，现已广泛用于很多 CO_2 封存研究中。CO_2 的溶解度也主要受温度、压力和矿化度的影响。为了得到更精确的结果，根据前人的研究数据拟合，结果显示（图 2.10），CO_2 的溶解度与压力呈正相关关系，与温度和矿化度呈负相关关系。

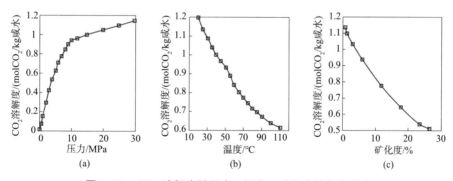

图 2.10　CO_2 溶解度随压力、温度、矿化度的变化关系

CO$_2$ 的溶解速度计算公式见式(2.3)：

$$d(\rho_{CO_2})/dt = -kA(C_0 - C_\infty)\tag{2.3}$$

式中　A——超临界 CO$_2$ 液滴的表面积，m^2；

　　　k——传质系数，m/s；

　　　C_0——液滴表面浓度，kg/m^3；

　　　C_∞——地层无穷远处浓度或初始浓度，kg/m^3。

传质系数 k 可由式(2.4)计算：

$$Sh = 1 + (S_c + 1/Re)^{1/3} \times 0.752 \times Re^{0.472}\tag{2.4}$$

式中　　　Sh——舍伍德数，$Sh = k \times d_{CO_2}/D_{CO_2-H_2O}$

　　　　　S_c——施密特数，$S_c = v/D_{CO_2-H_2O}$

　　　　　Re——雷诺数，$Re = u \times d_{CO_2}/V$；

$D_{CO_2-H_2O}$——CO$_2$ 在 H$_2$O 中的特性系数，m^2/s；

　　　　　ν——运动黏度，m^2/s；

　　　　　u——动力黏度，m^2/s；

　　　　d_{CO_2}——CO$_2$ 液滴直径，m。

2.4.2　二氧化碳的扩散

在地质封存过程中，由于注入的 CO$_2$ 与地层水存在密度差，导致其形成向上运移的羽流。当 CO$_2$ 迁移到盖层底部时，一方面向下储层中扩散，另一方面向盖层中扩散，因此盖层密封性是保证 CO$_2$ 不发生泄漏的关键。CO$_2$ 的扩散运动不仅能增加 CO$_2$ 的溶解速率和溶解封存量，还会引起部分 CO$_2$ 扩散到储层孔隙中，形成残余气圈闭，是推动 CO$_2$ 实现有效封存的主要方式。

分子扩散系数是用来表征物质分子扩散能力的物理量，与系统的温度、压力和混合物中组分的浓度有关。CO$_2$ 在水中的分子扩散系数等于单位时间内在单位浓度梯度作用下、单位面积上沿扩散方向传递的物质的量。计算扩散系数的方法较多，可以采用实验测定，也可以使用经验公式进行估算，而估算某物质在液体中的扩散系数最常用的就是惠尔凯公式[式(2.5)]。

$$D_A = \frac{7.4 \times 10^{-15}(\alpha M_B)^{0.5}T}{\mu_{slt}V_A^{0.6}}\tag{2.5}$$

式中　D_A——溶质 A 在液体溶剂 B 中的扩散系数，m^2/s；

　　　M_B——溶剂 B 的摩尔质量，g/mol；

　　　α——溶剂 B 的缔合系数，无量纲；

　　　T——温度，K；

　　　μ_{slt}——混合溶液的黏度，Pa·s；

　　　V_A——溶质 A 在常压下沸点时的液态摩尔体积，cm^3/mol。

2.4.3 二氧化碳的对流

对流是由浓度差或温度差引起密度变化而产生的，流体内的温度梯度会导致密度梯度发生变化，若低密度流体在下、高密度流体在上，则将在重力作用下形成自然对流。在 CO_2 封存过程中，由于 CO_2 向上扩散引起储层上部地层水中溶解的气体较多，地层水密度增大，而随着 CO_2 扩散作用的持续，高密度储层的厚度越来越大，与下部未饱和地层水形成密度梯度，在重力作用下发生对流传质作用，上部高密度地层水向下部低密度地层水传递。对流运动加快了 CO_2 在地层水中的溶解速度，使更多低密度地层水获得接触 CO_2 的机会，因此由密度差引起的对流运动加快了 CO_2 气体在水中的溶解进程。

地层水能否发生对流现象用瑞利数式（2.6）来表示，根据 1945 年 Horton 和 Rogers 研究定义的临界瑞利数 $R_{ac} = 4\pi^2$，当瑞利数 R_a 大于或等于临界瑞利数时，对流混合就会发生；当瑞利数 R_a 小于临界瑞利数时，则对流不会发生。

$$R_a = \frac{kgH\Delta\rho}{\mu\phi D}\cos\theta \tag{2.6}$$

式中　k——渗透率，m^2；

　　　g——重力加速度，m^2/s；

　　　H——储层厚度，m；

　　　$\Delta\rho$——密度差，kg/m^3；

　　　θ——储层倾角，（°）；

　　　μ——地层水黏度，$Pa \cdot s$；

　　　ϕ——介质孔隙度，%；

　　　D——分子扩散系数，m^2/s。

2.4.4 多相流运移模拟方法

孔隙尺度中对多维多相流体的数值研究可以更好地理解其运移过程。通常利用孔隙尺度数值模型来研究 CO_2 的运移特征及寻找优势路径等，其中比较常用的有 CFD（计算流体力学）方法和 LBM（格子玻尔兹曼）方法。

（1）CFD 方法

由于计算的高效率和广泛的适用性，CFD 方法成为孔隙尺度的数值模拟方法中模拟多相流动的首选。基于网格的数学方法求解 Navier - Stokes 方程来研究多相流动。Open-FOAM 软件可以提供 CFD 模拟环境，包含先进的物理模型，用来模拟牛顿与非牛顿流体流动、复杂流体流动、化学反应、多孔介质流和渗透力学分析等现象。CFD 模拟需要寻找合适的接触角方法与 CFD 方法耦合来考虑毛细管力的影响，同时也需要跟踪复杂相态接触界面。

（2）LBM 方法

LBM 方法是基于三维非均匀多孔介质的孔隙尺度反应及运输的一种计算研究模型。OpenLB 软件提供用于流体物理现象的计算模拟环境，内核是基于各种晶格玻尔兹曼模型，能够方便简单地表示各种复杂的物理现象，包括流体之间及流体与边界的多相态多组分和化学作用。LBM 方法是一种可以有效研究多相流动的方法。CFD 方法是通过离散宏观连续方程完成模拟，与 CFD 方法不同的是，LBM 方法通过对玻尔兹曼方程直接求解来模拟复杂流体流动，通过直接求解处理复杂多孔介质中的边界问题，实现多维多相流体运移间的计算。

2.5　二氧化碳地质封存机理

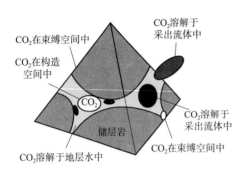

图 2.11　CO_2 地质封存过程中封存机理示意

CO_2 注入储层后，在多孔介质中散播，取代部分地层水，逐步充满整个流动空间，然后通过一系列物理化学反应封存起来，CO_2 封存机理示意如图 2.11 所示。CO_2 在地层中的封存方式主要分为四种，其作用机理可以划分为物理封存和化学封存。其中物理封存包括地质构造圈闭封存和束缚空间封存，化学封存包括溶解封存及矿化封存，各个封存机理的特征描述和封存潜力见表 2.4。

表 2.4　二氧化碳地质封存机理类型与特征

封存机理	特征描述		封存潜力
	封存特征	存储量限制条件或有利条件	
地质构造圈闭封存	依靠储层浮力封存在构造或底层圈闭顶部	无水动力系统时，受流体压缩系数限制；有水动力系统时，驱替地层流体	储层规模，潜力巨大
束缚空间封存	封存于岩石骨架颗粒间隙，最后会部分扩散或溶解于水中	可占据储层空间的 15% ~ 20%，二氧化碳最终溶于地层水	井点规模，潜力大
溶解封存	溶解在储层中	受二氧化碳与水接触关系限制，在垂向高渗透层和厚层中有利	井点规模，潜力大
矿化封存	与骨架矿物发生化学反应，生成新的矿物	反应速度慢，矿物沉淀析出会降低注入能力，实现"永久"封存	井点规模，潜力较小

每种封存方式因封存时间不同，发挥的作用也不同，在长期的封存过程中相互之间也在发生转换。随着 CO_2 向储层的注入，起主导作用的封存机理依次为地质构造圈闭封存、溶解封存和束缚空间封存、矿化封存。四种机理并不各自孤立，它们在封存时间内都起作用。随着时间的增加，各个机理会出现互相转化，即各种机理所占的封存权重也会发生改变(图 2.12)。

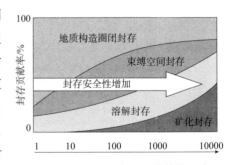

图 2.12　CO_2 封存机理的转换示意

2.5.1 地质构造圈闭封存

在超临界 CO_2 与地层水的密度差作用下，注入地层的 CO_2 由井向周围地层通过孔隙扩散，总体表现为向上移动，一直达到一个无法穿过的低渗透性盖层后，因受到遮挡逐渐停止运移，最终在地质体中聚集，形成 CO_2 气相封存的构造埋存(图 2.13)。

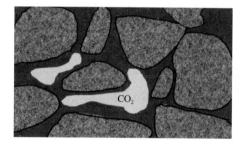

图 2.13　地质构造封存示意

该封存机理主要包括闭合构造和开放构造，两者的主要区别在于地质封存体的边界范围。闭合构造中 CO_2 运移的边界有限，虽可以较好地限制 CO_2 的横向运移和纵向运移，但 CO_2 与地层水的接触面积也相对变小，从而影响了 CO_2 的溶解速度；开放构造中虽然 CO_2 与地层水的接触面积随着储层体的边界范围增大而增加，但同时也存在前期勘探工作量大和 CO_2 泄漏的安全问题。地质构造封存是一种静态的、体积庞大的，但埋存风险性较高的物理封存机制。

2.5.2 束缚空间封存

在地质封存过程中，CO_2 在注入压力和向上浮力的共同作用下，会进入喉道和孔隙，CO_2 也由开始的连续存在逐渐分离。由于孔隙空间既狭小又复杂，以及通道外部流体在界面上的压力，一旦非润湿相的 CO_2 从连续体中分离出来，占有巨大孔隙空间的 CO_2 泡沫无法越出，而地层水又重新流回被 CO_2 占据的孔隙空间，从而导致 CO_2 以球滴状被束缚在岩石孔隙中，这就是具有长期性和安全性双重优势的残余气封存机理(图 2.14)。残余捕获对 CO_2 封存具有

图 2.14　残余气封存机理示意

重要意义，其封存量的多少主要由残余气饱和度决定。

残余气封存主要是利用岩石基质中矿物颗粒的毛细管作用和润湿性，将 CO_2 封存到多孔介质中，其间伴随着驱替和吸吮相渗滞后现象。这涉及气水相对渗透率(包括滞后效应)和毛管力，这些参数都与储层的岩石类型有关，所以不同的封存地点，这些数值也会相应发生变化。

(1)气水相对渗透率滞后

当地层水侵入"CO_2 羽"以后，在相对渗透率和毛管力作用下，多孔介质中多相流发生滞后。滞后刚开始是固体表面上液体的前进角和后退角不同、孔喉和孔隙体积比变化及孔径分布造成的。孔壁表面包括对孔隙结构中的流体具有不同润湿特性的矿物质。前进角出现在注入后期的地层水吸收或侵入"CO_2 羽"时，后退角出现在 CO_2 注入后驱替地层水时。

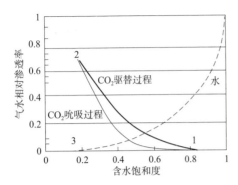

图 2.15 驱替和吸吮相渗滞后现象曲线

气相为非润湿相，水相为润湿相。润湿相（水相）典型的一对吮吸和驱替相对渗透率曲线见图 2.15。驱替曲线代表从点 1 到点 2 主要的驱替相对渗透率曲线随含气饱和度增加而增加，点 2 到点 3 代表吮吸相对渗透率曲线。吮吸曲线的临界饱和度（S_{gcri}）比驱替曲线的临界饱和度（S_{gcrd}）大。这两条曲线相交在最大水相饱和度值（S_{gmax}）的地方。非润湿相（超临界 CO_2）中残余气饱和度的滞后和吮吸与相对渗透率曲线中的滞后是不同的。相渗滞后的影响通过设定最大残余气饱和度（S_{grmax}）表示。留在水前缘的残余 CO_2 的量受可以到达的最大含 CO_2 饱和度的控制，含气饱和度越大，封存的体积越大。

（2）相对渗透率

二氧化碳—地层水的相对渗透率是决定 CO_2 注入和运移的关键因素，也可用于评估潜在的 CO_2 地质封质地点的安全性。到现在为止，二氧化碳—地层水系统测量的相对渗透率极少。为了建立概念模型，更好地模拟 CO_2 的封存情况，需要通过经验公式计算的方法建立相渗曲线和毛管力的数学模型。

现在计算相渗曲线（包括滞后效应）的方法很多，例如 Van Genuchten 模型、Land 模型、Killough 法、Corey 方程等。其中 Van Genuchten 模型对水相相对渗透率的计算更准确，相应的指数通过实验室测量得到，并且考虑的因素也更加全面。而 Corey 方程对气相相对渗透率的计算更权威，并综合考虑了束缚水饱和度和残余气饱和度的影响。

毛管力也是影响残余气封存的一个重要因素，它的计算也可采用 Van Genuchten 模型，这个模型是根据饱和度和毛管力的关系建立的，不像有的模型需要表面张力、孔隙度、渗透率等的关系，对于建立概念模型来说，比较容易确定较恰当的毛管力数值。

2.5.3 溶解封存

溶解封存机理是指 CO_2 注入储层后，伴随着扩散、对流等迁移过程发生溶解，并以溶解相继续流动，溶解封存机理示意见图 2.16。与 CO_2 接触的未饱和地层水越多，接触面积越大，CO_2 溶解封存量就越多，因此 CO_2 的对流传质作用有助于加快 CO_2 溶解速度。对流持续的时间依赖于区域深度，因此储层厚度越大，渗透率越高，越有利于 CO_2 溶解封存。除此之外，溶解封存还与 CO_2 在地层水中的溶解度有关，封存量的多少由 CO_2 溶解性的强弱决定。而溶解度取决于地层温度、压力、矿化度和地

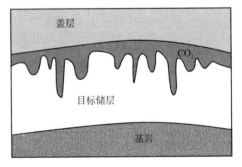

图 2.16 溶解封存机理示意

层物理性质等，一般情况下，CO_2 在储层中的溶解度会随着温度的升高、压力的降低、矿化度的增加而减少。溶解封存发挥主要作用的时间跨度是几百年到几千年，且 CO_2 的溶解能够减少气相 CO_2 的数量，降低 CO_2 泄漏风险，因此属于比较稳定的化学封存方式，安全程度较上述两种封存机理更高。

CO_2 在储层中溶解后会生成 HCO_3^-，导致溶液 pH 值降低，还会与从原有矿物中析出的钙、镁、铁等离子发生反应，生成较为稳定的碳酸盐矿物，从而实现 CO_2 溶解圈闭(表2.2)。

CO_2 的扩散和对流增加了其溶解速率，尤其是对流发生后，溶解速率开始呈现非单调变化，相比纯扩散时的溶解速率上升了几个数量级，对流持续的时间依赖于区域深度，当指进接触到底部边界时，非线性作用逐渐减弱，CO_2 的溶解速率快速减小。因此将 CO_2 的溶解过程划分为四个阶段(图2.17)：阶段1，早期扩散阶段，该阶段溶解速率曲线与纯扩散速率曲线吻合很好；阶段2，早期对流阶段，CO_2 的溶解

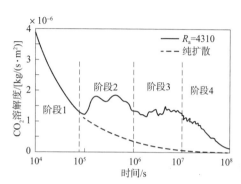

图 2.17　CO_2 溶解速率随时间变化曲线

速率较扩散阶段显著增加，该阶段曲线呈非单调变化；阶段3，稳定对流阶段，该阶段的溶解速率围绕定值上下波动，持续的时间取决于区域深度；阶段4，对流衰减阶段，该阶段 CO_2 的溶解速率持续下降，由于指进接触到了底部边界，造成空间上溶解地层水的梯度不断减小，CO_2 的溶解速率不断下降。

2.5.4　矿化封存

矿化封存是指 CO_2 被埋在地层中与地层中的水发生反应并溶于地层水中，经过一系列

图 2.18　CO_2 矿化封存机理示意

的反应生成 H_2CO_3、HCO_3^-、CO_3^{2-} 等，经过矿化反应储层中水的酸度增加，地层水中的矿化产物随之增多，Ca^+、Mg^{2+}、Fe^{2+}、Na^+ 等离子的浓度也会随之增加，离子浓度增加与 CO_2 产生化学反应生成碳酸盐矿物会导致 CO_2 在地层水中固定，即最终将 CO_2 转变为碳酸盐矿物或碳酸岩储层的过程(表2.3)。CO_2 矿化封存机理示意见图2.18。

在矿化封存过程中，储层水的组成、矿物组成、储层温度、地层压力、固液界面张力和流体流速等均会对 CO_2 矿物封存产生影响；原有矿物的溶解和新矿物产生的沉淀又会改变地层孔隙度和渗透率，继而影响流体的流动和地层的封存能力，且在发生矿化反应后，溶液中各离子浓度和总矿化度都将发生变化。矿化封存是最安全最稳定的封存方式，其反

应时间与地层岩石类型有关，若地层岩石的主要成分是较为活跃的碳酸盐类，则反应的速度也会相对较快；而如果地层中是以石英含量为主的砂岩类，矿化封存的反应时间就相当漫长，甚至很少发生反应。当注入的 CO_2 含量少且模拟时间较短时，常可忽略矿化封存的作用。

2.6　小结

CO_2 的相态包括固态、气态、液态和超临界态四种，地质封质过程中的 CO_2 以超临界态存在。在临界点附近，CO_2 的密度和黏度受温度和压力的影响较明显，二者均与温度呈负相关关系、与压力呈正相关关系；超临界 CO_2 的密度与液态 CO_2 相近、黏度与气态 CO_2 接近，具有较好的传质性和流动性。地层水的密度和黏度随温度升高而降低、随矿化度和压力的增加而增大，但压力对地层水黏度的影响很小，可以忽略不计。CO_2 注入地层后，首先，部分在地层水中发生溶解并生成碳酸，碳酸电离产生 H^+、HCO_3^- 和 CO_3^{2-}。其次，酸性流体会与岩石中的矿物发生溶解反应，并生成一系列次生矿物。CO_2 在储层中通过扩散、溶解和对流等一系列运移过程实现封存，CO_2 状态随着运移不断变化。CO_2 封存机理包括地质构造圈闭封存、束缚空闭封存、溶解封存和矿化封存四种，四种封存机理虽然都起作用，但随封存时间增加，各个机理会互相转化，所占的封存权重也会不断改变。

3 地质参数对封存效果的影响

二氧化碳封存效果主要受地质条件和工程因素的影响，与后期工程改造相比，地质条件具有先天性，较难通过人为力量改变，因此选址对二氧化碳封存适宜性起决定性的作用。不同物性参数通过控制储层中二氧化碳的溶解度、二氧化碳混合流体的密度和黏度，改变了封存过程中二氧化碳的溶解量、流动性和传质作用，并最终影响二氧化碳封存效果。因此，厘清地质参数对二氧化碳封存的影响，可以为实现二氧化碳高效封存提供重要依据。在开展二氧化碳地质封存数值模拟研究之前，首先必须对所研究区域的二氧化碳地质封存条件做好理论分析，以全面了解该区域的基本地理特性，为建立真正体现该区域客观地理条件的三维地质模型打好理论基础，同时也为最终的数值模拟研究提供必要的数据支撑。

二氧化碳封存效果需综合封存容量和封存安全性两方面考虑。二氧化碳封存容量越多，表明地质体的封存潜力越大；封存安全性越高，即二氧化碳在储层中的封存状态越稳定，越不易发生泄漏风险。由于矿物封存机理发挥作用的时间一般达上千年，地质构造圈闭封存存在二氧化碳泄漏的问题，受孔隙体积的限制，残余气封存量较小，因此在封存百年时间跨度内，二氧化碳地质封存量主要与溶解封存能力有关，故选取单位体积地层水中二氧化碳溶解质量作为溶解封存能力指标，来对比不同地质参数对二氧化碳封存容量的影响。除此之外，储层顶部聚集的气态二氧化碳越多，泄漏风险越大；储层压力越大，压裂地层发生二氧化碳泄漏的可能性越高。因此选取气态二氧化碳饱和度和储层压力作为封存安全性指标，来对比不同地质参数对二氧化碳封存安全性的影响。

本章重点介绍二氧化碳地质封存的模拟方法、二氧化碳注入后储层的物性变化以及地质参数对二氧化碳地质封存效果的影响。

3.1 二氧化碳地质封存模拟方法

由于地下储层环境复杂，常规的理论实验方法较难真实完整地还原封存过程，因此数值模拟方法成为模拟二氧化碳地质封存的重要手段。

3.1.1 模拟方法介绍

近年来，开发了大量针对 CO_2 地质封存的数值模拟软件，包括 ECLIPSE、CMG – GEM

和 TOUGH 系列等数值模拟软件，已用于模拟 CO_2 地质封存过程，本节对经常用到的数值模拟软件进行介绍。

3.1.1.1　ECLIPSE

ECLIPSE 是一款 1983 年由 Schlumberger 公司开发的用于石油和天然气行业的可视化模拟软件，该软件是一种使用计算机模拟地下石油储量及其表现的软件系统，可以用于油气勘探、生产和开采等领域。ECLIPSE 中 ECLIPSE100 黑油模拟器、ECLIPSE300 组分模拟器、ECLIPSE500 热采模拟器和 FrontSim 流线模拟器是主模拟器。ECLIPSE100 黑油模拟器适用于黑油、挥发油、干气、湿气等各类油气藏模拟；ECLIPSE300 组分模拟器适合于对挥发性气藏、凝析气藏和注气等不同类型的油气藏开采过程进行模拟；ECLIPSE500 热采模拟器适合于模拟稠油在油气水三相条件下的热采过程，其会考虑到上、下盖层和围岩的热量损耗，并考虑温度和流体属性的影响；FrontSim 流线模拟器用于地质模型评价、生产管理、动态监测等。与此同时，ECLIPSE 结合大量的 ECLIPSE 高级选项，能够最大限度地模拟油气田开发的全过程，最大限度地满足客户的需求。

ECLIPSE 也可用于 CO_2 地质封存相关的数值模拟。该软件支持建立 CO_2 封存模型，并使用多种方法进行建模和预测分析。2012 年版本的 ECLIPSE 中包含了 CO_2STORE、CO_2SOL 及 GASWAT 等高级选项，这些选项是专门针对 CO_2 封存和驱油设计的，具有强针对性。可以用来模拟 CO_2 注入过程中各种流体组分的相态变化、地化反应及热力学特征的作用，该软件的模拟器功能强大，运算稳定，高效快速，具备并行计算可扩展性及强大的集成平台；但界面过于烦琐，用起来不够人性化。

3.1.1.2　CMG - GEM

CMG(Computer Modelling Group Ltd) 软件是由一家加拿大计算机公司于 1978 年开发的油气藏数值模拟软件。该公司是世界上发展最快的石油数值模拟软件开发公司之一，在油藏数值模拟科技研究上一直保持着领先地位，也是世界上最大的数值模拟组织之一。CMG 软件公司服务的客户分布于全世界 40 个国家，其中有 210 多家大型的石油企业、咨询公司、科研院所和高校等。自 1988 年引进中国后，CMG 软件得到了广泛的应用，截至目前已有 17 家油田，如胜利、辽河、新疆、华北、吐哈、江苏、长庆、中原等在使用 CMG 软件。

CMG 数值模拟软件包括了 CMOST AI 模块、GEM 组分模拟器、IMEX 黑油模拟器、STARS 热采及化学驱模拟器、Builder 前处理模块、Results 后处理模块、WinProp 相态模拟软件包。其中，GEM 组分模拟器是世界领先的状态方程(EOS)油藏模拟器，是针对非常规油气资源开发的数值模拟器，也可以用于模拟 CO_2 地质封存的过程。

在 CO_2 封存技术方面，GEM 可以模拟不同条件下，CO_2 在储层中的运移、分布等过程，精确预测 CO_2 的存储容量和封存效果，并为相关决策提供支持和指导；准确模拟 CO_2 注入地层或水层的长期影响，并帮助分析 CCS 项目的可行性；还可以模拟 CO_2 - EOR 中的诸多现象，例如界面张力效应、滞后，CO_2 在水中的溶解、扩散和弥散、地球化学作用、盖层泄漏等。但存在参数估计难度高、计算时间长等问题。

3.1.1.3 TOUGH 系列

TOUGH(Transport of Unsaturated Groundwater and Heat)是非饱和地下水流及热流传输，是模拟在等温、非等温条件下一维、二维和三维岩石孔隙或裂缝介质中，多相流体、多组分及热量运移过程的数值模拟软件，其代码的前身是劳伦斯伯克利国家实验室(Lawrence Berkeley National Laboratory)在 20 世纪 80 年代初期开发的一个名为 MULKOM 的模拟程序。该程序结构是基于对不考虑流体组分、相的属性、个数差异的多组分多相流，其非等温运动控制方程具有相同数学形式。

TOUGH2 是 TOUGH 系列的重要版本，首次公开发表于 1991 年。其应用范围非常广泛，在地热储藏工程(Geothermal Reservoir Engineering)、核废料处置(Nuclear Waste Disposal)、饱和/非饱和带水文(Saturated/Unsaturated Zone Hydrology)、环境评价和修复(Environmental Assessment and Remediation)及 CO_2 地质处置(CO_2 Geological Sequestration)中均有应用。TOUGH2 系列软件是采用模块化设计和积分有限差网格剖分方法(IFDM)，通过配合不同状态方程(Equation of State，EOS)模块，精确、有效地处理各种复杂地质条件下的多相流和热量运移等问题。由此可以看出，TOUGH2 程序结构除了 EOS 程序模块不同之外，其余的程序结构基本相同，那么可以针对实际问题的研究内容，选择相应的 EOS 模块来解决问题。

TOUGH2 程序发展到今天已经能提供 13 种不同的 EOS 模块，其程序流程见图 3.1。表 3.1 列出了 13 种 EOS 模块的具体应用，其中 ECO2N 模块是 TOUGH2 中的一个流体性质模块，能对 H_2O – NaCl – CO_2 混合系统的热动力和热物理性质等进行综合分析。其模拟能力包括具有相对渗透率和毛细管压力效应的单相和多相流动，所有质量组分(H_2O、NaCl、CO_2)的多相扩散、感热和潜热的输送、热传导、CO_2 的溶解热效应，水和 CO_2 在水和富 CO_2 相中的相互溶解，固体盐的沉淀和溶解，以及相关的孔隙度和渗透率变化。

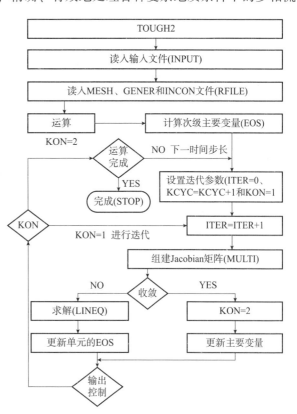

图 3.1 TOUGH2 模拟器程序的简化流程

表 3.1　TOUGH2 中的 EOS 模板表及具体应用

模块	应用
EOS1	最基本的模块，可模拟水或具有示踪性质的水的运用
EOS2	水和 CO_2 的混合（适用于高温条件），最早由 O'Sullivan 等（1985）开发
EOS3	水和空气的混合
EOS4	水和空气的混合，包括基于 Kelvin 方程的蒸气压降低（Edlefsen and Anderson，1943）
EOS5	水和氢气的混合
EOS7	水、卤水及空气的混合
EOS7R	水、卤水及空气的混合，再加上两种核素（反应链）
EOS8	水、不可压缩气体及黑油的三相流
EOS9	基于 Richards 方程的饱和—非饱和水流
EWASG	三种组分两相流，包括水、溶解于水中的盐及不可压缩气体，可模拟盐的沉淀和溶解，以及孔隙度和渗透系数的改变
ECO2N	水、二氧化碳、氯化钠，用于模拟二氧化碳的地质储存
ECO2M	新一代用于二氧化碳咸水层地质封存的模拟程序
T2VOC	三种组分三相流，包括水、空气及 NAPLS

与其他软件相比，TOUGH2 具有以下优势：①是 CO_2 地质封存数值模拟领域中最知名、最成功、最广泛应用的软件；②能较为合理地描述地质体中的物性参数空间分布、构造、沉积微相等内容；③在裂缝模拟方面具有较好的优势；④采用模块化设计，可以与其他扩展功能模块相结合，适用于许多目前无法用 TOUGH2 软件建模解决的实际问题，增加了软件的实用性和功能性；⑤采用的是积分有限差网格剖分方法，对于单元网格的形状、坐标位置都没有严格的要求，可以灵活地刻画各种复杂边界的非均质地质体；⑥具有很强的灵活性和可自由修改的特点，使其更具有吸引力和适用性。

3.1.2　模拟方法的选择

虽然 TOUGH2 软件数值分析功能强大并且应用广泛，但是该软件缺乏全面的前后处理功能，使得模型建立和分析工作异常费时费事并且困难。而 Thunderhead Engineering 公司开发的 PetraSim 是一款商用前后处理软件，其仿真内核基于 TOUGH2 软件代码。该软件能够通过互动环境实现网格划分、参数定义和结果显示等功能。相对于传统的 TOUGH2 软件需要手动输入、输出文件的烦琐过程，PetraSim 的操作难度更低、易用性更高，从而提高了建模效率。同时，PetraSim 是一种流体动力学模拟软件，可以对多组分、多相流进行建模和分析，使用此软件可以精确地模拟 CO_2 在储层中的注入、迁移、渗透等过程。因此，本书选用 PetraSim 中的 TOUGH2 – ECO2N 模块来模拟 CO_2 地质封存过程，进行封存效果分析。

3.1.3 数学模型

3.1.3.1 控制方程

一个热力学系统的求解需要基于系统内各个组分的质量与能量守恒。数值计算需要对所研究的系统进行一定的假设，在 TOUGH2 中将各相态的热力学条件假设为局部平衡。根据这个假设条件，系统流体的每个组分在 TOUGH2 程序中运行计算时应用质量守恒方程和能量守恒方程进行求解。其质量守恒方程由质量变化项、流动项及源汇项组成。体积中的流体质量变化等于由体表流入的流体质量与源汇项流体质量之和。基本守恒方程如下：

$$\frac{\mathrm{d}}{\mathrm{d}t}\int_{V_n} M^\kappa \mathrm{d}V_n = \int_{\Gamma_n} F^\kappa \cdot n \mathrm{d}\Gamma + \int_{V_n} q^\kappa \mathrm{d}V_n \tag{3.1}$$

式中　M^κ——区域内每单位体积的质量累计量，kg/m^3；

$\quad$ F^κ——质能通量，包括对流通量及扩散量，$kg/(m^2 \cdot s)$；

$\quad$ Γ——控制单元的表面积，m^2；

$\quad$ q^κ——区域内每单位体积的质源或能源，$kg/(m^3 \cdot s)$；

$\quad$ n——内部的单位法线向量，无单位；

$\quad$ κ——各相内组分，分别为质量组分 H_2O、$NaCl$、CO_2 以及能量组分；

$\quad$ t——时间，s；

$\quad$ $\mathrm{d}V_n$——体积元素，m^3。

上述提到的方程中的各个累计项（质量、能量）和通量，它们的数学表达式分别如下所示：

1）M^κ 的质量累计项一般形式：

$$M^\kappa = \phi \sum_\beta S_\beta \rho_\beta X_\beta^\kappa \tag{3.2}$$

式中　β——相态（$\beta = 1$ 表示液相，$\beta = g$ 表示气相，$\beta = s$ 表示固相）；

$\quad$ ϕ——孔隙度，%；

$\quad$ S_β——相 β 的饱和度，%；

$\quad$ ρ_β——相 β 的密度，kg/m^3；

$\quad$ X_β^κ——组分 κ 在相 β 中的质量分数，%。

2）M^κ 的能量累计项一般形式：

$$M^k = (1 - \phi)\rho_R C_R T + \phi \sum_\beta S_\beta \rho_\beta u_\beta \tag{3.3}$$

式中　u_β——相 β 的比内能，J/kg；

$\quad$ ρ_R——岩石密度，kg/m^3；

$\quad$ C_R——岩石的比热容，$J/(kg \cdot K)$；

$\quad$ T——温度，℃。

3）F^κ 的对流质量通量一般形式：

$$F^\kappa \big|_{adv} = \sum_\beta X_\beta^\kappa F_\beta \tag{3.4}$$

多相流体 Darcy 定律用于计算每个单独相态的质量通量，其一般表达式：

$$F_\beta = \rho_\beta \mu_\beta = -k \frac{k_{r\beta}\rho_\beta}{\mu_\beta}(\nabla P_\beta - \rho_\beta g) \tag{3.5}$$

式中　　F_β——相 β 的质量通量，kg/（m^2·s）；

k——绝对渗透率，m^2/s；

$k_{r\beta}$——相 β 的相对渗透率，无单位；

μ_β——相 β 的黏度，Pa·s；

∇P_β——相 β 的压强梯度，Pa/m；

g——重力加速度，m/s^2。

此外，F^κ 的扩散通量：

$$F^\kappa \big|_{dis} = -\sum_\beta \rho_\beta \overline{D}_\beta^\kappa \nabla X_\beta^\kappa \tag{3.6}$$

式中　　$\overline{D}_\beta^\kappa$——水动力弥散张量，m^2/s。

4）F^κ 的能量通量，其中能量以热传导、热对流、热辐射三种形式为主，其表达式：

$$F^\kappa = -\Big[(1-\phi)K_R + \phi \sum_{\beta=l,g,s} S_\beta K_\beta\Big]\nabla T + f_\sigma \sigma_0 \nabla T^4 + \sum_{\beta=l,g} h_\beta F_\beta \tag{3.7}$$

式中　K_R——岩石的热导率，W/（m·K）；

K_β——相 β 的热导率，W/（m·K）；

∇T——温度梯度，℃/m；

f_σ——物体的发射率，无单位；

σ_0——斯特潘-玻尔兹曼常数，W/（m^2·K^4）；

h_β——相 β 的比焓，J/kg。

3.1.3.2　约束方程

上述控制方程在数值求解中，需要一定的约束条件和辅助方程才能完成。这些辅助方程和约束条件一般由系统中内在的本构关系和物理意义来确定，比如在本书研究的多相流动系统中，其流体的压力、饱和度及毛细管力等需要满足一定的关系，主要包括下面几种条件：

1）流体饱和度需要满足：

$$\sum_{\beta=1}^{NPH} S_\beta = 1 \tag{3.8}$$

2）β 相中流体质量分数需要满足：

$$\sum_\kappa X_\beta^\kappa = 1 \tag{3.9}$$

3）制约各相流体之间压力的关系式：

$$P_w = P_g + P_c \tag{3.10}$$

4)岩石物性参数之一的毛细管力与流体饱和度之间需要满足如下关系：

$$P_c = P_c(S_\beta) \tag{3.11}$$

5)另一岩石物性参数之一的相对渗透率与流体饱和度需要满足如下关系：

$$k_{r\beta} = k_{r\beta}(S_\beta) \tag{3.12}$$

3.1.3.3 变量与结构组成

（1）变量定义

TOUGH2 中的变量定义为热动力变量，它假设在局部范围内，所有的相态都处于热力平衡态。考虑到系统中有 NK 个组分，根据局部热力学平衡，它们被归类到 NPH 个相当中，由 Gibb's 定律可以得到热力学系统的自由度：

$$f = NK + 2 - NPH \tag{3.13}$$

由于各流相的总饱和度为 1，对于饱和度来说其自由度为 $NPH-1$。该热力学系统的总自由度（NK_1）为：

$$NK_1 + f + NPH - 1 = NK + 1 \tag{3.14}$$

该热力学系统由两个方程组成。第一个方程为自由度为 NK 个组分的质量守恒方程；第二个方程为热能守恒方程。

TOUGH2 中的变量主要分为主要变量和次要变量。两者的关系为次要变量是经过含主要变量的函数关系推导得到。当系统为单相流时，主要变量为压力与温度；当系统为多相流时，主要变量则为压力与饱和度或组分分量。在模拟过程中，主要变量可以根据相态的变化自动转换。

本章主要研究二氧化碳—地层水溶液系统中多相渗流的过程，系统有三种组分：超临界 CO_2、H_2O 和 NaCl。系统中的温度和压力条件对于 CO_2 地下封存模拟十分重要。一般情况下，真实地层中的温压条件一般为 $12℃ \leqslant T \leqslant 110℃$、$P \leqslant 600bar$。在特定的温度压力条件下，流体的相态会以气相（g）、水相（a）和液相（l）三种形式存在。气相（g）是指气相 CO_2；水相（a）是指含有溶解了 NaCl 和 CO_2 成分的水相 CO_2；液相（l）是指含有溶解了水的液相 CO_2。这三种不同的相态可以进行组合，得到 7 种流体相态，分别为单相态水相（w）、单相态液相（l）、单相态气相（g）、水相与液相混合两相态（w，l）、水相与气相混合两相态（w，g）、气相与液相混合两相态（g，l）以及三相混合态（w，l，g）。此外，如果流体内含有 NaCl，则会有固态盐（s）的存在。CO_2 可以有超临界和亚临界两种形式存在。在 TOUGH2 中，这两种形式的 CO_2 作为单相气态二氧化碳（g）出现在 ECO_2N 模块中，且模块能够区分其热物理属性。然而 ECO_2N 不能区分同时存在的气相和液相 CO_2，因此 ECO_2N 不能实现上述 7 种状态中的后两种相态组合。在 ECO_2N 模块中，自由度 $NK=3$、$NPH=3$。

（2）结构组成

TOUGH2 软件的结构为模块化的结构组成，图 3.2 是这种结构的示意。这种模块化结构设计的依据是多相流动系统的特点，即流体与热控制方程形式是相似的。每个模块分别代表不同的流动和运移属性，它们之间的相互作用构成了整个 TOUGH2 程序对于多相流动系统的描述，从而能够对复杂的热力学条件下的流动过程进行模拟。

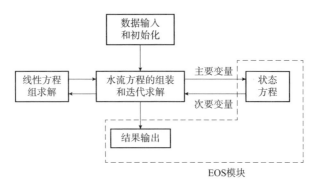

图 3.2　TOUGH2 的模块化结构

由于多相流动系统的复杂性，在一个系统中可能存在多种形式和种类的流动过程，上面已经提到 TOUGH2 程序是依据模块设计的，因此不同类型的流动和流体属性可以在 TOUGH2 中找到对应的模块，即 EOS(equation of state)。为了将特定流体混合物的本质属性加入控制方程，TOUGH2 程序通过改变热物理参数来实现。TOUGH2 中依据流体特性的不同，分为多个不同的 EOS 模块，每个 EOS 模块都需要我们为其提供相应的热物理参数。本章所研究的是 CO_2 – 卤水系统中非等温多相流体流动过程，因此本研究选择 TOUGH2 中的 ECO2N 模块。

3.1.3.4　时间和空间离散求解方法

通常情况下，所需要计算的物理过程(时间和空间)是连续的，而数值模拟方法需要对其进行离散化处理。在数值分析中离散化的方法有很多，而 TOUGH2 软件所使用的离散化方法为积分有限差分方法(空间离散)，一阶向后差分全隐式格式(时间离散)。

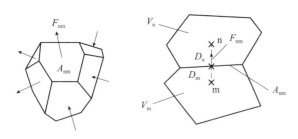

TOUGH2 进行空间离散时选用积分有限差分(Integral Finite Difference Method，IFDM)方法。图 3.3 为 IFDM 方法的几何参数及其示意。这种方法中求解域不再是简单的形状，而是可以被离散为任意边数的多面体。通常情况下，数值模拟需要考虑对的计算域为复杂的地

图 3.3　空间离散与几何参数(IFD 方法)

形结构，一般的离散方法并不能满足，因此应用 IFDM 方法能够模拟复杂的地层结构。IFDM 方法有两种边界条件：第一类 Dirichlet 边界条件和第二类 Neumann 边界条件。两种边界条件的设定分别为边界单元为无效计算单元或特殊单元(体积无穷大而单元中心到其边界的距离很小)，单元边界的任意流量连接恒为零。

空间离散后所得到的累计项的空间离散方程：

$$\int_{V_n} M \mathrm{d}V = V_n M_n \tag{3.15}$$

式中 M——单元体积的质量累计量，kg/m^3；

V_n——n 面的体积，m^3；

M_n——M 在 V_n 上的平均值，kg/m^3。

通量项空间离散如下，Γ_n 面上的通量积分可近似地表示为各个面的平均通量的和。

$$\int_{\Gamma_n} F^\kappa \cdot nd\Gamma = \sum_m A_{nm} F_{nm} \tag{3.16}$$

式中 n、m——相邻控制单元；

n——单位法向向量；

A_{nm}——V_n 与 V_m 的交界面积，m^2；

F_{nm}——F^κ 在 A_{nm} 面内法线方向上的平均值。

式（3.17）为单独相态的达西通量的离散公式，所应用的是单元 V_n 与 V_m 中参数的平均值：

$$F_{\beta,nm} = -k_{nm} \left[\frac{k_{r\beta} \cdot \rho_\beta}{\mu_\beta} \right]_{nm} \cdot \left[\frac{P_{\beta,n} - P_{\beta,m}}{D_{nm}} - \rho_{\beta,nm} \cdot g_{nm} \right] \tag{3.17}$$

式中 nm——控制单元 n 和 m 之间交界面；

k_{nm}——n 和 m 交界面的渗透率，m^2；

$P_{\beta,n}$——相 β 在 n 面上的压力，Pa；

$P_{\beta,m}$——相 β 在 m 面上的压力，Pa；

D_{nm}——控制单元节点之间的距离，$D_{nm} = D_n + D_m$，m；

$\rho_{\beta,nm}$——相 β 在 n 和 m 交界面的密度，kg/m^3；

g_{nm}——重力加速度在 nm 连线上的分量。

将累计项的离散方程式（3.15）和空间向的离散方程式（3.16）代入控制方程式（3.4），推导出关于时间 t 的一阶常微分方程：

$$\frac{dM_n^\kappa}{dt} = \frac{1}{V_n} \sum_m A_{nm} F_{nm}^\kappa + q_n^\kappa \tag{3.18}$$

式中 M_n^κ——n 面区域内每单位体积的质能累计量，kg/m^3；

F_{nm}^κ——n 和 m 交界面的质能通量，kg/（m^2·s）；

q_n^κ——n 面区域内每单位体积的质源或能源，kg/（m^3·s）。

上面提到，除了空间离散外，连续的时间也需要进行离散化处理，因此用一阶有限差分法对式（3.18）进行时间离散，其中 $t^{k+1} = t^k + \Delta t$，可得到：

$$R_n^{\kappa,k+1} = M_n^{\kappa,k+1} - M_n^{\kappa,k} - \frac{\Delta t}{V_n} \left\{ \sum_m A_{nm} F_{nm}^{\kappa,k+1} + V_n q_n^{\kappa,k+1} \right\} = 0 \tag{3.19}$$

式中 $R_n^{\kappa,k+1}$——残余项；

Δt——时间步长，$k+1$ 与 k 两个相邻时刻间的时间步长。

TOUGH2 软件中方程的数量设定有 NEQ 个（子域 V_n）。这个数量是根据系统所处的热力学条件所确定的。对于等温（isothermal）系统，$NEQ = NK$；对于非等温（non-isothermal）

系统，$NEQ = NK + 1$。同时，非线性方程的数量可由系统所划分的网格单元来确定，其总数量可由方程数量和划分的网格单元数量的乘积来确定（$NEQ \times NEL$）。整个流动系统在 t^{k+1} 时刻的状态，由未知量进行描述，它的值为 x_i，其中 $i = 1, 2, \cdots, NEQ \cdot NEL$。

非线性方程组的求解是数值计算中需要解决的重要问题之一，其求解有多种数值分析方法，TOUGH2 采用 Newton-Raphson 迭代方法，残余项由 Taylor 公式描述，如式（3.20）所示：

$$R_n^{\kappa, k+1}(x_{i, p+1}) = R_n^{\kappa, k+1}(x_{i, p}) + \sum_i \frac{\partial R_n^{\kappa, k+1}}{\partial x_i}\Big|_p (x_{i, p+1} - x_{i, p}) + \cdots = 0 \qquad (3.20)$$

式中　p——迭代指数。

通过上述方法，可将非线性方程组转化为系统的线性方程，数量为 $NEQ \cdot NEL$ 个。具体操作方法为保留式（3.20）中的一次项：

$$-\sum_i \frac{\partial R_n^{\kappa, k+1}}{\partial x_i}\Big|_p (x_{i, p+1} - x_{i, p}) = R_n^{\kappa, k+1}(x_{i, p}) \qquad (3.21)$$

判断计算迭代结束的标准是根据方程中的残余项满足所设定的收敛条件。式（3.21）中所有 $\partial R_n / \partial x_i$ 项由数值分析方法来计算，TOUGH2 中所使用的方法为两种：直接求解或迭代求解。直接求解法是基于稀疏条件下的 Gauss 消元法；迭代求解法为共轭梯度法，残余项满足设定的收敛条件时：

$$\left| \frac{R_{n, p+1}^{\kappa, k+1}}{M_{n, P+1}^{\kappa, k+1}} \right| \leqslant \varepsilon_1 \qquad (3.22)$$

式中　ε——迭代收敛公差。

ε_1 的默认值为 1×10^{-5}，累计项收敛公差小于 ε_2（默认值为 1），那么残余项所满足的收敛条件由式（3.23）描述：

$$\left| R_n^{\kappa, k+1} \right| \leqslant \varepsilon_1 \cdot \varepsilon_2 \qquad (3.23)$$

3.1.4　数值模型的构建

3.1.4.1　枯竭油气藏二氧化碳封存模型

枯竭油气藏孔隙度、渗透率较低，储层砂体及其隔层发育不稳定，层内夹层发育，非均质性更强。枯竭油气藏整体上埋层较深，因此其地层温度较高，而地层压力受前期油气开发的影响，会降低到 CO_2 临界压力附近。油气储层在高压的盖层密封条件下形成了碳氢化合物的圈闭，确保了岩石的完整性，储层的密闭性更好，在对环境影响较小的情况下可以长期封存 CO_2。

根据国内外枯竭油气藏的钻井、地球物理及地震数据资料，设置模型参数。考虑到层内夹层发育，建立砂、泥页岩互层的三维模拟模型（砂岩为 CO_2 封存储层、泥页岩为盖层），如图 3.4 所示。模型边界网格设置为 $5000\text{m} \times 2000\text{m} \times 250\text{m}$，以保证外边界不受羽流迁移转化的影响，$X$、$Y$、$Z$ 方向均采用常规网格剖分，X 和 Y 方向网格间距为 200m，Z 方向设置变网格单元（由下向上储层离盖层越近的网格单元越小）。在 XY 剖面（2450m，

950m)位置处，设置一口 Z 方向上 $-250 \sim 10$m 的 CO_2 注入井"CO_2 INJ"。

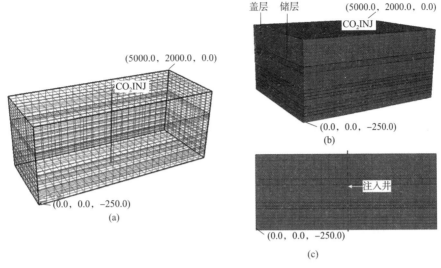

图 3.4　枯竭油气藏 CO_2 封存的三维网格、三维模型、平面示意(单位：m)

模型中的气液相对渗透率方程运用 Van Genuchten – Mualem 模块[式(3.24)～式(3.27)]：

$$k_{rl} = \sqrt{S^*} \{1 - [1 - (S^*)^{1/\lambda}]^\lambda\}^2 \tag{3.24}$$

$$k_{rg} = (1 - S^\#)^2 (1 - S^{\# 2}) \tag{3.25}$$

$$S^* = (S_l - S_{lr})/(1 - S_{lr}) \tag{3.26}$$

$$S^\# = (S_l - S_{lr})/(1 - S_{lr} - S_{gr}) \tag{3.27}$$

毛细管压力模型运用了 Van Genuchten – Mualem 模块[式(3.28)和式(3.29)]：

$$P_{cap} = - P_0 [(S^*)^{-1/\lambda} - 1]^{1-\lambda} \tag{3.28}$$

$$S^* = (S_l - S_{lr})/(1 - S_{lr}) \tag{3.29}$$

式中　k_{rl}——液相相对渗透率，无量纲；

　　　k_{rg}——气相相对渗透率，无量纲；

　　　S_{lr}——剩余液相饱和度，%；

　　　S_{gr}——剩余气相饱和度，%；

　　　S_l——液相饱和度，%；

　　P_{cap}——毛细管压力，Pa；

　　P_0——强度系数，Pa。

3.1.4.2　咸水层二氧化碳封存模型

与枯竭油气藏相比，咸水层一般孔隙度、渗透率较高，储层均质性更强，由各种不同密度和矿化度的化学成分组成，而咸水组成又与其化学演化过程和储集层的组成相关，因此 CO_2 封存过程中涉及的化学反应更复杂。鉴于此，咸水层 CO_2 地质封存模拟采用

TOUGHREACT ECO2N 模块，与 TOUGH2 相比，该模拟器仅增加了化学反应方程，其他内核设置均相同。以下对该模拟器中涉及的化学反应方程进行详细介绍。

为了表述一个地球化学系统，一般选择 N_c 个水溶物种作为基物种，其他所有物种称作次生物种。次生物种包括溶液络合物、矿物种、气态物种，次生物种数必须等于独立化学反应数。任何一个次生物种都可以用基物种的线性组合表示：

$$S_i = \sum_{j=1}^{N_c} v_{ij} S_j \qquad i = 1, \cdots, N_c \tag{3.30}$$

式中　S——化学物种；

j——基物种编号；

i——次生物种编号；

N_c——化学反应总数；

v_{ij}——第 j 个基物种在第 i 个反应中的化学计量系数。

1）水溶物络合反应。

TOUGHREACT ECO2N 假设络合反应受热力学平衡控制，络合物浓度可以表示为基物种浓度的函数：

$$c_i = K_i^{-1} \gamma_i^{-1} \prod_{j=1}^{N_c} c_j^{v_{ij}} \gamma_j^{v_{ij}} \tag{3.31}$$

式中　c_i——第 i 个溶液络合物的摩尔浓度，mol/L；

c_j——第 j 个基物种的摩尔浓度，mol/L；

γ_i、γ_j——活度系数；

K_i——平衡常数。

2）受热力学平衡控制的矿物溶解/沉淀反应。

矿物饱和比可以表示为：

$$\Omega_m = K_m^{-1} \prod_{j=1}^{N_c} c_j^{v_{mj}} \gamma_j^{v_{mj}} \tag{3.32}$$

式中　m——受热力学平衡控制的矿物编号；

K_m——平衡常数。

当反应处于平衡状态时，我们可以看到：

$$SI_m = \lg \Omega_m = 0 \tag{3.33}$$

式中　SI_m——矿物饱和指数。

3）受动力学控制的矿物溶解/沉淀反应。

采用 Lasaga 等提出的动力学速率方程计算矿物反应速率：

$$r_n = \pm k_n A_n \left| 1 - \Omega_n^\theta \right|^\eta \tag{3.34}$$

式中　r_n——反应速率，正代表溶解、负代表沉淀，mol/（kg $H_2O \cdot$ s）；

k_n——速率常数，mol/（m² · s）；

A_n——反应比表面积，m²/kg H_2O；

θ、η——常数项，需要通过实验确定，一般可设为1。

速率常数一般受温度与不同动力学反应机制控制：

$$k = k_{nu}^{25}\exp\left[\frac{-E_{nu}}{R}\left(\frac{1}{T} - \frac{1}{298.15}\right)\right] + k_{H}^{25}\exp\left[\frac{-E_{H}}{R}\left(\frac{1}{T} - \frac{1}{298.15}\right)\right]a_{H}^{n_{H}}$$
$$+ k_{OH}^{25}\exp\left[\frac{-E_{OH}}{R}\left(\frac{1}{T} - \frac{1}{298.15}\right)\right]a_{H}^{n_{H}} \tag{3.35}$$

式中 E——活化能，kJ/mol；

       k^{25}——25℃时的速率常数，mol/($m^2 \cdot s$)；

       R——气体常数，J/(mol·K)；

       T——绝对温度，K；

上标或下标 nu、H、OH——中性、酸性、碱性机制；

       a——活度；

       n——常数。

4）气体溶解/脱溶反应。

假定气体溶解/脱溶反应受热力学平衡控制，依据质量作用定律可得：

$$p_f \Gamma_f K_f = \prod_{j=1}^{N_c} c_j^{v_{fj}} \gamma_j^{v_{fj}} \tag{3.36}$$

式中 f——气体编号；

  p——分压，Pa；

  K——平衡常数；

  Γ——气体逸度系数。

咸水层 CO_2 地质封存模型各参数设置如下：

1）水文地质参数。

咸水层封存 CO_2 的储层不仅需足够大，还要对储存的 CO_2 具有操作可行性。理想的储层深度是可使 CO_2 处于超临界态的深度，这样的 CO_2 具有液体的密度和气体的黏度，可以实现最大限度封存。通常情况下，适宜 CO_2 地质封存的咸水层深度为1000～2500m，该优化深度可降低钻探和注入成本，因此，本章选取咸水层深度为1500m。我国鄂尔多斯盆地某区块恒温带深度为20m、温度为10℃、地温梯度为30℃/km，因此将储层温度设置为54℃，储层压力设置为15MPa。

2）网格剖分。

模型边界网格设置为 $10000m \times 1000m \times 100m$。垂向采用常规网格，为100m，设为10层网格；$X$ 和 Y 方向也采用常规矩形网格，网格间距为200m。

3）边界条件。

模型顶部为低渗的页岩盖层，设置为无渗流边界，假设无 CO_2 泄漏发生。模型两侧赋予边界网格巨大的体积（可近似认为边界网格体积无限大），这样来自模拟区域内的任何渗流和溶质运移影响都可以近似忽略。

4）热力学数据库。

采用 Xu 的热力学数据库，该数据库中的水溶物种和矿物的平衡常数主要来自 EQ3/6 V7.2b 数据库。

5）注入条件。

在 XY 剖面（5000m，500m）位置处，设置一口 Z 方向上 $-100 \sim 10$m 的 CO_2 注入井 "CO_2 INJ"，完井位置为（5000，500，-100）m $\sim$（5000，500，-90）m（图 3.5）。

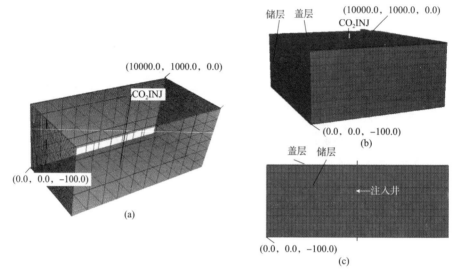

图 3.5　咸水层 CO_2 地质封存三维网格、三维模型、平面示意（单位：m）

模型的基本参数设置见表 3-2。

表 3.2　模型基本参数设置

参数	物理意义	单位	枯竭油气藏	咸水层
			参数值	参数值
$X \times Y \times Z$	网格外边界	m	$5000 \times 2000 \times 250$	$10000 \times 1000 \times 100$
ϕ	孔隙度	%	20	30
K	渗透率	$10^{-3} \mu m^2$	0.025	0.1
T	温度	℃	75	54
P	压力	MPa	8	15
G_g	注入速率	kg/s	2.5	2.5
S_{lr}	束缚水饱和度	—	0.3	0.3
S_{gr}	残余气饱和度	—	0.05	0.05
C	岩石压缩系数	Pa^{-1}	4.5×10^{-10}	4.5×10^{-10}
i/p_0	进气压力的倒数	Pa^{-1}	5.1×10^{-5}	5.1×10^{-5}
$DROK$	岩石密度	kg/m^3	2600	2600
$CWET$	导热系数	W/(m·K)	2.51	2.51
$SPHT$	比热容	J/(kg·K)	920	920

3.2 二氧化碳注入后储层物性变化

CO_2 注入后，会与地层水岩石发生一系列物化反应，从而导致储层的微观孔隙结构、宏观孔隙结构、接触角与润湿性、流体分布、毛管力曲线、应力敏感性等储层物性和渗流参数发生改变，进而影响 CO_2 地质封存效果，因此，分析 CO_2 注入后的储层物性变化，是进行地质参数对封存效果影响研究的重要基础。

3.2.1 储层微观孔隙结构变化

砂岩储层受 CO_2 作用的本质为"二氧化碳—地层水—岩石"三者共同参与的化学反应，该反应优先发生于储层喉道或矿物突起等化学势较高的区域。对于特定的储层而言，这种 CO_2 参与的水岩反应必然稳定在某一平衡态，直至温度、压力、浓度、矿物组成等因素再次发生改变。CO_2 注入后，发生的化学反应会导致储层物性参数的变化，产生的影响主要体现于两个方面：孔壁矿物组成（成分、晶型、含量等）改变所致的如润湿性等性质的变化；孔径分布（大小、数量等）改变所致的如渗透率等性质的变化；当然还有两者共同作用导致的毛管力、相对渗透率等性质的变化。以下通过对比超临界态二氧化碳（$SC-CO_2$）注入前后吸附—脱附曲线的变化、孔径分布的变化、总孔体积的变化及储层表面形态的变化，来分析 CO_2 注入后储层微观孔隙结构的变化及变化程度。

3.2.1.1 吸附—脱附曲线的变化

低温氮气（N_2）吸附法是微观孔隙结构分析的常用方法，指将一定质量的吸附剂（adsorbate）置于恒定的液氮温度（77K）下，当达到某个平衡压力时，对同一吸附质（adsorbent）的吸附量是一定的；逐渐改变压力时，就会测得一系列的平衡吸附量，即等温吸附—脱附曲线。该曲线记录了 N_2 作为吸附质在样品表面的所有吸附—脱附行为，由于不同的孔径和孔型对这一行为具有不同的影响，因此该曲线可以定性描述吸附剂的微观孔隙结构。

首先，根据文献的实验结果，可以看到无论是 CO_2 作用前还是作用后的样品，均表现出相似的吸附—脱附等温线（图 3.6），因此可认为这是低渗透砂岩的典型曲线特征。对照国际纯粹与应用化学联合会（International Union of Pure and Applied Chemistry，IUPAC）总结的等温吸附曲线（isotherms）和滞后环（hysteresis loop）的类型（图 3.7），认为低渗透砂岩的曲线应为"Ⅱ型等温线 – H3 型滞后环"。主要特征描述如下：①相对压力（p/p_0）较低时，曲线上凸并伴有拐点 B（图 3.6），表明吸附质（N_2）与吸附剂（砂岩岩样）之间存在较强的相互作用，点 B 即为由单分子层吸附向多分子层吸附转变的拐点；②吸附量随相对压力的升高持续增加，且在较高压力区内无放缓迹象，表现为"不饱和吸附"，说明样品中存在大量的宏孔孔隙（孔径 $>50nm$）；③由于毛细凝聚现象，中高压力区（$0.4 < p/p_0 < 1$）的吸附量急剧上升并伴有明显的滞后环，说明岩样中也存在大量的介孔孔隙（$2nm <$ 孔径 $<50nm$）；④滞后环的形态反映样品中介孔孔隙的发育形态和连通特征，其中 H3 型滞后环表明岩样

孔隙多为片状颗粒基质堆积形成的狭缝型孔隙。

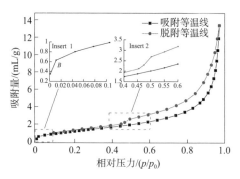

图 3.6　低渗透砂岩的吸附曲线为 Ⅱ 型等温线 – H3 型滞后环

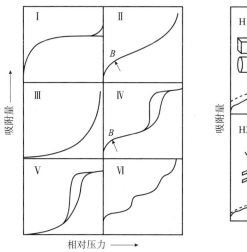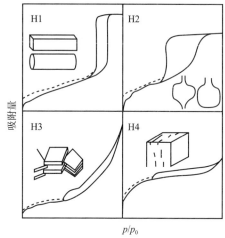

图 3.7　典型吸附 – 脱附等温线和滞后环类型及对应的孔隙形态(IUPAC)

综合吸附 – 脱附曲线、滞后环的形态特征，认为所研究的低渗透砂岩样品的孔隙为四周开放型孔隙；孔径尺度较大，涵盖介孔、宏孔范围。介孔孔隙形态多为平行板孔、狭缝型孔隙，这类孔隙连通性好，有利于流体渗流。根据孔径和孔型推测，孔壁构成主要为黏土矿物类(如蒙脱石等)，而这种矿物正是发生"二氧化碳—地层水—岩石"反应的主要物质。

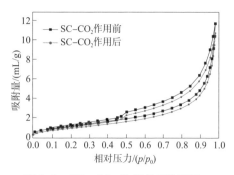

图 3.8　SC – CO_2 作用前后的吸附 –
脱附等温线结果

其次，采用 SC – CO_2 进行 CO_2 注入前后测试，得到的吸附 – 脱附等温线结果，见图 3.8。从图 3.8 中可以看到，CO_2 作用前后，曲线的差异主要表现在吸附 – 脱附等温线发生位移、最大吸附量发生变化等两个方面。

气体的吸附量是比表面积和吸附能力的函数，比表面积越大、吸附位的吸附能力越强，所测得的吸附量也就越大；反之则所测得的吸附量越小。在比表面积相同的情况下，低压范围内

（N_2 呈气态）的吸附 – 脱附等温线向右下移动，即相同的相对压力下的吸附量减小，则意味着岩样表面对 N_2 的吸附能力减弱。导致对同一吸附质吸附能力降低的可能原因有二：一是不同吸附剂的吸附能力存在差异，如表面矿物组成的改变；二是吸附剂被其他吸附质优先吸附，如高分子、表面活性剂残留等。

最大吸附量发生于较高的压力区（N_2 呈液态），对应岩样的总孔体积。最大吸附量增加意味着总孔体积的增加、孔隙结构的改善；反之则总孔体积减小、孔隙结构受损害。从图 3.8 中可以看到，$SC - CO_2$ 作用后，最大吸附量减小，表明 CO_2 注入储层后对其孔隙结构存在一定程度的影响。需要指出的是，低渗透岩样所表现出来的吸附 – 脱附等温线在高压区呈"不饱和吸附"，即并非所有的孔隙都被 N_2（液态）充满，因此所测孔隙也并非岩样中的所有孔隙。

3.2.1.2 孔径分布的变化

BJH 模型是 N_2 吸附法分析孔隙结构常用的模型之一，是基于 Kelvin 方程所建立的分析介孔孔径分布的常用方法，可有效表征孔径 >2nm 的孔隙。BJH 模型的应用存在三个假设，即孔隙为刚性且具有规则形状（圆柱状或狭缝状）、不存在微孔、最高相对压力处所有孔隙均已被充满。孔径分布既可根据等温曲线的吸附值计算，也可根据脱附值计算，本节分别称之为 BJH – 脱附法和 BJH – 吸附法。但无论采用哪种方法，计算时均是依相对压力由高向低的方向进行。

$SC - CO_2$ 注入前后的孔径分布如图 3.9 所示。经干燥态 CO_2 作用后的平均孔径均有所增大，说明干燥态 CO_2 对砂岩矿物有一定的溶解作用；在 CO_2（含水）作用后，2nm 附近的孔隙数量骤减但最大孔径增大，认为所得的平均孔径是黏土膨胀和溶蚀两种作用的综合结果。

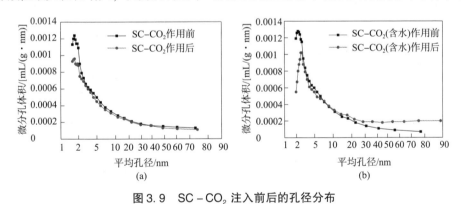

图 3.9 $SC - CO_2$ 注入前后的孔径分布

3.2.1.3 总孔体积的变化

研究总孔体积的变化不仅仅是为了进一步解释孔径分布的变化程度或原因，更为重要的是对岩样的孔隙结构有一个清晰的认知。总孔体积一般采用 BET 模型相对压力 ≥0.98 处的吸附量，结合液氮和标准状况（Standard Temperature and Pressure，STP）下氮气的密度差计算而来。

实验测得，不同相态 CO_2 在含水条件下作用后储层的总孔体积变化存在差异，其中 $SC-CO_2$ 作用后的总孔体积增加明显；液态 $CO_2(l-CO_2)$ 的总孔体积持平或减小；气态 $CO_2(g-CO_2)$ 的总孔体积略有增加。分析认为这与温度和 CO_2 浓度对水岩反应的影响有关：$SC-CO_2$ 和 $g-CO_2$ 的反应温度均为 45℃，大于 $l-CO_2$ 的反应温度为 20℃；同时 $SC-CO_2$ 的浓度/密度大于 $g-CO_2$，但黏度与 $g-CO_2$ 相当，具有较强的渗透能力，这些因素都利于水岩反应的进行。

3.2.1.4 储层表面形态的变化

为了获取 $SC-CO_2$ 作用前后表面形态的直观变化，采用扫描电镜技术对 $SC-CO_2$ 作用前后的岩样表面形态进行了观测(图 3.10)。

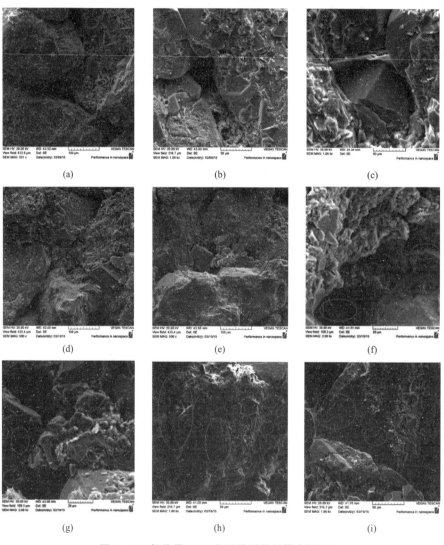

图 3.10 超临界 CO_2 作用前后的扫描电镜结果

(a) ~ (c) 为超临界 CO_2 作用前；(d) ~ (i) 为超临界 CO_2 作用后

SC - CO$_2$作用前的样品表面整体性较好，基质颗粒、粒间孔、矿物清晰[图3.10 (a)]；粒间孔周围矿物生长虽有残缺，但矿物结晶棱角清晰[图3.10(b)和图3.10(c)]，可认为是自然结晶而成。SC - CO$_2$作用后的样品表面整体较为松散，出现较为明显的裂隙[图3.10(d)]；表面矿物明显被剥离，且部分堆积于粒间孔附近，易造成搭桥或堵塞[图3.10(e)]；矿物有明显的溶蚀痕迹，边角棱角模糊、趋于圆润[图3.10(f)]，矿物边缘泛白，是水侵蚀的痕迹[图3.10(g)]；基质颗粒和矿物的间隙增大[图3.10(h)]；矿物表面出现大小不一的溶蚀孔[图3.10(g)~图3.10(i)]。

岩样表面形态的上述变化充分验证了岩样在SC - CO$_2$(含水)条件下发生了显著的溶蚀作用，它对渗流的影响可分为利弊两个方面。发生于孔喉内壁处的溶蚀作用可以增加孔喉半径和孔隙体积，这对渗流通道的改善是有利的；但矿物表面的溶蚀孔相互之间并不连通，属于盲孔，增加了岩样表面粗糙度，是平均孔径增加时比表面积也增加的原因；同时也加剧了油、水的滞留现象。矿物岩屑的剥落和堆积可能会加剧速敏效应和颗粒运移的后果，使渗流通道堵塞。溶蚀后岩样表面松散、胶结作用变弱，可能会加剧应力敏感性，对驱替压差本就较大低渗/特低渗储层的影响更为显著。

3.2.2 储层宏观孔隙结构变化

参考IUPAC的分类方法，对微观孔隙和宏观孔隙进行划分，根据孔喉直径的不同将孔隙分为微孔(<2nm)、介孔(2~50nm)和宏孔(>50nm)。其中微孔的研究一般常采用常温CO$_2$吸附法或高压N$_2$吸附法；介孔的研究一般采用低温N$_2$吸附法；宏孔的研究有压汞法、核磁共振技术等。本节在压汞曲线、核磁共振T$_2$谱的基础上，分别分析了SC - CO$_2$作用前后的宏观孔隙结构变化。

3.2.2.1 基于高压压汞技术的孔隙结构表征

汞的表面张力和润湿角相对比较稳定且对大多数岩心显示非润湿性，取汞的表面张力$\sigma_{Hg}=480$mN/m、润湿接触角$\theta=140°$，并假设孔隙由不同直径的圆柱形毛管束组成，则毛管压力与孔径之间存在如下关系：

$$p_c = \frac{2\sigma\cos\theta}{r_c} \approx \frac{0.735}{r_c} \tag{3.37}$$

式中 p_c——毛管压力，MPa；

σ——表面张力，N/m；

θ——润湿接触角，(°)；

r_c——毛管半径，μm。

图3.11给出了包含未知孔隙的孔径分布状况。从图3.11中可以看出，SC - CO$_2$作用后，"未知孔隙"的频率分布均有不同程度的降低，由45.78%降至26.35%，即相同压力下(最大进汞压力p_{cmax})所探测到的孔隙比率增大，说明低渗透砂岩岩样的孔喉在SC - CO$_2$作用后有了不同程度的增大。对于可确定孔径范围的"已知孔隙"，岩样在不同孔径区间内

的频率分布均有明显升高，一是因为其含有较多的可参与"水岩反应"的矿物，二是因为 CO_2 在岩样内的波及体积较大。

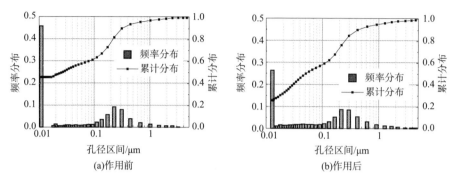

图3.11 超临界 CO_2 作用前后的孔径分布

3.2.2.2 基于核磁共振技术的孔隙结构表征

核磁共振岩心分析方法是在较低磁场强度下，通过对岩心中 ^1H 信号的检测获取 T_2 谱；由于 ^1H 信号的衰减速率与孔径成反比，即孔径越小衰减越快，T_2 弛豫时间也越短。所以 T_2 弛豫时间与孔喉半径实质上存在确定的对应关系。核磁共振技术配合驱替、离心等实验手段在岩石润湿性、孔隙结构、储层损害、流体饱和度、相对渗透率、岩心非均质性等方面有着广泛的应用。

根据核磁共振的弛豫机制，均匀磁场中的横向弛豫时间 T_2 可表示为：

$$\frac{1}{T_2} = \frac{1}{T_{2B}} + \frac{1}{T_{2D}} + \rho_2 \frac{S}{V} \tag{3.38}$$

假设：孔隙由理想的球体组成，则 $S/V = 3/r_c$；喉道由理想的圆柱体组成，则 $S/V = 2/r_c$；同时考虑到 $T_{2B} \gg T_2$、$T_{2D} \gg T_2$，并视 ρ_2 为常数，则式(3.38)可改写为：

$$\frac{1}{T_2} \approx \rho_2 \cdot \frac{F_s}{r_c} \quad \text{或} \quad r_c = \rho_2 \cdot F_s \cdot T_2 = C \cdot T_2 \tag{3.39}$$

结合毛管力公式式(3.37)可进一步得到伪毛管力公式：

$$p_c = \frac{2\sigma\cos\theta}{r_c} = \frac{0.735}{C \cdot T_2} \tag{3.40}$$

式(3.38)~式(3.40)中　　T_{2B}——体积弛豫时间，ms；

T_{2D}——扩散弛豫时间，ms；

S——孔隙比表面积，m^2；

V——孔隙体积，m^3；

ρ_2——横向表面弛豫率；

r_c——孔喉半径，μm；

C——转换系数，$\mu m/ms$；

F_s——形状因子，球状 $=3$，柱状 $=2$。

因此，应用核磁技术定量描述岩石的物理性质时，如何将 T_2 换算成孔喉半径成为最关键的问题。目前常用的有两种方法，即压汞曲线法和经验常数法。压汞曲线法被认为是较为准确的方法；转换系数 C 的大小具有区域性和经验性，但一般同一地区同一层位的转换系数 C 很接近，因此并非所有的岩心都必须经过压汞法的刻度，可以借鉴同一层位可刻度的转换系数 C，此为经验常数法。

在不同离心力下，SC-CO_2 作用前后的 T_2 谱线如图 3.12 所示。饱和状态下，13 ~ 52μm(250 ~ 1000ms)范围内的孔隙随 SC-CO_2 作用时间的延长而减少；1 ~ 2μm(20 ~ 40ms)范围内的孔隙略有增多，>156μm(>3000ms)范围内的孔隙也略有增多；尤其是作用时长≥15d 的岩样，该变化更为明显。孔隙增多是 CO_2 参与"水岩反应"，溶蚀矿物造成的，孔隙减少则可能是微粒运移堵塞了部分喉道的结果。

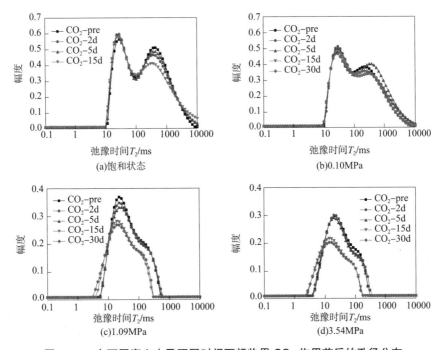

图 3.12　在不同离心力及不同时间下超临界 CO_2 作用前后的孔径分布

随着离心力的增大，岩心内的流体被逐渐驱替出来，滞留在岩心内的流体越来越少，这可从信号幅度逐渐减弱得到证实；但更为有意义的变化趋势是，随着 SC-CO_2 作用时间的延长，相同离心力下滞留在岩心内的流体也越来越少，且这些流体所处的孔隙半径越来越小。前者说明发生在喉道内的溶蚀作用增大了喉道半径，使得孔隙的连通状况好转；后者则可能是因为 SC-CO_2 造成了新的溶蚀孔或原有的连通性较差的小孔隙由封闭孔隙变为开放孔隙。

3.2.3　润湿性及流体分布变化

3.2.3.1　润湿性的变化

在存在非混相流体的情况下，把某种液体延伸或附着在固体表面的倾向性称为润湿性。在均匀的固体表面，固液之间无特殊作用且达到平衡态时，液体能否在固体表面铺展可由 Young 方程[式(3.41)]描述。可见，固体表面的润湿性主要取决于固体和液体表面分子的性质。具体到储层岩石，矿物成分、流体性质、饱和顺序、表面活性剂类型、表面粗糙度等成为岩石润湿性的主要影响因素。

$$\gamma_{gs} = \gamma_{ls} + \gamma_{gl} \cdot \cos\theta \tag{3.41}$$

式中 γ_{gs}——固体的表面张力，mN/m；

        γ_{ls}——固体与液体之间的界面张力，mN/m；

        γ_{gl}——液体的表面张力，mN/m；

        θ——气液固三相接触角，(°)。

表征岩石润湿性的方法大概有两类：一是根据润湿接触角的大小来分类(表3.3)，它可以描述某个特定表面的润湿性，但受非均质性的影响较大，难以描述岩心整体的润湿性；二是根据岩石的吸油、吸水量大小进行分类(如 Amott 润湿指数法，表3.4)，它更倾向于表征整个实验岩心的平均润湿性，但由于低渗岩心渗吸速率慢、体积变化幅度小，导致实验时间长且误差较大。

表3.3   岩石润湿性分类(接触角)   (°)

岩石润湿性	亲水性	中等润湿	亲油性
接触角范围	0~75	75~105	105~180

表3.4   岩石润湿性分类(Amott 润湿指数)

岩石润湿性	油润湿	弱油湿	中等润湿	弱水湿	水润湿
润湿指数	-1~-0.3	-0.3~-0.1	-0.1~0.1	0.1~0.3	0.3~1

根据测试结果，在 CO_2 作用之前，岩样接触角 $\theta < 55°$ 的占比为46%，$55° \leq \theta < 75°$ 的接触角占比为42%，意味着低渗透砂岩表面的润湿性以不同程度的水润湿为主；在 CO_2 作用之后，岩样接触角 $\theta < 55°$ 的占比骤降至17%，$55° \leq \theta < 75°$ 的接触角占比增至58%，$\theta \geq 75°$ 的占比也增加了一倍，意味着低渗透砂岩表面的润湿性以弱水湿为主，且部分岩样表面已进入中等润湿范畴。对比岩样接触角的绝对值变化也发现，80%的接触角有增大趋势；且在个别接触角降低的数据中，亦有60%的数值位于70°附近。上述分析表明：低渗透砂岩经 CO_2 作用后，其表面润湿性由水润湿向中等润湿转变。

综上所述，CO_2 对低渗透砂岩润湿性的改变可从两方面解释，即水岩化学反应和物理溶解作用：矿物越多、温度越高，则水岩反应对润湿性的改变越大；压力越高、CO_2 的浓度/密度越大、溶剂化作用越强，则物理溶解作用对润湿性的改变越大。两种作用机制都使得低渗透砂岩表面的润湿性由水润湿向中等润湿转变。

3.2.3.2 流体分布的变化

岩心的流体分布与孔隙结构和润湿性有关，孔喉越大、水湿性越弱，则束缚水饱和度越低；相反，若岩心的孔喉越小、水湿性越强，则束缚水饱和度越高。本书采用核磁共振技术来分析不同岩心的束缚水饱和度、SC－CO_2 作用前后的流体分布变化等。

T_2 截止值($T_{2\text{cutoff}}$)是低场核磁技术区分岩心内可动流体和束缚流体的重要参数。本节采用离心法确定 T_2 截止值，进而研究可动流体和束缚流体的变化。离心法确定 T_2 截止值依赖于岩心离心的程度，但实验发现，随着离心力的增大，滞留流体所占比例会持续减小且在最大离心力范围内并无明显趋缓的迹象，故存在最佳离心力。研究认为最佳离心力的确定需要考虑三方面的因素：一是岩心的脱水程度(最重要的因素)；二是岩心的损坏程度(标准岩心加工过程中，其棱边角可能存在一定程度的损坏，在高速振动时有可能造成边角的脱落)；三是实际生产压差(实验室的物理模拟过程就是在模拟现场实际，过高的离心力所测数据会与现场结果存在较大差异)。最终，参考油天然气行业标准 SY/T 6490—2023《岩样核磁共振参数实验室测量规范》，同时考虑低渗透砂岩的致密性，确定离心力为 9000r/min(约 3MPa，400psi)下的流体为束缚水，累计振幅为 A_b；在饱和岩样的 T_2 谱图中，从小孔隙开始算起，当累计振幅值等于 A_b 时所对应的 T_2 值即为 T_2 截止值。

（1）T_2 截止值随超临界 CO_2 作用时长的变化

图 3.13 给出了 SC－CO_2 作用前后低渗透砂岩岩样的 T_2 截止值变化。根据 T_2 截止值($T_{2\text{cutoff}}$)随 CO_2 作用时长变化关系(图 3.14)，可以看到随 SC－CO_2 作用时间的延长，T_2 截止值($T_{2\text{cutoff}}$)的数值持续减小。说明在相同的离心力作用下，滞留在岩心内的束缚流体所占比例逐渐降低、越来越多的流体可以被驱替出岩心，这是孔喉半径增大或孔喉连通性变好的表现，标志着孔喉结构的改善。

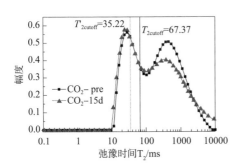

图 3.13 低渗透砂岩在超临界 CO_2 作用前、作用 15 天后的 T_2 截止值

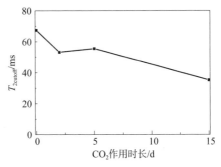

图 3.14 低渗透砂岩的 T_2 截止值随超临界 CO_2 作用时长的变化关系

（2）有效孔隙度

有效孔隙度是指可供流体流动的那部分连通性的孔隙所占据的孔隙度，可通过计算饱和水和残余水各自的累计振幅值并经归一化处理得到。孔喉的连通性越高、分选系数介于 1.4～1.9 时，有效孔隙度越大。图 3.15 给出了岩心的束缚水饱和度和有效孔隙度随 SC－CO_2 作用时长的变化关系，从图 3.15 可知随 SC－CO_2 作用时间的延长，低渗透砂岩的束缚水饱和度降低、有效孔隙度增加，意味着孔喉半径的增大或孔喉连通性的改善。

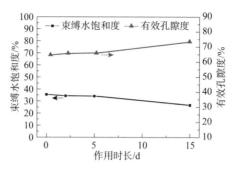

图 3.15　束缚水饱和度和有效孔隙度随超临界 CO_2 作用时长的变化关系

（3）不同压力下的可动流体百分比的变化

通过计算相同离心力下可驱替出的流体百分比（表 3.5），可以得到如下结论：随 SC - CO_2 作用时间的延长，相同离心力下可驱替出的流体百分比逐渐增加；且离心力越大，增加趋势越明显。这说明 SC - CO_2 作用后的低渗透砂岩，其可动流体呈现不同程度的增加趋势。

表 3.5　同一离心转速下可驱替出的流体百分比

离心转速/(r/min)	CO_2 作用时间				
	0d/%	2d/%	5d/%	15d/%	30d/%
1500	20.52	19.30	13.45	20.12	22.13
3500	47.00	48.08	46.84	53.58	57.46
5000	55.08	56.97	57.61	65.12	65.18
9000	64.51	65.60	65.83	73.35	75.66

3.2.4　毛管力曲线变化

低渗透砂岩的孔喉半径小，流体在这些孔径渐变、表面粗糙的毛细管网络中流动时，由于固体表面润湿性、液体表面张力等因素会产生附加的毛管力，而且孔喉半径越小，毛管力越大。毛管力曲线反映了某压差下，流体进入相应孔径大小的孔喉的体积，故毛管力曲线首先可用于岩样孔喉结构的研究；此外，还可根据毛管力曲线的特征变化判断工作液作用后的岩心是渗流通道受到损害还是有所改善。本节分别通过离心法和压汞法测试分析超临界 CO_2 作用前后的毛管力曲线变化，受毛细管滞后和测试方法的影响，两种方法所测得的毛管力曲线可能有所差异，但毛管力的特征变化呈现同样的趋势，因此本书认为这种变化趋势是低渗透砂岩经 CO_2 作用后的普遍规律。

离心法和压汞法都是石油天然气行业标准 GB/T 29171—2023《岩石毛管压力曲线的测定》推荐使用的毛管力测试方法，一般情况下选择其一即可。本节选择两种方法是由研究内容决定的：为了使超临界 CO_2 作用前后的测试数据更具对比意义，同时两种方法所得结果也可以相互佐证、相互补充。

3.2.4.1　基于离心技术的毛管力曲线变化

离心法测毛管力曲线的优点在于同一岩心可重复测试，偏重于砂岩物性变化过程的研究。离心法所用测试流体为模拟地层水，第一次测试后岩心受流体的影响可以忽略，这样便可实现同一块岩心经 SC–CO_2 不同作用时长后的重复测试：第一，由于是同一块岩心，排除了储层非均质性的干扰；第二，可以得出砂岩性质随时间的变化规律，如 2d、5d、10d、15d、30d 等；第三，可配合核磁共振技术，同时分析流体分布及其变化关系等，节省实验样品和实验周期。离心法测毛管力曲线的局限性在于：测试周期长，容易引起实验误差；测试压力有限（2～6MPa），端面饱和度计算复杂。本节首先参考相关行业标准，根据低渗透砂岩和"水–气"系统的特点，确定了含水饱和度、离心参数的大小及计算方法；其次采用多种函数拟合了所测毛管力曲线并将其换算为端面含水饱和度；最后测试了 SC–CO_2 作用不同时长下的毛管力曲线，得到并讨论了 CO_2 作用过程中毛管力曲线的变化趋势。

由图 3.16 可知，①SC–CO_2 作用后，岩心的毛管力曲线普遍左移，即相同的毛管压力下，含水饱和度降低，这意味着孔隙结构和渗流通道的改善；②这种变化在高的毛管压力区间（低饱和度区间）变化更为显著，说明 SC–CO_2 对小孔喉的改变更为明显；③随 SC–CO_2 作用时间的延长，毛管力曲线左移的幅度增大，但 15d 和 30d 之间的变化不大，即 15d 后，岩样的毛管力等性质不再随作用时间的延长而变化，说明此时砂岩岩样的性质趋于稳定。

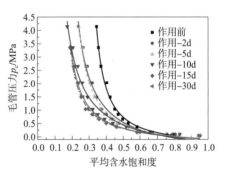

图 3.16　毛管力曲线随超临界 CO_2 作用时长的变化关系

3.2.4.2　基于高压压汞技术的毛管力曲线变化

高压压汞技术是应用最为成熟的孔隙结构分析方法，也是 GB/T 29171—2023 推荐的方法。压汞法测毛管力曲线的优点在于准确、快速，既可定量地表征孔喉分布特征又可定性地描述孔喉形态特征；其限制性表现在忽略了储层非均质性的影响。它所研究的孔径范围与进汞压力有关，也可以达到纳米级别。为避免过高的进汞压力引起孔壁坍塌或合并，进而导致孔隙结构改变，本节推荐采用该法进行微米级孔隙的研究。需要说明的是，用于压汞法的样品只能测试 1 次而不能重复测试，但对于微米级孔隙而言，它们对微观非均质性的敏感程度远不如纳米级孔隙，因此可认为从同一段全直径岩心钻取的岩心或岩屑具有相同的性质，这是压汞法测试数据具有对比意义的前提假设。

图 3.17 给出了 CO_2 作用前后的压汞曲线对比。首先，SC–CO_2 作用后的低渗透砂岩岩心，其压汞曲线不同程度地左移：相同压力下，进汞量增加，说明孔喉半径增大，使汞更容易压入孔隙；同时进汞量也增大，说明孔隙体积增加。这两个方面说明，单从孔隙结构的角度而言，SC–CO_2 作用后，孔喉半径、孔隙体积均有所增加，意味着渗透通道的改

善。其次，岩样的两条退汞曲线几乎平行，说明其孔喉类型没有发生明显变化。

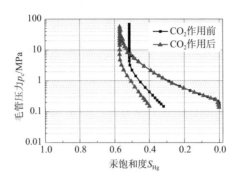

图3.17　CO_2作用前后低渗透砂岩的压汞曲线对比

3.2.4.3　两种方法对比

通过对比 SC – CO_2 作用前的岩心分别用离心法和压汞法所测得的毛管力曲线（图 3.18），可以看到两种方法所测得的毛管力曲线存在一定的差距：由离心法测得的毛管力曲线的湿相饱和度明显小于压汞法所测。本书认为可能是离心测试过程中水的蒸发导致的：离心法测试时间长（12～16h/13 测试点），这期间岩心持续暴露于空气中造成其饱和度误差；且岩心的孔渗越大、测试时间越长，蒸发所造成的误差也越大。尽管两种方法所测毛管力曲线存在一定差异，但两者所指示的变化趋势是一致的：SC – CO_2 作用后毛管力曲线的湿相饱和度均有不同程度的降低；曲线更加圆滑，即岩样孔喉连通性改善等。这证实了 SC – CO_2 作用后，低渗透砂岩的孔喉结构确实有所改善。

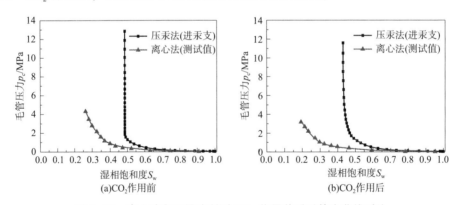

图3.18　离心法和压汞法所测 CO_2 作用前后毛管力曲线对比

3.2.5　应力敏感及渗透率变化

由低温 N_2 吸附法研究的孔隙微观结构，离心法和压汞法研究的宏观孔隙结构、毛管力曲线等参数的变化可知，超临界 CO_2 作用后低渗透砂岩的孔喉半径和渗流通道是得到改善的，但是没有发现渗透率增加。研究注意到，岩样在超临界 CO_2 作用后的扫描电镜图像显示其颗粒间的胶结作用变弱、结构松散，预示着岩心整体的力学性质发生了较大的改变。为了揭示该现象背后的原因，本小节从应力敏感性的角度入手，在分析渗透率和离子浓度变化规律的基础上，结合前4小节的研究结果，提出"溶解/溶蚀平衡"假说，它与"微粒运移"机理一起很好地解释了渗透率和离子浓度的变化趋势。

3.2.5.1 应力敏感性变化

应力敏感性是指多孔介质的孔隙体积或渗透率随有效应力变化的改变量，储层性质是影响应力敏感性伤害程度的内因，如岩石组成和岩性、胶结程度、蚀变程度、胶结物类型、孔隙结构、颗粒分选性及解除关系等；测试流体性质、孔隙压力变化规律等是影响应力敏感性的外因。应力敏感性对于储量计算、储层保护和合理开采制度的确定等具有十分重要的意义。

运用"在线核磁共振"的检测方法，测试在不同有效应力下的渗透率的同时，监测岩心内流体的分布情况，以期获得敏感性孔隙的范围。实验过程参考 SY/T 5358—2010《储层敏感性流动实验评价方法》，以 5MPa、10MPa、15MPa、20MPa 的围压逐渐加载或卸载；压力加载过程中每两个测试点的压力平衡时间为 0.5h，卸载过程中则为 1h。

（1）渗透率随上覆应力的变化

参考 SY/T 5358—2010 分别确定了临界应力、最大渗透率损害率、不可逆渗透率损害率、渗透率损害系数等参数。临界应力是指在压力加载过程中，渗透率变化大于20%时所对应的前一个净应力值；最大渗透率损害率是指测试过程中岩心渗透率的最大伤害程度；不可逆渗透率损害率是指压力恢复至初始净压力点时的岩心渗透率伤害程度；渗透率损害系数是指有效应力每增加单位应力时，岩样单位渗透率的减小值［式（3.42）］。渗透率随有效应力的增加而降低［式（3.43）］，对该式作数学变形，对 $\ln\frac{k_0}{k_i} \sim \Delta p_E$ 线性回归，斜率即为应力敏感性系数 α_k［式（3.44）］。

$$D_{kP} = \frac{k_i - k_{i+1}}{k_i |p_{i+1} - p_i|} \tag{3.42}$$

$$k_i = k_0 \cdot e^{-\alpha_k \cdot \Delta p_E} \tag{3.43}$$

$$\ln\left(\frac{k_0}{k_i}\right) = \alpha_k \cdot \Delta p_E \tag{3.44}$$

式中　D_{kP}——渗透率损害系数，MPa^{-1}；

　　　k_i——第 i 个有效应力下的岩心渗透率，$10^{-3}\mu m^2$；

　　　p_i——第 i 个有效应力，MPa；

　　　Δp_E——有效应力的变化量，MPa。

由表3.6、图3.19可知：①$SC-CO_2$ 作用后的渗透率绝对值在相同压力变幅下的降幅增大，渗透率损害系数、应力敏感性系数均增至 CO_2 作用前的 3 倍左右，临界应力由20MPa 降至 10MPa；最大渗透率损害率由 20.87% 增至 47.95%。②$SC-CO_2$ 作用后的渗透率的恢复性下降，表现为不可逆渗透率损害率由 10.26% 增至 38.39%；岩心在 20MPa

稳压 0.5h 后，空白样品的渗透率恢复耗时约 1~2h，SC-CO$_2$ 作用后的样品则耗时 2~3h。这些数据说明，低渗透砂岩心在 SC-CO$_2$ 作用后的应力敏感性增加：压力加载过程中，渗透率对应的增加更为敏感；压力卸载过程中，渗透率的恢复速度和恢复程度均有明显下降。

表 3.6 超临界 CO$_2$ 作用前后的应力敏感参数确定

应力敏感参数	CO$_2$ 作用前	CO$_2$ 作用后
临界应力/MPa	20	10
渗透率损害系数/MPa^{-1}	0.0101~0.0136	0.0304~0.0347
应力敏感性系数	0.0139	0.0393
最大渗透率损害率/%	20.87	47.95
不可逆渗透率损害率/%	10.26	38.39

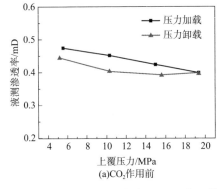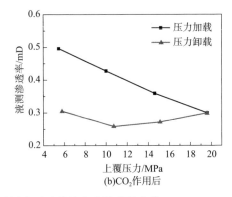

图 3.19 超临界 CO$_2$ 作用前后低渗透砂岩的应力敏感性变化

（2）流体分布随上覆应力的变化

核磁共振是通过探测水分子中的 ^{1}H 原子并反演得到信号衰减随 T_2 弛豫时间的变化，即 T_2 谱，因此要求被测试的岩心孔隙中必须时刻充满模拟地层水。测试岩样由于渗透率较高、可以持续驱替，故无论是压力加载过程还是压力卸载过程，在岩样变化的孔隙中均能时刻充满驱替液（模拟地层水），因此针对岩样测试了其压力加载和压力卸载两个过程的流体分布变化，借以描述孔隙结构随上覆压力的变化关系。

1）压力加载与卸载过程中的流体分布与孔隙变化。

图 3.20 给出了岩样在 SC-CO$_2$ 作用前后的流体分布曲线。SC-CO$_2$ 作用前岩心在加压（0→5MPa）过程中，$T_2 = 0.36~12.9$ms 范围的小孔隙全部闭合；$T_2 = 60~278$ms 范围内的大孔隙部分被压缩，成为 $T_2 = 12.9~60$ms 范围内的中小孔隙；5MPa→10MPa 加压过程中，孔隙并无明显变化；10MPa→15MPa 加压过程中，$T_2 = 27.8~129$ms 范围内的孔隙再次受压减小为 $T_2 = 1~27.8$ms 范围内的孔隙；15MPa→20MPa 加压过程中，$T_2 = 21.5~77.4$ms 范围内的孔隙再次受压减小为 $T_2 = 0.77~21.5$ms 范围内的孔隙。这说明压力加载过程大致可分为两个阶段：一级受压（0→5MPa→10MPa），表现为小孔隙的闭合和部分大孔隙被压缩中等孔隙；二级受压（10MPa→15MPa→20MPa），表现为中等孔隙部分被二次

压缩。压力卸载过程中 T_2 谱线变化较为规律，表现为受压缩的中等孔隙逐步恢复、孔径变大（T_2 谱线逐步右移）。

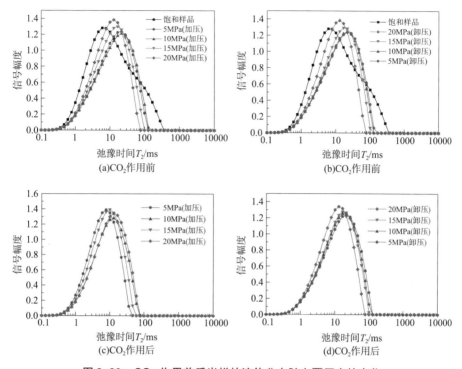

图 3.20 CO_2 作用前后岩样的流体分布随上覆压力的变化

SC - CO_2 作用后岩心在压力加载过程中的孔隙结构变化混杂，曲线移动忽左忽右，意味着孔喉比、孔隙连通性质复杂；但压力卸载过程中 T_2 谱线变化较为规律，表现为受压缩的中等孔隙逐步恢复、孔径变大（T_2 谱线逐步右移）。

2）相同压力下在加卸压过程中的流体分布与孔隙恢复程度。

分别对比同一岩心处于加压/卸压过程相同压力时的流体分布，发现 SC - CO_2 作用前的岩心在相同压力下加压和卸压时的 T_2 谱线几乎重合，说明岩心孔隙的恢复性良好；而 SC - CO_2 作用后的岩心在相同压力下加压和卸压时的 T_2 谱线具有明显差异，说明岩心孔隙的恢复程度差（图 3.21），这与渗透率的测试结果相一致。

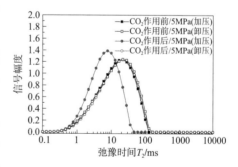

图 3.21 压力加载和压力卸载过程中相同压力下的 T_2 谱线

3.2.5.2 渗透率变化

渗透率是储层最基本的参数之一，表征了储层岩石的渗流能力。目前大家普遍接受的观点是 CO_2 的溶蚀作用使岩石的渗透率增大，但事实上，由于溶蚀产生的次生孔隙具有较差的规则性，进而导致的孔喉比、孔壁表面粗糙度、孔道曲折性等的增加，对渗透率也存在一定的不利影响。本节利用 N_2 和模拟地层水分别测试了低渗透砂岩岩心在超临界 CO_2 作用前后的渗透率。

（1）气测渗透率的变化

采用 N_2 测试了岩心在常温、围压 2MPa 下的气体渗透率，驱替压差控制在 0.01 ~ 0.7MPa。某压力点下的气测渗透率采用达西流下的气测渗透率公式进行计算。

$$K_g = \frac{2Q_0 p_0 \mu L}{A(p_1^2 - p_2^2)} \tag{3.45}$$

式中　K_g——气体渗透率，$10^{-3} \mu m^2$；

　　　　A——岩样横截面积，cm^2；

　　　　L——岩样长度，cm；

　　　　p_0——大气压力，$10^{-1}MPa$；

　　　　p_1、p_2——岩心入口及出口大气压力，$10^{-1}MPa$；

　　　　μ——气体的黏度，$mPa \cdot s$（常温下，$\mu_{N_2} = 0.01758 mPa \cdot s$）；

　　　　Q_0——大气压力下的流量，cm^3/s。

由于气体滑脱效应（Klinkenberg 效应）的存在，不同平均压力下所测得的气体渗透率是不同的，为了便于对比分析，本节对不同平均压力下的气测渗透率做线性回归，并取平均压力为无穷处的极限渗透率（克氏渗透率，K_∞）作为岩心气测渗透率的数值。

$$K_\infty = \frac{K_g}{1 + b/\bar{p}}, \left(\bar{p} = \frac{p_1 + p_2}{2} \right) \tag{3.46}$$

式中　当 $\bar{p} \to \infty$ 时 $b/\bar{p} \to 0$，即 K_∞ 表示直线与纵坐标的交点（图 3.22）。

表 3.7 给出了四块岩心在 SC – CO_2 不同作用时长下的克氏渗透率，并绘图（图 3.23）。由表 3.7 和图 3.23 可知，随 SC – CO_2 作用时间的增加，各个岩心的克氏渗透率变化不同。$1^{\#}$ 和 $4^{\#}$ 岩心的克氏渗透率呈现先减小再恢复并趋于稳定的态势，且岩心最终的渗透率比初始渗透率略低；$2^{\#}$ 和 $3^{\#}$ 岩心的渗透率则呈现递增趋势，其中，$2^{\#}$ 岩心的渗透率达到 $0.0954 \times 10^{-3} \mu m^2$（10d）后，$CO_2$ 可顺利驱替模拟水使得连通孔隙内的 CO_2 饱和度增加，故 15d、30d 时的渗透率增幅更为明显。

表 3.7　超临界 CO_2 不同作用时长下的克氏渗透率

累计所用时长/d	克氏渗透率 $K_\infty/10^{-3} \mu m^2$			
	$1^{\#}$	$2^{\#}$	$3^{\#}$	$4^{\#}$
0	2.9250	0.0837	—	0.0670
2	2.7889	0.0919	—	—
5	2.6194	0.0845	0.0270	0.0535
10	2.5990	0.0954	0.0340	0.0659
15	2.6441	0.1587	—	—
25	—	—	0.0544	—
30	2.7164	0.2590	—	—

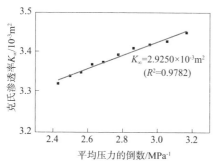

图 3.22 CO$_2$ 作用前的岩心克氏渗透率

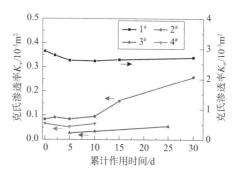

图 3.23 不同 SC – CO$_2$ 作用时长下的克氏渗透率

（2）液测渗透率的变化

采用总浓度为 62g/L 的标准盐水作为模拟地层水测试岩心在 SC – CO$_2$ 不同作用时长下的液测渗透率。测试温度为室温、围压 5MPa，某个流量下的液测渗透率根据 Darcy 公式计算：

$$K_{\mathrm{L}} = \frac{q_0 \mu_0 L}{A(p_1 - p_2)} \times 10^2 \tag{3.47}$$

式中　K_{L}——液测渗透率，$10^{-3} \mu\mathrm{m}^2$；

　　　　q_0——大气压力下的流量，cm^3/s；

　　　　μ_0——液体的黏度，$\mathrm{mPa \cdot s}$(本实验中，$\mu_{\mathrm{H_2O}} = 1.03 \mathrm{mPa \cdot s}$)；

　　　　L——岩样长度，cm；

　　　　A——岩样横截面积，cm^2；

　　p_1、p_2——岩心入口及出口大气压力，MPa。

为了保证测试时所选择的流量在 Darcy 线性流范围内，测试了 0.5cm^3/s、0.8cm^3/s、1.0cm^3/s、1.5cm^3/s、2.0cm^3/s 等 5 个流量下的渗透率，每个流量下均有 10 个测试数据。对特定的岩心，式(3.47)可简化为：

$$a \cdot q_0 = K_{\mathrm{L}}(p_1 - p_2) \tag{3.48}$$

式中　a——简化后的系数。

在 Darcy 线性流范围内，流量与压差成正比，因此可将不同流量下所测渗透率进行线性回归，通过 R^2 判断所选流量范围是否合适，此时的直线斜率即为不同流量下的平均液测渗透率 K_{L}（图 3.24）。

图 3.25 给出了岩心在 SC – CO$_2$ 不同作用时长下的液测渗透率，由图 3.25 可知，随 SC – CO$_2$ 作用时间的增加，岩心的液测渗透率呈先减小再恢复并趋于稳定的态势，且岩心最终的渗透率比初始渗透率略低，与克氏渗透率的变化趋势一致。

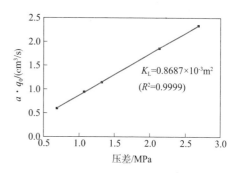

图 3.24 CO$_2$ 作用前的液测渗透率

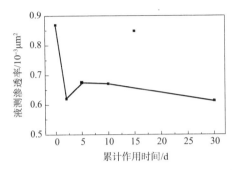

图3.25 液测渗透率随CO_2作用时长的变化关系

学者普遍认为，CO_2在储层条件下对矿物的溶蚀作用使岩石渗透率变大，而二次沉淀和微粒运移使岩石渗透率降低。在作用位置上，入口端的岩心CO_2浓度高、酸性强，主要受溶蚀作用；出口端的岩心CO_2浓度低、酸性减弱，会导致矿物的二次沉淀，同时微粒运移也是沿驱替方向逐渐迁移至出口端。故认为入口端的岩心渗透率变大，而出口端的岩心渗透率会降低。本节详细分析了上述两种作用对低渗透砂岩储层岩心的影响，并分析了岩心在驱替过程中的受力情况，指出岩心的应力敏感性也可能是导致渗透率(尤其是液测渗透率)变化的潜在原因之一。

3.3　地质参数对二氧化碳地质封存效果影响

枯竭油气藏具有天然的圈闭构造与储盖组合，底部和边缘由含水层支撑。储层通常为砂岩、碳酸盐岩地层或其他孔隙性渗透地层；盖层通常为低渗透泥页岩或膏盐岩地层，且油气藏具有广泛的工业开采基础，有利于降低实施成本。咸水层具有良好的存储空间，如孔隙发育、连通性好等优点，有利于二氧化碳的充注。二氧化碳在地质封存过程中，对储层物性有影响的同时，其封存效果受储层物性的控制较大，且不同参数对其作用机理存在差异，因此借助数值模拟方法，在明确二氧化碳注入后储层物性变化的基础上，根据枯竭油气藏和咸水层二氧化碳封存基础模型，探究地层温度、地层压力、储层孔隙度、储层渗透率、纵横渗透率比和残余气饱和度等物性参数对二氧化碳封存效果的影响。

3.3.1　地层温度

地层温度是CO_2地质封存效果的主控因素之一，主要通过影响流体密度、CO_2溶解度，进而控制CO_2羽流的迁移速率和距离，最终导致CO_2捕集能力和储存能力发生改变。首先，较高的温度会使流体密度大大降低，CO_2浮力增大，黏度降低，CO_2流动性升高。其次，温度变化对地层水中CO_2的溶解度也有显著影响，较高温度条件下，溶解度减小，从而使CO_2的毛细捕集和溶解捕集能力降低，储层的CO_2储存容量减少。

根据实际枯竭油气藏和咸水层CO_2地质封存的温度数据，选择枯竭油气藏温度(T_d)为75 ～

100℃，咸水层温度(T_s)为30~80℃，在保证其他参数相同的情况下(具体参数设置见3.1.4节)，分别建立六组不同地层温度模型，来分析改变地层温度，CO_2溶解特征、饱和度特征和储层压力特征的变化，进而研究地层温度对枯竭油气藏和咸水层CO_2封存效果的影响。

3.3.1.1 对枯竭油气藏封存影响

(1)二氧化碳溶解特征

枯竭油气藏单位储层内CO_2溶解质量在不同温度条件下随注入时间的变化关系如图3.26所示。各储层温度条件下，CO_2溶解质量均随注入时间增加而增大；相同注入时间下，CO_2溶解质量随温度升高逐渐减少，且温度越大，减少的幅度越小。分析认为，温度升高会导致CO_2的溶解度减小，从而使得地层水中溶解的CO_2量减少，因此较高的地层温度不适合枯竭油气藏的溶解封存。

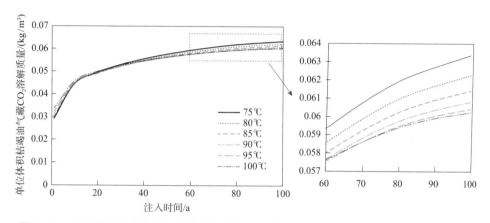

图3.26 不同储层温度条件下单位体积枯竭油气藏的CO_2溶解质量随注入时间变化关系

图3.27为不同地层温度条件下单位体积枯竭油气藏中CO_2溶解质量($X CO_2 aq$)分布。从图3.27中可以看到，地层温度越高，CO_2横向扩散晕的范围越广，纵向CO_2溶解质量分布面积越大，颜色也逐渐由低色阶向高色阶转变。分析认为，这是温度升高、CO_2溶解度降低导致的，溶解的CO_2越少，遇到与砂岩互层的孔渗较低的泥页岩后，沿水平方向扩散的CO_2和继续向上迁移的CO_2越多，从而使整体上CO_2溶解质量分布面积增大。

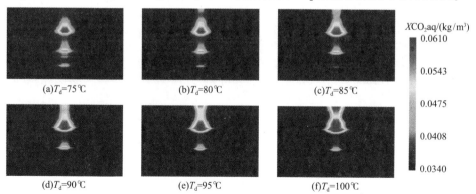

图3.27 不同地层温度条件下单位体积枯竭油气藏中CO_2溶解质量分布

（2）二氧化碳饱和度特征

图 3.28 展示了枯竭油气藏中气态 CO_2 饱和度在不同地层温度条件下随注入时间的变化关系。结果显示，各地层温度条件下，气态 CO_2 饱和度都是在 CO_2 刚开始注入时迅速增加，后由于 CO_2 与地层水初始接触，溶解速度较快，气态 CO_2 饱和度短暂下降，随着 CO_2 溶解逐渐饱和，气态 CO_2 饱和度以低于初始增速的速度增加；在同一注入时间下，气态 CO_2 饱和度表现为随温度的增加而增大。分析认为，这主要与 CO_2 溶解度受温度影响降低，导致 CO_2 溶解量减少有关，溶解的 CO_2 减少，相应的气态 CO_2 增多，即气态 CO_2 饱和度增大。

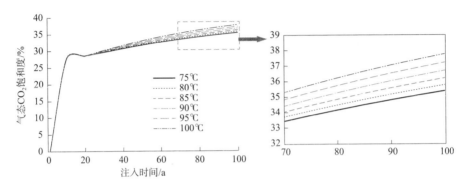

图 3.28　枯竭油气藏不同地层温度条件下气态 CO_2 饱和度随注入时间变化关系

枯竭油气藏不同地层温度条件下气态 CO_2 饱和度（S_g）分布如图 3.29 所示。结果显示，随着温度增加，储层内靠近顶部盖层的气态 CO_2 饱和度分布范围逐渐增大，高气态 CO_2 饱和度对应的色阶颜色面积也越来越大。而随着更多不发生溶解的 CO_2 继续向上迁移，顶部盖层附近的气态 CO_2 饱和度分布逐渐增加，CO_2 发生泄漏的风险提高，因此储层温度越高封存安全性越低。

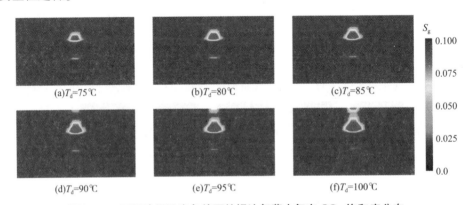

图 3.29　不同地层温度条件下枯竭油气藏中气态 CO_2 饱和度分布

（3）储层压力特征

从枯竭油气藏不同地层温度条件下储层压力随注入时间的变化关系图（图 3.30）中可以看到，不仅不同地层温度条件下，储层压力随注入时间变化相似，而且同一注入时间下，各温度对应的储层压力差距也不大，整体上表现为温度越高，储层压力越大。与CO_2溶解质量和气态CO_2饱和度相比，温度对储层压力的影响较小。分析认为，储层压力随温度升高而增大是由于地层水中溶解的CO_2减少，更多的CO_2以气态形式在孔隙中被束缚或在喉道中运移扩散，从而使储层压力增大。

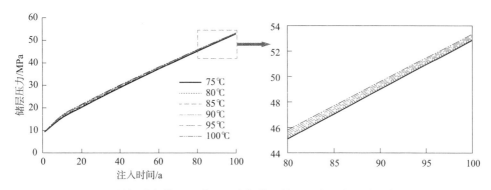

图 3.30　枯竭油气藏不同地层温度条件下储层压力随注入时间变化关系

根据枯竭油气藏不同地层温度条件下储层压力（P）分布图（图 3.31），可以看出储层中的压力分布整体表现为由下向上逐渐递减的特征，主要是CO_2从井底注入，在与地层水的密度差和毛管压力共同作用下向上运移导致的。除此之外，随着温度增加，可以看到高储层压力对应的颜色色阶逐渐上移，但整体变化幅度较小，再次表明温度变化对枯竭油气藏储层压力的影响不大。

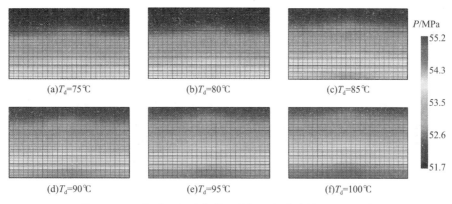

图 3.31　不同地层温度条件下枯竭油气藏中储层压力分布

3.3.1.2　对咸水层封存影响

（1）CO_2溶解变化特征

不同地层温度条件下单位体积咸水层的CO_2溶解质量随时间变化关系如图 3.32 所示。随注入时间增加，不同温度条件下CO_2溶解质量的变化略有差异，但整体上表现为递增趋势；同一注入时间下，温度越高对应的CO_2溶解质量越低，整体变化幅度较枯竭油气藏高，主要是咸水层孔隙度和渗透率条件较优导致的。分析认为，温度主要通过影响CO_2的溶解度和黏度来改变咸水层封存效果。一方面，CO_2 的溶解度随温度增加而降低，从而导致 CO_2 溶解质量减少；另一方面，温度越高，CO_2 黏度越小，即 CO_2 流动性升高，较好的流动性增大了盐水与 CO_2 的接触面积，最终增加了溶解质量。但 CO_2 黏度仅在临界温度左右时减小幅度较大，当温度大于临界温度后，随温度升高，CO_2 黏度的减小幅度骤降，且越来越小（具体见 2.1.1 节图 2.3）；而 CO_2 溶解度随温度增加，降低幅度较均匀（具体见 2.4.1 节图 2.10）。因此温度对溶解度的影响要远高于对 CO_2 黏度的影响，即 CO_2 在咸水中的溶解质量整体表现为随着温度增加而减少，地层温度越低，越有利于 CO_2 在咸水层中溶解。

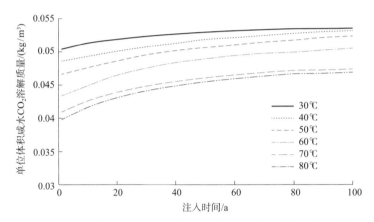

图 3.32　不同温度条件下单位体积咸水层的 CO_2 溶解质量随时间变化关系

CO_2 持续注入 100a，不同温度条件下咸水层中 CO_2 的溶解质量分布如图 3.33 所示。随着温度增加，高 CO_2 溶解质量对应的色阶颜色面积逐渐减小，储层顶部横向分布的 CO_2 溶解质量范围也越来越小，本书认为是 CO_2 在咸水中的溶解质量随温度增加而减少导致的。

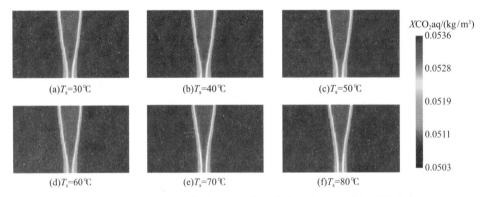

图 3.33　不同地层温度条件下单位体积咸水层中 CO_2 溶解质量分布

（2）CO_2 饱和度变化特征

图 3.34 分析了咸水层封存 CO_2 时，不同地层温度条件下气态 CO_2 饱和度随注入时间的变化关系。分析结果表明，不同温度条件下曲线整体变化趋势相同，气态 CO_2 饱和度的

增速都表现为先快后缓。但在相同注入时间下，不同温度条件下的气态 CO_2 饱和度表现出明显的差异：随着温度的增加，由于 CO_2 溶解量逐渐减小，导致气态 CO_2 饱和度升高。因此，从封存安全性方面考虑，也应尽可能选择温度较低的咸水层封存 CO_2。

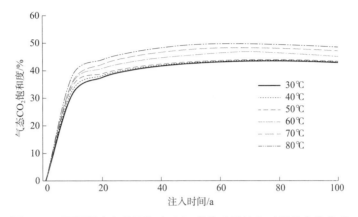

图 3.34　不同温度条件下气态 CO_2 饱和度随注入时间的变化关系

图 3.35 展示了随着注入时间增加，不同地层温度条件下咸水层内的气态 CO_2 饱和度分布。地层温度越大，盖层附近气态 CO_2 饱和度横向分布面积越大。这表明温度越高，盖层顶部的气态 CO_2 分布越多，CO_2 沿盖层发生泄漏的风险越高。

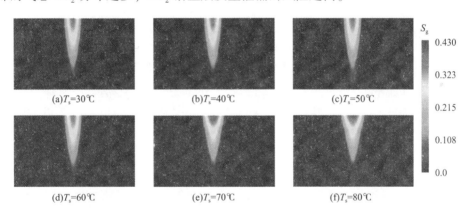

图 3.35　不同地层温度条件下咸水层中气态 CO_2 饱和度分布

（3）储层压力变化特征

在咸水层 CO_2 封存过程中，不同地层温度条件下储层压力随注入时间的变化关系如图3.36 所示。在各地层温度条件下，储层压力随注入时间呈近似线性增加；同一注入时间下，储层压力随地层温度的增加而增大，但整体上变化程度不大。分析认为，温度越高储层压力越大，这是 CO_2 溶解质量减少和气态 CO_2 饱和度增加导致的，但同时 CO_2 黏度减小，流动性提高，又导致 CO_2 流动范围增大，聚集在盖层附近的 CO_2 相对减少，因此，地层温度对咸水层压力的影响也较小。

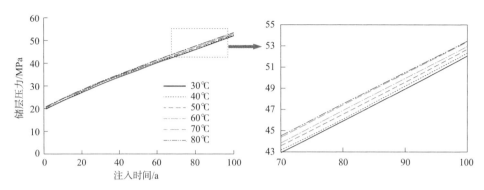

图 3.36　咸水层不同温度条件下储层压力随注入时间变化关系

图 3.37 为咸水层中不同温度条件下储层压力分布，和枯竭油气藏相似，各个温度条件下的储层压力也表现出从下向上递进减小的特征。随着地层温度增加，咸水层中储层压力分布相似，无明显差别，地层温度对咸水层 CO_2 封存过程中储层压力分布的影响不大。

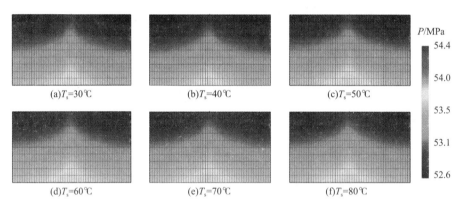

图 3.37　不同地层温度条件下咸水层中储层压力分布

3.3.2　地层压力

地层压力通过对流体的密度和黏度、CO_2 溶解度的耦合作用，影响 CO_2 在储层中的运移分布。地层压力小有利于 CO_2 垂向上的运移，从而更多 CO_2 聚集在盖层底部做径向上的运动，扩大了其在径向上的运移距离。除此之外，地层压力增大还会导致地层膨胀，上部隆起，盖层及以上地层虽然未注入气体，但是随着储层的隆起，储层挤压致使盖层发生变形。CO_2 在注入时，地表会发生抬升，当停注以后，地下压力和应力进行再平衡，地表变形量回落。地表变形随注入年限增长而增大，注入年限越长，地表变形的恢复率越低。地层变形易发生 CO_2 泄漏，地层压力通过影响地层变形控制了封存安全性。随着地层深度增加，地层初始压力增大。因此，在 CO_2 封存过程中，在考虑经济效益的前提下，保证注入深度，可以有效减小 CO_2 注入对地表变形的影响，降低对生态环境的破坏。

根据实际枯竭油气藏和咸水层 CO_2 地质封存的温度数据，选择枯竭油气藏压力（P_d）为 8～13MPa，咸水层压力（P_s）为 10～20MPa，在保证其他参数相同的情况下（具体参数设置见 3.1.4

节），分别建立六组不同地层压力模型，来分析改变地层压力，CO_2 溶解特征、饱和度特征和储层压力特征的变化，进而研究地层压力对枯竭油气藏和咸水层 CO_2 封存效果的影响。

3.3.2.1 对枯竭油气藏封存影响

（1）二氧化碳溶解特征

图 3.38 展示了单位体积枯竭油气藏的 CO_2 溶解质量在不同地层压力条件下随注入时间的变化关系。可以看到，在不同压力条件下，CO_2 溶解质量均与注入时间呈正相关关系；在同一注入时间下，CO_2 溶解质量随地层压力的增加而减小。分析认为，压力增加一方面导致 CO_2 溶解度升高，使 CO_2 溶解量增多；另一方面会导致 CO_2 黏度升高，CO_2 流动能力下降，与地层水的接触面积减小，因此即使 CO_2 溶解度很高，但与地层水接触范围有限，故 CO_2 溶解黏质量随压力增加呈减小趋势。

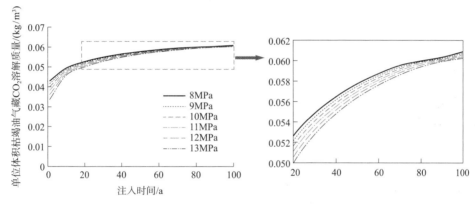

图 3.38　不同地层压力条件下单位体积枯竭油气藏的 CO_2 溶解质量随注入时间变化关系

不同地层压力条件下单位体积枯竭油气藏中 CO_2 溶解质量分布如图 3.39 所示。随着地层压力增大，CO_2 溶解质量分布范围逐渐减小，高色阶对应的颜色占比也逐渐降低，表明压力对 CO_2 溶解度的影响要小于其对流动性的影响，从而使 CO_2 溶解质量分布面积随流动能力的减弱而减少。

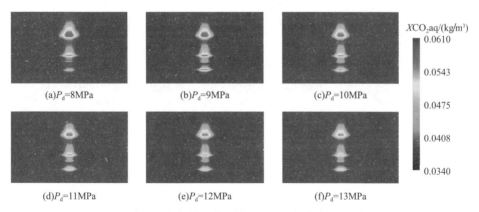

图 3.39　不同地层压力条件下单位体积枯竭油气藏中 CO_2 溶解质量分布

（2）二氧化碳饱和度特征

枯竭油气藏中气态 CO_2 饱和度在不同地层压力条件下随注入时间变化关系如图 3.40 所示。不同压力下，气态 CO_2 饱和度随注入时间变化表现一致；同一注入时间下，地层压力越大，气态 CO_2 饱和度越高，尤其在 CO_2 注入前期表现明显。分析认为，在 CO_2 注入前期，受 CO_2 流动性的限制，CO_2 与地层水接触机会较少，因此随压力增大，溶解量减少，气态 CO_2 增多；在 CO_2 注入后期，CO_2 与地层水接触面积增大，弥补了由流动性减弱引起的溶解量减少损失，因此压力对气态 CO_2 饱和度的影响开始减弱。

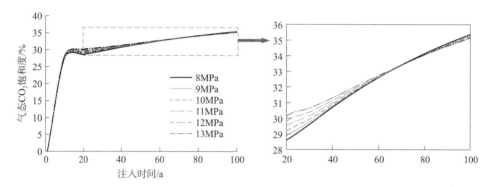

图 3.40　不同地层压力条件下枯竭油气藏气态 CO_2 饱和度随注入时间变化

根据 CO_2 注入 100 年，枯竭油气藏在不同地层压力条件下气态 CO_2 饱和度分布（图 3.41）可以看到，随着压力增大，由于 CO_2 流动能力减弱，储层中下部的气态 CO_2 饱和度分布面积越来越大，上部的分布面积逐渐减小，表明地层压力对 CO_2 流动性的影响更大。

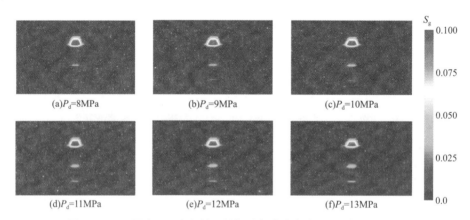

图 3.41　不同地层压力条件下枯竭油气藏中气态 CO_2 饱和度分布

（3）储层压力特征

图 3.42 展示了枯竭油气藏不同地层压力条件下储层压力随注入时间的变化关系。同一压力条件下，储层压力随注入时间增加呈近似线性增大；同一注入时间下，储层压力随地层压力的增大而增加。溶解的 CO_2 越少，储层中以气态形式流动的 CO_2 越多，储层压力

也就越大。除此之外，地层压力升高，同时会导致井底的注入压差降低以及岩石的变形系数减小，进而造成地表变形量减小。因此，虽然地层压力增大存在压裂盖层发生 CO_2 泄漏风险，但也会减小地表变形量，降低对环境的破坏，所以在实际枯竭油气藏 CO_2 封存过程中，应综合考虑两方面的影响，选取地层压力较合适的储层。

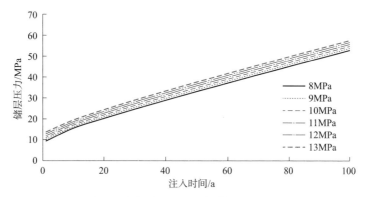

图 3.42　不同地层压力条件下枯竭油气藏储层压力随注入时间变化

枯竭油气藏不同地层压力条件下储层压力分布如图 3.43 所示。从图 3.43 中可以看到，各个压力条件下，储层压力分布从下向上逐渐减小；同时随着压力增大，储层压力分布明显增大，深色阶对应的颜色分布面积越来越多，表明高压力地层的储层压力分布也较大，封存安全性降低。

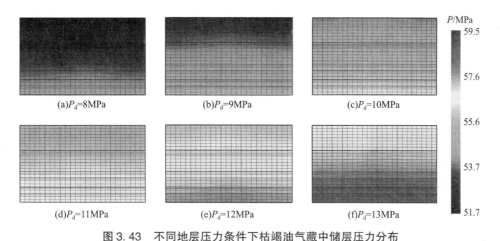

图 3.43　不同地层压力条件下枯竭油气藏中储层压力分布

3.3.2.2　对咸水层封存影响

（1）CO_2 溶解变化特征

图 3.44 分析了不同压力条件下单位体积咸水层的 CO_2 溶解质量随时间变化的关系。CO_2 的溶解质量与注入时间呈正相关关系，压力越大，同一注入时间下 CO_2 的溶解质量越少。分析认为，压力主要通过影响 CO_2 的溶解度和黏度来改变咸水层 CO_2 封存效果。一方面，压力的增加会引起 CO_2 溶解度的增大；另一方面，压力对地层咸水黏度的影响较小，

但 CO_2 黏度随压力的增加而增大，因此压力越高，气相黏度与液相黏度比值越大，从而导致 CO_2 流动性减弱，与新鲜咸水接触的机会减小，即 CO_2 溶解量相应减少。压力越高，CO_2 黏度增加的幅度越大（具体见 2.1.1 节图 2.3）；而 CO_2 溶解度仅在压力小于临界压力（7.38MPa）时，在压力的作用下其增加幅度较大，当压力大于临界压力后，CO_2 溶解度的增幅迅速降低（具体见 2.4.1 节图 2.10）。因此在地层压力大于临界压力范围内，CO_2 流动性减弱对封存的影响要大于溶解度的增加，即地层压力越大，越不利于 CO_2 的溶解封存。

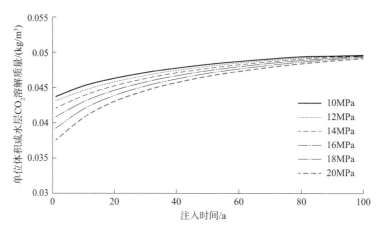

图 3.44　不同地层压力条件下单位体积咸水层的 CO_2 溶解质量随时间变化关系

不同地层压力条件下 CO_2 注入 100 年，单位体积咸水层中 CO_2 的溶解质量分布如图 3.45 所示。随着压力增加，盖层附近的高 CO_2 溶解质量对应的色阶颜色深度横向分布范围逐渐减小，纵向分布连续性增大，认为与 CO_2 流动性随压力增大而减小有关。再次表明地层压力升高不利于 CO_2 的溶解。

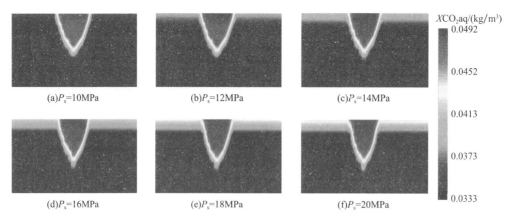

图 3.45　不同地层压力条件下单位体积咸水层中 CO_2 溶解质量分布

（2）CO_2 饱和度变化特征

不同地层压力条件下气态 CO_2 饱和度随注入时间的变化关系如图 3.46 所示。虽然整体上在一定的压力下气态 CO_2 饱和度随注入时间呈正相关关系，但在一定注入时间下，气态 CO_2 饱和度随压力的增加而增大。本书认为这与 CO_2 溶解质量随压力增加而减小有关，CO_2 注入 100 年，溶解封存机理发挥作用的贡献较大，因此 CO_2 溶解量越少，咸水层中气态 CO_2 饱和度越多。

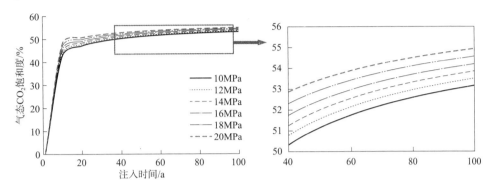

图 3.46 不同地层压力条件下咸水层气态 CO_2 饱和度随注入时间变化关系

图 3.47 展示了不同地层压力条件下储层内的气态 CO_2 饱和度分布。随着压力增大，气态 CO_2 饱和度分布面积增大，盖层附近横向扩散距离也较远。而气态 CO_2 越多，代表发生泄漏风险的可能性越大，进一步表明高地层压力咸水层的 CO_2 封存安全性较低。

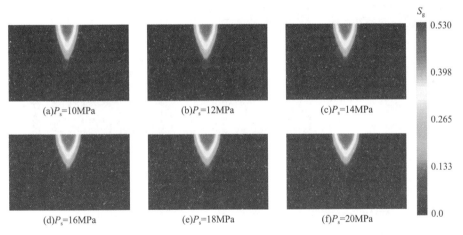

图 3.47 不同地层压力条件下咸水层中气态 CO_2 饱和度分布

（3）储层压力变化特征

咸水层中不同地层压力条件下储层内压力随注入时间的变化关系如图 3.48 所示。不同压力下，储层内压力随注入时间的变化关系，以及同一注入时间下，储层压力随地层初始压力的变化均较明显，都呈正相关关系，即地层初始压力越大，储层压力越大。分析认为，主要是地层压力改变导致 CO_2 和咸水的物性发生变化造成的。随着压力的增加，超临界 CO_2 的密度和黏度会增加，虽然咸水密度也会小幅增加，但其增幅不如超临界 CO_2。因此，压力增加使得 CO_2 与咸水的密度差减小，CO_2 羽流更难流动，从而使储层压力增加。

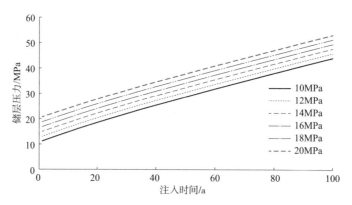

图 3.48　不同地层压力条件下咸水层储层内压力随注入时间变化关系

从不同压力条件下咸水层中储层压力分布图（图 3.49）中可以看到，在 44.9 ~ 53.9MPa 值域范围内，各地层压力条件下的储层压力分布较平均，储层压力随着地层初始压力增加显著增大。而储层压力增大，会增加地层破裂发生 CO_2 泄漏的风险，因此较高储层压力在减少 CO_2 溶解量的同时，也降低了封存安全性，不利于 CO_2 的地质封存。

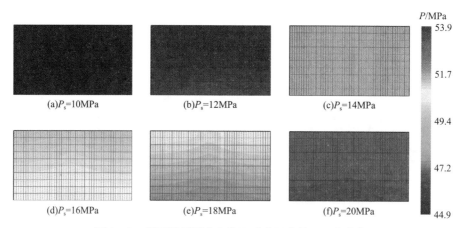

图 3.49　不同地层压力条件下咸水层中储层压力分布

3.3.3　储层孔隙度

孔隙为 CO_2 封存提供了有利储存空间，对加快 CO_2 溶解速率和提高束缚空间封存量都具有促进作用。当孔隙度较小时，由于孔隙空间既狭小又复杂，以及通道外部流体在界面上的压力，一旦非润湿相的 CO_2 从连续体中分离出来，占有巨大孔隙空间的 CO_2 泡沫就无法突破，而地层水又重新流回被 CO_2 占据的孔隙空间，从而伴随着驱替和吮吸滞后现象，地层中 CO_2 的束缚封存量增多；当孔隙较大时，CO_2 受阻小，CO_2 泡沫从孔隙空间中突破较容易，因此 CO_2 可以与更多地层水接触，增加了溶解封存量。

根据实际枯竭油气藏和咸水层 CO_2 地质封存的孔隙度数据，选择枯竭油气藏孔隙度（ϕ_d）为 20% ~ 30%，咸水层孔隙度（ϕ_s）为 30% ~ 40%，在保证其他参数相同情况下（具体参数设置见 3.1.4 节），分别建立六组不同储层孔隙度模型，来分析改变孔隙度，CO_2 溶解特征、饱和度特征和孔隙压力特征的变化，进而研究储层孔隙度对枯竭油气藏和咸水层 CO_2 封存效果的影响。

3.3.3.1 对枯竭油气藏封存影响

（1）二氧化碳溶解特征

图 3.50 展示了单位体积枯竭油气藏的 CO_2 溶解质量在不同孔隙度条件下随注入时间的变化关系。从图 3.50 中可以看到，不同孔隙度条件下的 CO_2 溶解质量随注入时间的变化趋势相同，都呈正相关关系；同一注入时间下，CO_2 溶解质量随孔隙度的增大而减小。分析认为，较大的孔隙度为 CO_2 提供了更多储存空间，但由于孔隙空间狭小又复杂，以及通道外部流体在界面上的压力，占有巨大孔隙空间的 CO_2 泡沫无法突出，从而导致 CO_2 以球滴状被束缚在岩石孔隙里，减少了与地层水接触的 CO_2 数量，CO_2 溶解质量也随之变少。根据结果，孔隙度变化对 CO_2 溶解质量的影响较小，孔隙度每增加 2%，CO_2 溶解质量减少 0.56% 左右。虽然 CO_2 溶解量减少了，但束缚空间 CO_2 封存量增多了，所以整体上孔隙度对 CO_2 的封存效果影响不大。

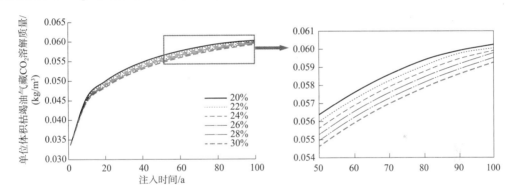

图 3.50　不同孔隙度条件下单位体积枯竭油气藏的 CO_2 溶解质量随注入时间变化关系

从不同孔隙度条件下单位体积枯竭油气藏中 CO_2 溶解质量分布图（图 3.51）中可以看出，CO_2 溶解质量分布范围随着孔隙增大逐渐减小，尤其是深色阶对应的 CO_2 扩散晕的波

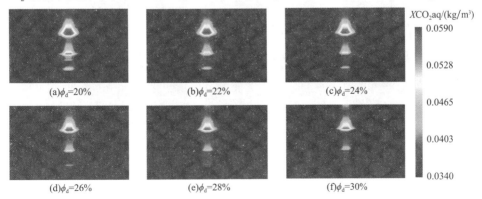

图 3.51　不同孔隙度条件下单位体积枯竭油气藏中 CO_2 溶解质量分布

及面积越来越小。分析认为，孔隙度大储层中被束缚的 CO_2 量增加，因此限制了 CO_2 扩散晕的扩散范围，减小了 CO_2 与地层水大范围接触的机会。

（2）二氧化碳饱和度特征

枯竭油气藏中气态 CO_2 饱和度在不同孔隙度条件下随注入时间变化关系如图 3.52 所示。不同孔隙度条件下的气态 CO_2 饱和度随注入时间的变化趋势相同；同一注入时间下，气态 CO_2 饱和度随孔隙度增大而增大，但整体变化不大。分析认为，当运移到盖层附近的 CO_2 量一定时，溶解的 CO_2 越多，以气态形式存在的 CO_2 就越少，即气态 CO_2 饱和度越小。但受孔隙度增大的影响，更多的 CO_2 被束缚不能继续向上运移，所以孔隙度越大，运移到顶部盖层附近的 CO_2 越少，同时由于 CO_2 溶解质量也减少，所以孔隙度的变化对气态 CO_2 饱和度的影响较小，可以忽略。

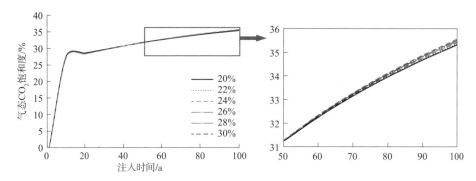

图 3.52　不同孔隙度条件下枯竭油气藏气态 CO_2 饱和度随注入时间变化关系

图 3.53 为枯竭油气藏不同孔隙度条件下气态 CO_2 饱和度分布。从图 3.53 中可以明显看到，气态 CO_2 饱和度分布随孔隙度增大逐渐增加，认为与 CO_2 溶解质量减少有关。不过虽然气态 CO_2 饱和度分布范围增大了，但对应的数值并未出现明显变化，说明孔隙度改变对枯竭油气藏 CO_2 封存安全性的影响较小。

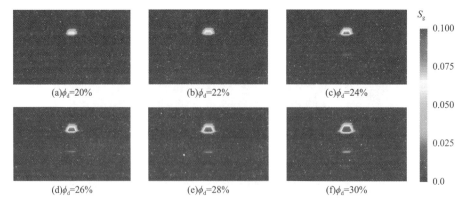

图 3.53　不同孔隙度条件下枯竭油气藏气态 CO_2 饱和度分布

（3）储层压力特征

图 3.54 展示了不同孔隙度条件下枯竭油气藏储层压力随注入时间的变化关系。从图

3.54 中可以看到，储层压力随 CO_2 注入时间增加呈近线性增大，同一注入时间下，储层压力随孔隙度增大而减小。分析认为，由于孔隙度增大导致更多 CO_2 被束缚在孔隙空间中，因此运移到顶部盖层附近的 CO_2 减少，储层压力相应减小，从而压裂地层发生泄漏的可能性减小。

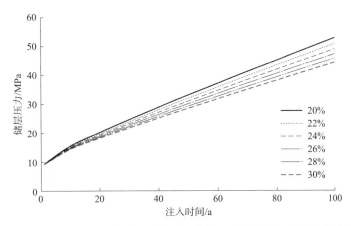

图 3.54　不同孔隙度条件下枯竭油气藏储层压力随注入时间变化关系

不同孔隙度条件下枯竭油气藏储层压力分布如图 3.55 所示，各模型的储层压力分布色阶值域相同，为 43.1~54.8MPa。从图 3.55 中可以看到，储层孔隙度越大，储层压力分布越小，与压力值变化吻合。除此之外，由于 CO_2 从注入井底部注入，向上呈羽流状运移，因此在不同孔隙度条件下，储层压力从底部向顶部呈递进式减小。

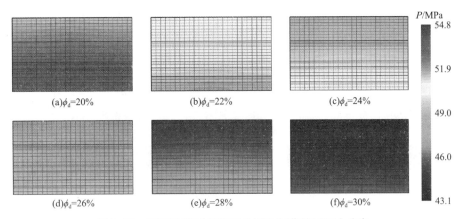

图 3.55　不同孔隙度条件下枯竭油气藏储层压力分布

3.3.3.2　对咸水层封存影响

（1）CO_2 溶解变化特征

不同储层孔隙度条件下单位体积咸水层的 CO_2 溶解质量随时间变化关系如图 3.56 所示。不同孔隙度条件下，CO_2 溶解质量随注入时间的变化一致，都是刚开始注入时，CO_2 溶解质量增加较快，注入后期，由于扩散作用，CO_2 溶解质量增加速度减缓。除此之外，随着孔隙度增加，CO_2 溶解质量增大。分析认为，与枯竭油气藏相比，咸水层的孔隙度、渗透率条件较好，CO_2 的流动阻力较小，所以较大孔隙度使 CO_2 在咸水层分布变得均匀，CO_2 在地层中的可存储空间增大，气体的扩散速度变快，同一时间与咸水接触面积增加，从而使 CO_2 溶解质量增多。不过与地层温度和地层压力相比，储层孔隙度对咸水层 CO_2 溶解质量的影响较小。

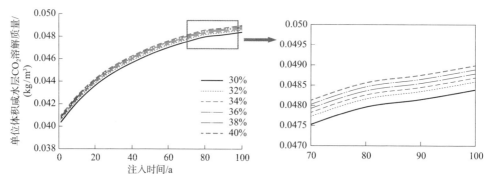

图 3.56　不同储层孔隙度条件下单位体积咸水 CO_2 溶解质量随注入时间变化关系

不同储层孔隙度条件下 CO_2 注入 100 年，单位体积咸水层中 CO_2 的溶解质量分布如图 3.57 所示。不同孔隙度条件下，CO_2 溶解质量分布面积差别不大，但随着孔隙度增加，储层内的 CO_2 溶解质量分布颜色逐渐向深色阶转变，表明孔隙度增加有利于增大 CO_2 与咸水的接触面积，对 CO_2 的溶解起积极作用。

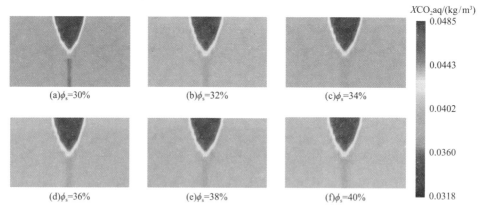

图 3.57　不同储层孔隙度条件下单位体积咸水层中 CO_2 溶解质量分布

（2）CO_2 饱和度变化特征

图 3.58 展示了不同储层孔隙度条件下咸水层中的 CO_2 溶解质量随时间变化关系。随着气体的注入，含气饱和度飞快增加，在 CO_2 注入中后期，由于气体的溶解和扩散作用，含气饱和度增加速度开始减缓，不同孔隙度条件下的含气饱和度随注入时间变化规律相似；在同一注入时间下，气态 CO_2 饱和度随孔隙度增加而减少，但整体影响不大。分析认为，高孔隙度时，储层中的 CO_2 储存空间和流动通道均得到改善，更多的 CO_2 溶解到咸水

中，因此气态 CO_2 减少，即气态 CO_2 饱和度降低。

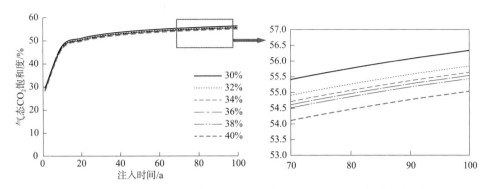

图 3.58　不同储层孔隙度条件下咸水层气态 CO_2 饱和度随注入时间变化关系

图 3.59 展示了不同储层孔隙度条件下 CO_2 注入 100 年，咸水层中气态 CO_2 饱和度分布。随着孔隙度增加，气态 CO_2 饱和度的分布面积减小，高色阶对应的颜色分布范围也变小，表明孔隙度越大，盖层附近气态 CO_2 饱和度越小，封存安全性越高。

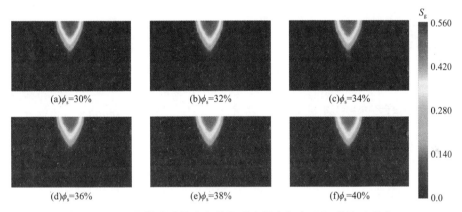

图 3.59　不同储层孔隙度条件下咸水层中气态 CO_2 饱和度分布

(3)储层压力变化特征

从不同储层孔隙度条件下咸水层中储层压力随注入时间变化关系图(图 3.60)中可以看到，随注入时间增加，各孔隙度下的储层压力呈近线性增大；同一注入时间下，随孔隙

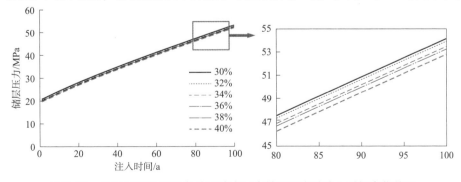

图 3.60　不同储层孔隙度条件下咸水层中储层压力随注入时间变化关系

度增大，储层压力逐渐减小，但整体变化幅度不大。分析认为，孔隙度与多孔介质中的惯性阻力和黏性阻力密切相关，呈非线性关系，因此孔隙度降低时产生的储层压力增大，但影响程度较小。

从不同储层孔隙度条件下咸水层中储层压力分布图（图 3.61）中可以看到，各模型中储层压力均呈现出从上到下逐渐增加的特征。随着孔隙度增加，盖层附近的储层压力分布有减小趋势，但减小程度不明显，再次表明孔隙度对咸水层储层压力的影响较小，可忽略不计。

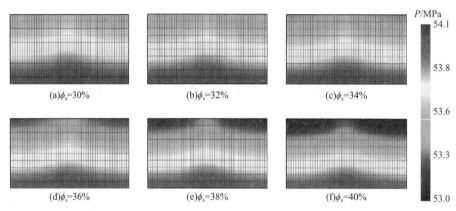

图 3.61　不同储层孔隙度条件下咸水层中储层压力分布

3.3.4　储层渗透率

储层渗透率是决定储层中 CO_2 流动能力的主要因素，与 CO_2 的溶解和 CO_2 - 地层水 - 岩石之间的化学作用相互影响。储层喉道为 CO_2 提供了流动通道，渗透率通过控制喉道连通性影响了 CO_2 在储层中的运移能力，进而决定了 CO_2 封存容量。具体表现为气体流动性随渗透率增大而加快，导致 CO_2 羽流的横向扩散范围增大，CO_2 溶解封存量增多。

根据实际枯竭油气藏和咸水层 CO_2 地质封存的渗透率数据，选择枯竭油气藏渗透率（K_d）为 $25 \times 10^{-3} \sim 75 \times 10^{-3} \mu m^2$，咸水层渗透率（$K_s$）为 $100 \times 10^{-3} \sim 600 \times 10^{-3} \mu m^2$，在保证其他参数相同情况下（具体参数设置见 3.1.4 节），分别建立六组不同储层渗透率模型，来分析改变渗透率，CO_2 溶解特征、饱和度特征和孔隙压力特征的变化，进而研究储层渗透率对枯竭油气藏和咸水层 CO_2 封存效果的影响。

3.3.4.1　对枯竭油气藏封存影响

（1）二氧化碳溶解特征

如图 3.62 所示，在同一储层渗透率条件下，单位体积枯竭油气藏中的 CO_2 溶解质量与注入时间呈较好的正相关关系；在同一注入时间下，CO_2 溶解质量随渗透率增加而增多，但增多幅度极小。分析认为，储层渗透率越大，CO_2 的流动能力越好，CO_2 运移距离越远，从而导致 CO_2 与地层水的接触机会增多、接触面积增大，但由于 CO_2 流动速度较快，局部小范围地层水内 CO_2 溶解浓度会减小，且枯竭油气藏储层内夹层发育，CO_2 运移到盖层后向下发生对流混合作用范围更小，因此整体上储层渗透率增加对枯竭油气藏 CO_2 封存效果的影响不大。

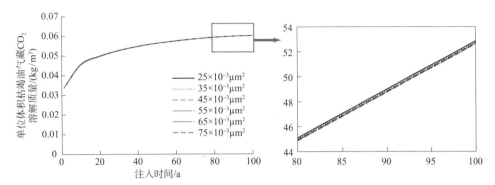

图 3.62　不同渗透率条件下单位体积枯竭油气藏的 CO_2 溶解质量随注入时间变化关系

图 3.63 为不同渗透率条件下单位体积枯竭油气藏中 CO_2 溶解质量分布。从图 3.63 中可以较明显看到，随着储层渗透率增大，CO_2 溶解质量分布范围增大，水平扩散距离增大，高色阶对应的 CO_2 溶解质量分布面积也明显增多。分析认为，这是渗透率越大，CO_2 流动能力越好，导致 CO_2 与地层水接触范围越广，CO_2 扩散晕分布增大。

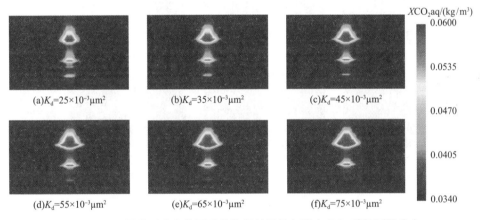

图 3.63　不同渗透率条件下单位体积枯竭油气藏中 CO_2 溶解质量分布

（2）二氧化碳饱和度特征

枯竭油气藏中气态 CO_2 饱和度在不同渗透率条件下随注入时间变化关系如图 3.64 所示。结果显示，不同渗透率条件下，气态 CO_2 饱和度随 CO_2 注入时间增加的变化一致，均表现为增速"先快后慢"的两段式；同一注入时间下，储层渗透率越大，气态 CO_2 饱和度越小。分析认为，气态 CO_2 饱和度与渗透率的负相关关系与 CO_2 流动能力随渗透率增加而增大有关。虽然渗透率对 CO_2 溶解质量的影响不大，但 CO_2 流动能力增强引起 CO_2 与地层水接触面积增大，从而使更多的 CO_2 发生溶解，以气态存在的 CO_2 减少，即气态 CO_2 饱和度降低。

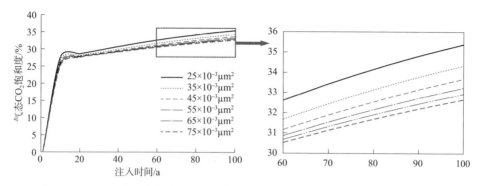

图 3.64　不同渗透率条件下枯竭油气藏气态 CO_2 饱和度随注入时间变化关系

图 3.65 展示了不同渗透率条件下枯竭油气藏气态 CO_2 饱和度分布。气态 CO_2 饱和度分布随渗透率增加变化明显，表现为渗透率越大，气态 CO_2 饱和度分布面积越小。再次表明随渗透率增大，CO_2 流动速度加快，储层顶部以气态形式存在的 CO_2 减少，封存安全性较高。

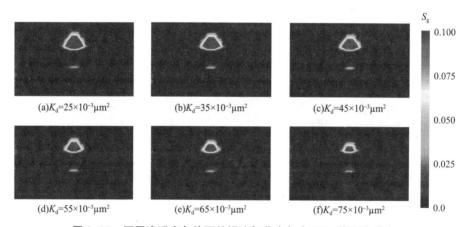

(a)$K_d=25\times10^{-3}\mu m^2$　　(b)$K_d=35\times10^{-3}\mu m^2$　　(c)$K_d=45\times10^{-3}\mu m^2$

(d)$K_d=55\times10^{-3}\mu m^2$　　(e)$K_d=65\times10^{-3}\mu m^2$　　(f)$K_d=75\times10^{-3}\mu m^2$

图 3.65　不同渗透率条件下枯竭油气藏中气态 CO_2 饱和度分布

（3）储层压力特征

图 3.66 展示了不同渗透率条件下枯竭油气藏储层压力随注入时间的变化关系。储层压力随 CO_2 注入时间增加呈近线性增大；同一注入时间下，储层压力随渗透率增加而减小，但整体上变化较小，与对 CO_2 溶解质量的影响程度相似。分析认为，渗透率增大虽然加快了 CO_2 流动速度，但由于总的 CO_2 溶解质量增加得并不多，因此储层内以非溶解态存在的 CO_2 减少量也不多，从而随渗透率增加，储层压力改变不大。

不同渗透率条件下枯竭油气藏储层压力分布如图 3.67 所示，各模型的储层压力分布色阶相同，为 51.7 ~ 54.8MPa。随着渗透率增加，储层压力分布变化不明显。分析认为，虽然 CO_2 注入引起储层压力增加，但 CO_2 流动能力增大导致更多 CO_2 发生溶解，缓解了储层压力，因此渗透率对储层压力的影响不大。

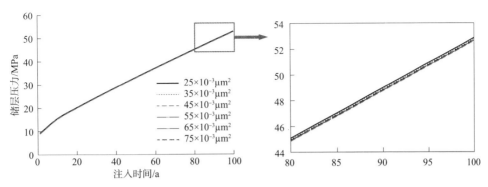

图 3.66　不同渗透率条件下枯竭油气藏储层压力随注入时间变化关系

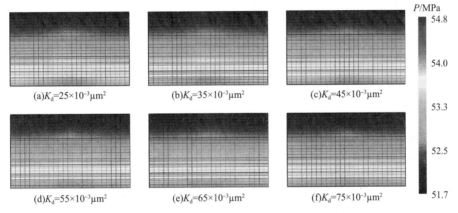

图 3.67　不同渗透率条件下枯竭油气藏中储层压力分布

3.3.4.2　对咸水层封存影响

（1）二氧化碳溶解变化特征

如图 3.68 所示，单位体积咸水层 CO_2 溶解质量随渗透率的增加而增大，即渗透率与 CO_2 溶解质量呈正相关关系。分析认为，渗透率越大，气体流动性越好，CO_2 羽流的横向扩散范围越远，CO_2 与咸水的接触面积增加，从而导致 CO_2 的溶解质量增多。除此之外，CO_2 羽流扩散到更大体积的结果就是留下了更大的残余痕迹，又进一步增加了 CO_2 的封存量，因此渗透率越大，越有利于咸水层封存 CO_2。

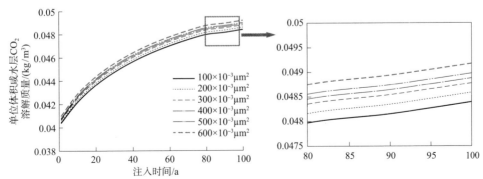

图 3.68　不同储层渗透率条件下单位体积咸水层中 CO_2 溶解质量随注入时间变化关系

不同渗透率条件下 CO_2 注入 100 年，单位体积咸水层中 CO_2 的溶解质量分布如图 3.69 所示。不同渗透率条件下 CO_2 溶解质量分布值域范围相同，随着渗透率增加，CO_2 的溶解质量分布形成的"漏斗"状面积逐渐增大，靠近盖层的 CO_2 横向扩散范围也越来越远，分析认为是 CO_2 流动性随渗透率增加而增大导致的。

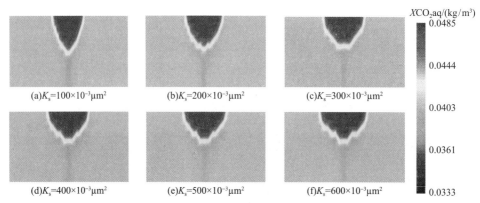

图 3.69　不同储层渗透率条件下单位体积咸水层中 CO_2 溶解质量分布

（2）二氧化碳饱和度变化特征

图 3.70 显示了咸水层中不同渗透率条件下气态 CO_2 饱和度随注入时间的变化关系。气态 CO_2 饱和度随着注气量的增多而增大，但相同注入时间下，渗透率越大，气态 CO_2 饱和度越小。分析认为，渗透率的增加会导致气体流动性提高，水平方向 CO_2 "漏斗"状的横向扩散加速，与咸水层的接触面积增大；垂直方向 CO_2 垂向运动的加速，可以增大 CO_2 驱替地层水体积，因此 CO_2 溶解量会增多。而在 CO_2 注入量无差别的情况下，由于 CO_2 溶解量与气态 CO_2 存在竞争关系，所以 CO_2 溶解量越多，气态 CO_2 饱和度越低，咸水层 CO_2 封存安全性越高。

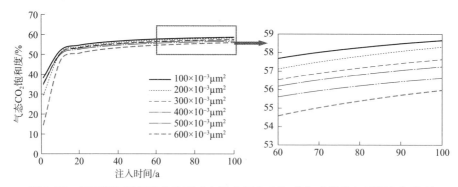

图 3.70　不同储层渗透率条件下咸水层中气态 CO_2 饱和度随注入时间变化关系

图 3.71 展示了不同储层渗透率条件下咸水层内的气态 CO_2 饱和度分布。随着渗透率增大，"漏斗"形状逐渐由"扁"向"圆"转变，即气态 CO_2 饱和度径向分布范围减小，横向分布面积增大，分析认为是 CO_2 流动性增加导致的。CO_2 沿盖层横向扩散距离增大，可以增加与咸水接触面积，增多 CO_2 溶解量，减少气态 CO_2。再次表明高渗透率的咸水储层，不仅溶解封存量多，而且封存安全性高。

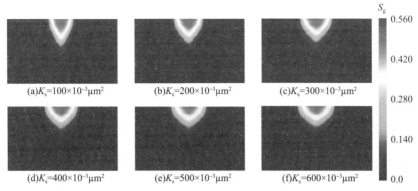

(a)K_s=100×10⁻³μm² (b)K_s=200×10⁻³μm² (c)K_s=300×10⁻³μm²

(d)K_s=400×10⁻³μm² (e)K_s=500×10⁻³μm² (f)K_s=600×10⁻³μm²

图3.71 不同储层渗透率条件下咸水层中气态 CO_2 饱和度分布

（3）储层压力变化特征

咸水层中不同渗透率条件下储层压力随注入时间变化关系如图3.72所示。各渗透率条件下，储层压力随注入时间呈线性增加，但同一注入时间下，渗透率对储层压力的影响不大，随渗透率增加，储层压力仅有轻微减小趋势。分析认为，这与渗透率增大，气体流动通道改善，流动性增强有关。CO_2 与咸水接触面积增大，溶解量更多，从而缓解了储层压力，但整体上作用不大。

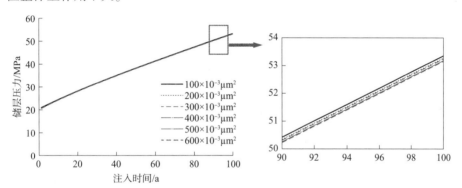

图3.72 不同储层渗透率条件下咸水层中储层压力随注入时间变化关系

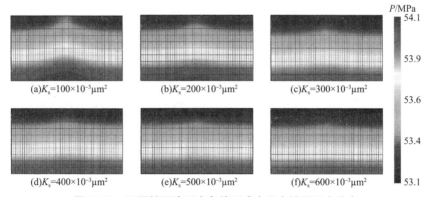

(a)K_s=100×10⁻³μm² (b)K_s=200×10⁻³μm² (c)K_s=300×10⁻³μm²

(d)K_s=400×10⁻³μm² (e)K_s=500×10⁻³μm² (f)K_s=600×10⁻³μm²

图3.73 不同储层渗透率条件下咸水层中储层压力分布

不同渗透率条件下咸水层内储层压力分布如图3.73所示。各渗透率条件下，储层下部的压力均较上部大，分析认为与 CO_2 从底部注入有关。整体上随渗透率增大，储层压力逐渐减小，储层上部的"羽"形变平，表明压力向上增加，但变化程度不大。

3.3.5　纵横渗透率比

纵横渗透率比(K_v/K_h)是描述储层非均质性的重要参数之一，对 CO_2 运移分布及封存容量都有影响。随着储层纵横向渗透率比的增大，储层中 CO_2 分布特征发生变化：CO_2 的横向分布连续性减小，纵向运移速度增加，纵向分布面积增大，CO_2 与地层水的接触时间和接触面积随之改变，CO_2 的封存效果受到影响。

根据实际枯竭油气藏和咸水层 CO_2 地质封存的渗透率数据，选择枯竭油气藏纵横向渗透率比值(D_{K_v/K_h})为 $0.5 \sim 1.5$，咸水层纵横向渗透率比值(S_{K_v/K_h})为 $0.3 \sim 1.3$，在保证其他参数相同情况下(具体参数设置见 3.1.4 节)，分别建立六组不同储层渗透率模型，来分析改变纵横向渗透率比值，CO_2 溶解特征、饱和度特征和孔隙压力特征的变化，进而研究储层纵横渗透率比对枯竭油气藏和咸水层 CO_2 埋存效果的影响。

3.3.5.1　对枯竭油气藏封存影响

（1）二氧化碳溶解特征

图 3.74 展示了盖层底部注入井附近的单元格在不同纵横向渗透率比值下，单位体积枯竭油气藏中 CO_2 溶解质量随注入时间的变化关系。各纵横渗透率比下，CO_2 溶解质量随注入时间的变化特征基本相似，呈正相关变化；同一注入时间下，不同纵横渗透率比对应的 CO_2 溶解质量出现差异，纵横渗透率比越大，CO_2 溶解质量越少，但变化不明显。分析认为，随着储层纵横渗透率比的增大，CO_2 的横向溶解范围逐渐减小，纵向波及范围增大，不利于流动态 CO_2 向溶解态的封存形式转变，因此目标处的 CO_2 溶解质量减小。但整体上纵横渗透率比值对枯竭油气藏 CO_2 溶解质量的影响不大。

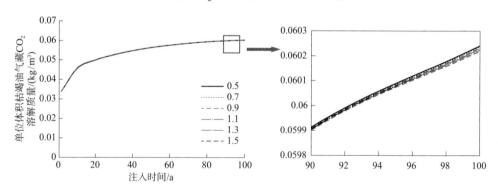

图 3.74　不同纵横渗透率比值下单位体积枯竭油气藏 CO_2 溶解质量随注入时间变化

在不同纵横渗透率比值下 CO_2 注入 100 年，单位体积枯竭油气藏中 CO_2 的溶解质量分布如图 3.75 所示。纵横渗透率比值越大，高 CO_2 溶解质量对应的色阶颜色横向波及范围越小，在 CO_2 扩散晕分布边缘形成的 CO_2 溶解质量分布减小的过渡带厚度也逐渐变小，表明以相对稳定的状态封存于地层中的 CO_2 减少。

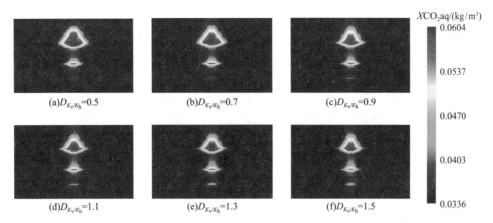

(a)$D_{K_v/K_h}=0.5$　　(b)$D_{K_v/K_h}=0.7$　　(c)$D_{K_v/K_h}=0.9$

(d)$D_{K_v/K_h}=1.1$　　(e)$D_{K_v/K_h}=1.3$　　(f)$D_{K_v/K_h}=1.5$

$XCO_2aq/(kg/m^3)$

图 3.75　不同纵横渗透率比值下单位体积枯竭油气藏中 CO_2 溶解质量分布

（2）二氧化碳饱和度特征

枯竭油气藏中不同纵横渗透率比值下，盖层底部井筒附近单元格的气态 CO_2 饱和度随注入时间的变化如图 3.76 所示。同一纵横渗透率比下，气态 CO_2 饱和度随注入时间增加均先增后减，变化幅度先快后慢；同一注入时间下，随着纵横渗透率比值增大，气态 CO_2 饱和度明显增加。分析认为，纵横渗透率比值越大，CO_2 的纵向运移能力越强，因此随着 CO_2 的纵向运移速度增加，短时间内即有大量的 CO_2 运移到盖层附近，后受到盖层的封闭影响发生横向迁移，但横向运移能力较弱，从而与地层水接触面积有限，CO_2 溶解量减少，气态 CO_2 饱和度增多。

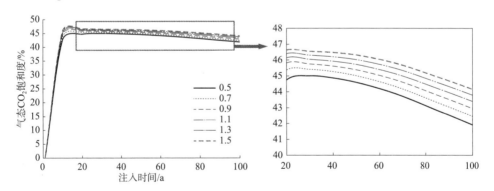

图 3.76　不同纵横渗透率比值下枯竭油气藏中气态 CO_2 饱和度随注入时间变化

从不同纵横渗透率比值条件下，枯竭油气藏中气态 CO_2 饱和度分布图（图 3.77）中可以看到，随着纵横渗透率比值增大，气态 CO_2 饱和度的横向分布范围减小。由于 CO_2 基本局限于先沿着注入井附近纵向运移，再沿着盖层底部横向扩散，因此 CO_2 的整体扩散面积较小，与地层水接触面积有限，不利于流动态 CO_2 向束缚态或溶解态等其他形式转化，以气态形式存在的 CO_2 较多，盖层附近气态 CO_2 饱和度较大，从而封存安全性较低。

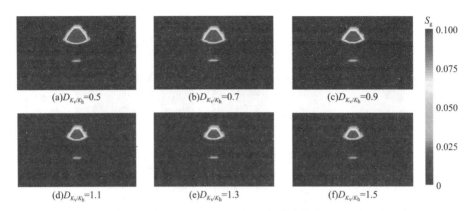

(a)D_{K_v/K_h}=0.5 （b)D_{K_v/K_h}=0.7 （c)D_{K_v/K_h}=0.9

(d)D_{K_v/K_h}=1.1 （e)D_{K_v/K_h}=1.3 （f)D_{K_v/K_h}=1.5

图 3.77 不同纵横渗透率比值下枯竭油气藏中气态 CO_2 饱和度分布

（3）储层压力特征

图 3.78 展示了靠近盖层井筒附近单元格在不同纵横渗透率比值下，枯竭油气藏中储层压力随注入时间的变化关系。随着注入时间的增加和纵横渗透率比值的增大，储层压力均增大，但随后者的变化不明显。分析认为，虽然纵横渗透率比值增大增加了 CO_2 的溶解速率，但 CO_2 在横向上与地层水的接触面积减少，纵向上集中分布的流动态 CO_2 增多，因此储层压力增大。表明纵横渗透率比增大在加快 CO_2 溶解的同时，封存安全性也会降低。但整体上纵横渗透率比值对枯竭油气藏储层压力的影响不大。

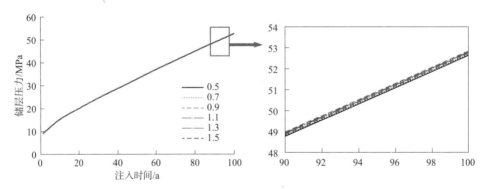

图 3.78 不同纵横渗透率比值下枯竭油气藏中储层压力随注入时间变化

图 3.79 为不同纵横渗透率比值下枯竭油气藏中储层压力分布，设置各模型的储层压力分布色阶值域相同，为 51.7～54.7MPa。随着纵横向渗透率比值增大，高储层压力色阶对应的颜色分布面积小幅增加，整体变化不明显。

3.3.5.2 对咸水层封存影响

（1）二氧化碳溶解特征

不同纵横渗透率比值下，单位体积咸水中 CO_2 溶解质量随注入时间变化关系如图3.80 所示。各纵横渗透率比值下，CO_2 溶解质量随注入时间的增加均增大，变化特征基本相似；同一注入时间下，不同纵横渗透率比值对应的 CO_2 溶解质量出现差异，纵横渗透率比越大，CO_2 溶解质量越少。分析认为，目标点位于储层顶部井筒附近，距离注入井井底

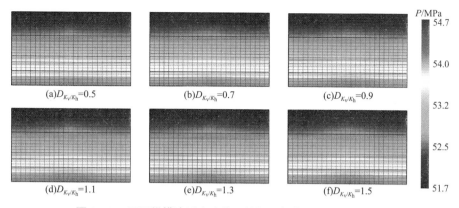

图 3.79　不同纵横渗透率比值下枯竭油气藏中储层压力分布

较远，当纵横渗透率比值增大时，CO_2 纵向上的扩散距离增加，横向运移范围减小，从而与咸水接触面积减小，因此 CO_2 溶解质量减少。但整体上纵横渗透率比对咸水层 CO_2 溶解质量的影响不大。

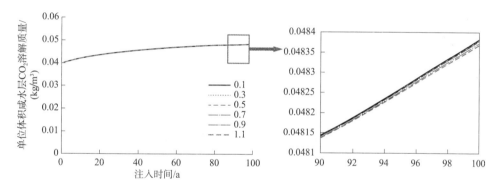

图 3.80　不同纵横渗透率比值下单位体积咸水层中 CO_2 溶解质量随注入时间变化关系

图 3.81 为不同纵横渗透率比下 CO_2 注入 100 年，单位体积咸水层中 CO_2 的溶解质量分布。随着纵横渗透率比增大，CO_2 溶解质量的纵向分布面积增大，横向扩散范围减小。

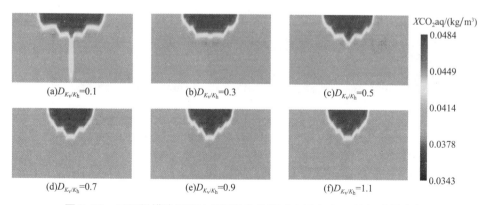

图 3.81　不同纵横渗透率比值下单位体积咸水层中 CO_2 溶解质量分布

（2）二氧化碳饱和度特征

不同纵横渗透率比值下，咸水层中气态 CO_2 饱和度随注入时间增加，气态 CO_2 饱和度均表现为先快后慢的增大特征（图 3.82），分析认为与 CO_2 和咸水的接触面积越来越大，CO_2 溶解量逐渐增多有关。除此之外，同一注入时间下，纵横渗透率比越大，气态 CO_2 饱和度越大，增加幅度越低。分析原因为，随着纵横渗透率比值增大，CO_2 的纵向运移距离增加，而 CO_2 的横向扩散范围受限，因此 CO_2 与新鲜咸水的接触面积有限，CO_2 溶解量减少，在聚集到盖层底部的 CO_2 增多的情况下，气态 CO_2 饱和度逐渐增大。

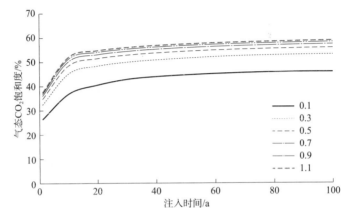

图 3.82 不同纵横渗透率比值下咸水层中气态 CO_2 饱和度随注入时间变化

图 3.83 为不同纵横渗透率比值条件下，咸水层中气态 CO_2 饱和度分布。气态 CO_2 饱和度分布特征与 CO_2 溶解质量分布特征相似，随着纵横渗透率比值增大，纵向气态 CO_2 饱和度分布范围增加，横向扩散面积减小，储层顶部的高色阶气态 CO_2 饱和度分布面积增大，说明气体泄漏风险增加。

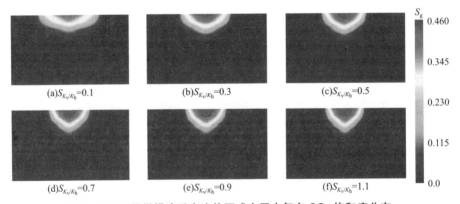

图 3.83 不同纵横渗透率比值下咸水层中气态 CO_2 饱和度分布

（3）储层压力特征

图 3.84 展示了不同纵横渗透率比值下，咸水层中储层压力随注入时间的变化关系。随着注入时间增加，各纵横渗透率比值条件下的储层压力均呈线性增大；同一注入时间下，纵横渗透率比值越大，储层压力越大，但增加幅度较小。分析认为，随着纵横渗透率

比值增加，储层内 CO_2 的横向运移范围减小，纵向扩散范围增加，即减少了 CO_2 与储层内部咸水的接触面积，更多 CO_2 在储层顶部聚集和溶解，虽然储层顶部的 CO_2 溶解速率增大了，但 CO_2 的整体溶解量减少，流动态 CO_2 增多，因此储层压力增大。而储层压力越大越易压裂地层，发生 CO_2 泄漏，封存安全性随之降低。

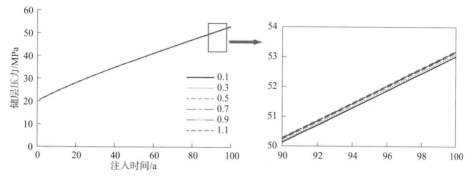

图 3.84　不同纵横渗透率比值下咸水层中储层压力随注入时间变化关系

从不同纵横渗透率比值下咸水层中储层压力分布图（图 3.85）中可以看到，分布整体表现为从下到上逐渐降低的三区域特征，随着纵横渗透率比值的增大，储层底部高储层压力对应的色阶颜色分布面积增加，储层顶部低色阶的区域面积减小，表明纵横渗透率比越大，储层压力分布越大。

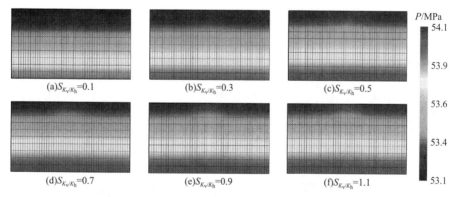

图 3.85　不同纵横渗透率比值下咸水层中储层压力分布

3.3.6 残余气饱和度

在气水两相相对渗透率中，水相的相对渗透率对 CO_2 运移分布范围和封存量的影响较小，气相的相对渗透率对 CO_2 封存能力的影响较为敏感，相对渗透率曲线形态或数值的微小改变都可能会对模拟结果产生显著影响。气相相对渗透率可以在数值模拟中通过残余气饱和度来体现，两者呈负相关关系。残余气饱和度越小，以束缚圈闭封存的 CO_2 越少，但气相的相对渗透率增大，CO_2 的运移分布能力增强，从而使 CO_2 的溶解捕集量增多。

根据实际枯竭油气藏和咸水层 CO_2 地质封存的相渗数据，选择枯竭油气藏残余气饱和度($D_{S_{gr}}$)和咸水层残余气饱和度($S_{S_{gr}}$)均为 0.02 ~ 0.12,在保证其他参数相同的情况下(具体参数设置见 3.1.4 节),分别建立六组不同残余气饱和度模型,来分析改变残余气饱和度,CO_2 溶解特征、饱和度特征和孔隙压力特征的变化,进而研究气相相对渗透率对枯竭油气藏和咸水层 CO_2 封存效果的影响。

3.3.6.1 对枯竭油气藏封存影响

(1)二氧化碳溶解特征

盖层底部注入井附近的单元格在不同残余气饱和度条件下,单位体积枯竭油气藏中 CO_2 溶解质量随注入时间的变化关系如图 3.86 所示。同一残余气饱和度下,CO_2 溶解质量均表现为随注入时间的增加而增大;同一注入时间下,不同残余气饱和度条件对应的 CO_2 溶解质量出现差异,残余气饱和度越大,其对应的 CO_2 溶解质量越小。分析原因,气体的相对渗透率随残余气饱和度的增大而减小,因此残余气饱和度越大,气体的相对渗透率越小,CO_2 的运移分布能力减弱,从而使 CO_2 与新鲜地层水接触面积减小,CO_2 溶解质量降低。但残余气饱和度增大,以束缚空间形式封存的 CO_2 增多,弥补了通过 CO_2 溶解形式封存 CO_2 量的减少。所以整体上看,残余气饱和度的改变对 CO_2 封存量的影响较小。

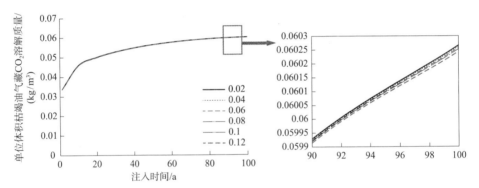

图 3.86　不同残余气饱和度条件下单位体积枯竭油气藏 CO_2 溶解质量随注入时间变化关系

图 3.87 为不同残余气饱和度条件下 CO_2 注入 100 年,单位体积枯竭油气藏中 CO_2 的

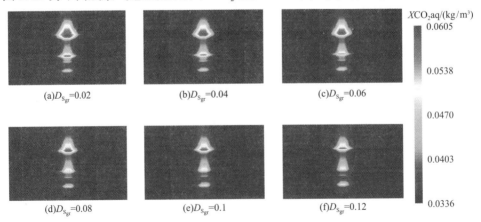

图 3.87　不同残余气饱和度条件下单位体积枯竭油气藏中 CO_2 溶解质量分布

溶解质量分布。随着残余气饱和度增加，CO_2 的横向扩散距离和 CO_2 溶解质量对应的色阶颜色分布面积均减小，分析认为这与 CO_2 运移能力减弱有关。表明残余气饱和度越大，CO_2 的溶解质量分布范围越小。

（2）二氧化碳饱和度特征

图 3.88 展示了枯竭油气藏中不同残余气饱和度条件下，盖层底部井筒附近单元格的气态 CO_2 饱和度随注入时间的变化关系。各残余气饱和度条件下，气态 CO_2 饱和度随注入时间增加的变化特征相似，均先增后减，速度先快后慢；同一注入时间下，随着残余气饱和度增加，气态 CO_2 饱和度逐渐减小。分析认为，气体相对渗透率随残余气饱和度增大而减小，因此 CO_2 运移能力减弱，CO_2 与地层水接触面积减小，从而导致 CO_2 溶解量减少。但由于残余气饱和度的增大有助于 CO_2 发生束缚封存，CO_2 以稳定状态封存的量越多，流动态 CO_2 越少，即气态 CO_2 饱和度越小。溶解封存 CO_2 和束缚封存 CO_2 都是将 CO_2 以稳定状态封存在地层中，二者之和即为非流动态 CO_2。而气态 CO_2 饱和度随残余气饱和度的增大而减小，表明残余气饱和度越大，流动态 CO_2 越少，非流动态 CO_2 越多，同时溶解的 CO_2 会受残余气饱和度增大的影响而减少，因此与其存在竞争关系的束缚封存 CO_2 量增多。这进一步表明，残余气饱和度增大有利于 CO_2 的束缚封存。

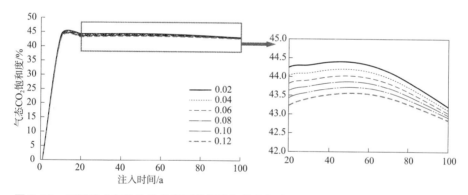

图 3.88　不同残余气饱和度条件下枯竭油气藏中气态 CO_2 饱和度随注入时间变化关系

不同残余气饱和度条件下，枯竭油气藏中气态 CO_2 饱和度分布如图 3.89 所示。随着残余气饱和度增加，储层中气态 CO_2 饱和度分布范围逐渐减小，高气态 CO_2 饱和度对应的色阶颜色分布面积也减小。由于残余气饱和度增大有利于 CO_2 束缚封存，CO_2 运移能力减弱，因此储层顶部的气态 CO_2 饱和度分布减小，封存安全性升高。

（3）储层压力特征

图 3.90 为枯竭油气藏靠近盖层井筒附近的单元格在不同残余气饱和度条件下，储层压力随注入时间的变化关系。各残余气饱和度条件下，储层压力均随注入时间增加呈近线性增大；同一注入时间下，残余气饱和度越大，储层压力越大。分析认为，当残余气饱和度较大时，CO_2 的运移扩散能力减弱，CO_2 与地层水的接触面积减小，从而使溶解到地层水中的 CO_2 减少，但束缚封存的 CO_2 增多，导致储层压力增大。然而残余气饱和度整体上对枯竭油气藏储层压力的影响不大。

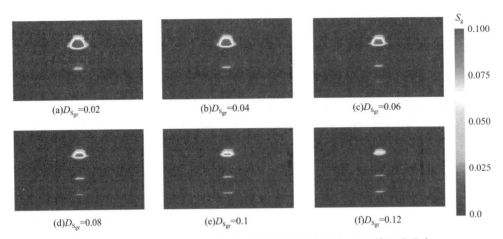

图 3.89　不同残余气饱和度条件下枯竭油气藏中气态 CO_2 饱和度分布

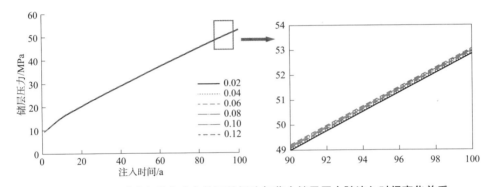

图 3.90　不同残余气饱和度条件下枯竭油气藏中储层压力随注入时间变化关系

不同残余气饱和度条件下枯竭油气藏中储层压力分布如图 3.91 所示。不同残余气饱和度条件下的储层压力分布相似，均表现为从下到上逐渐减小的三区域特征。随着残余气饱和度增大，高储层压力对应的色阶颜色分布面积逐渐增加，但增加幅度不明显。

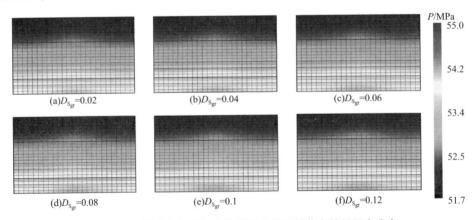

图 3.91　不同残余气饱和度条件下枯竭油气藏中储层压力分布

3.3.6.2 对咸水层封存影响

（1）二氧化碳溶解特征

图 3.92 为盖层底部注入井附近的单元格在不同残余气饱和度条件下，单位体积咸水层中 CO_2 溶解质量随注入时间的变化关系。各残余气饱和度条件下，随着注入时间增加，CO_2 溶解质量均逐渐增大；同一注入时间下，CO_2 溶解质量随残余气饱和度的增大而减小。分析认为，残余气饱和度的增加导致气相相对渗透率减小，气体运移流动能力减弱，从而使扩散范围减小，与新鲜咸水接触机会减小，CO_2 溶解质量减少。但残余气饱和度增大，CO_2 溶解质量减少的同时，束缚封存 CO_2 增多，因此并不是残余气饱和度越大越不利于 CO_2 地质封存。

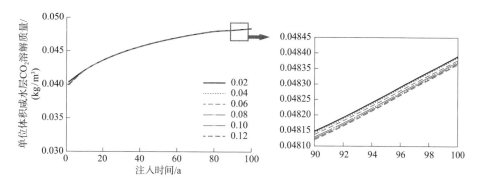

图 3.92 不同残余气饱和度条件下单位体积咸水层 CO_2 溶解质量随注入时间变化

在不同残余气饱和度条件下 CO_2 注入 100 年，咸水层中 CO_2 的溶解质量分布如图 3.93 所示。残余气饱和度越大，CO_2 溶解质量的横向和纵向分布范围越小，高 CO_2 溶解质量对应的色阶颜色分布面积也越小。分析认为是 CO_2 运移能力随残余气饱和度增大而减弱导致的。这表明残余气饱和度越大，CO_2 与咸水接触面积越受限，越不利于 CO_2 溶解封存。

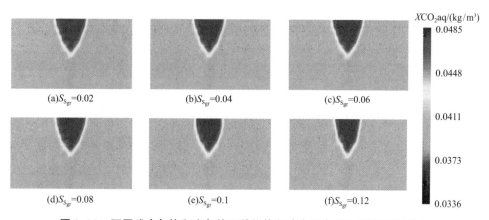

图 3.93 不同残余气饱和度条件下单位体积咸水层中 CO_2 溶解质量分布

（2）二氧化碳饱和度特征

咸水层中不同残余气饱和度条件下，盖层底部井筒附近单元格的气态 CO_2 饱和度随注入时间的变化关系如图 3.94 所示。同一残余气饱和度条件下，随着注入时间增加，气态 CO_2 饱和度逐渐增大，增速均为先快后缓；同一注入时间下，残余气饱和度越大，气态 CO_2 饱和度越小。分析认为，随着残余气饱和度增大，气相相对渗透率减小，CO_2 的运移流动能力减弱，从而使大部分 CO_2 在向上运移过程中即发生溶解或束缚封存，少部分 CO_2 可以扩散到储层顶部，因此目标处的气态 CO_2 饱和度减少。与枯竭油气藏相同，气态 CO_2 越少，说明流动态 CO_2 越少，非流动态 CO_2 越多，束缚封存 CO_2 和溶解封存 CO_2 存在竞争关系，在 CO_2 溶解量减少的情况下，咸水层中残余气饱和度增大有利于束缚封存 CO_2。同时流动态 CO_2 减少，封存安全性提高。

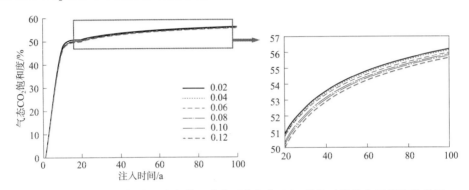

图 3.94　不同残余气饱和度条件下咸水层中气态 CO_2 饱和度随注入时间变化关系

图 3.95 展示了不同残余气饱和度条件下，咸水层中气态 CO_2 饱和度分布。残余气饱和度越大，气态 CO_2 饱和度的横向分布范围越小，纵向分布范围越大。分析认为，由于 CO_2 运移能力随残余气饱和度增大而减小，因此同一注入时间运移到盖层顶部的 CO_2 较少，CO_2 沿盖层顶部的横向扩散距离也相应减小。

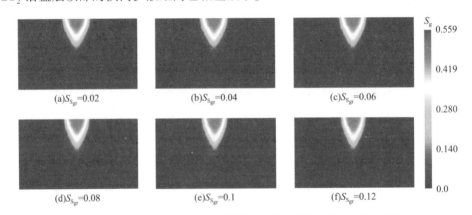

图 3.95　不同残余气饱和度条件下咸水层中气态 CO_2 饱和度分布

（3）储层压力特征

咸水层靠近盖层井筒附近的单元格在不同残余气饱和度条件下，储层压力随注入时间的变化特征相似，均呈线性正相关关系（图3.96）；同一注入时间下，不同残余气饱和度对应的储层压力差别不大，储层压力仅随残余气饱和度增大表现出小幅度增加的态势。分析认为，随着残余气饱和度的变化，储层中溶解态CO_2、束缚态CO_2和流动态CO_2之间相互转化，因此整体上对储层压力的影响不大。

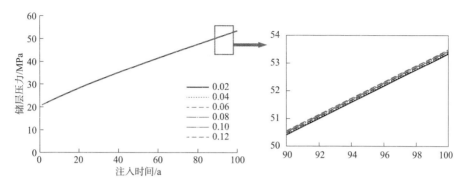

图3.96　不同残余气饱和度条件下咸水层中储层压力随注入时间变化关系

图3.97展示了不同残余气饱和度条件下咸水层中储层压力分布。不同残余气饱和度条件下的储层压力分布均表现为从下到上逐渐减小的"三区域"特征。残余气饱和度越大，高储层压力对应的色阶颜色分布面积逐渐增加，但整体变化幅度较小。

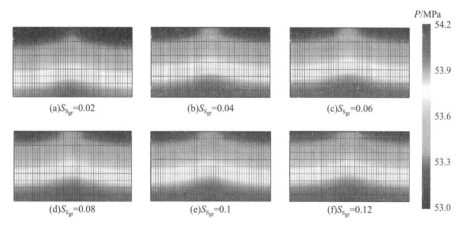

图3.97　不同残余气饱和度条件下咸水层中储层压力分布

3.4　小结

数值模拟方法可以较真实完整地还原CO_2地质封存过程，常用的模拟软件包括ECLIPSE、CMG-GEM和TOUGH系列等，不同软件所使用的离散方法、模拟侧重的范围和条件均存在差异。CO_2注入储层后，会导致储层的微观孔隙结构、宏观孔隙结构、接触角与润湿性、流体分布、毛管力曲线、应力敏感性等储层物性和渗流参数发生改变，进而影响CO_2地质封存效果。考虑到枯竭油气藏和咸水层的储层差异，本章采用Petrasim软件中的 TOUGHREACT/ECO2N 模块，分别模拟分析了地层温度、地层初始压力、储层孔隙度、储层渗透率、纵横渗透率比和残余气饱和度等地质因素对两类 CO_2 地质体封存效果的影响。结果表明：各参数主要通过改变流体的密度和黏度、CO_2 溶解度以及 CO_2 – 地层水 – 岩石的化学反应等，导致地层流体的溶解性、流动性和传质性发生变化，进而影响 CO_2 封存效果。地层温度、地层初始压力、储层渗透率、纵横渗透率比和残余气饱和度对两类地质体封存的影响近似，其中地层温度、地层压力和纵横渗透率越低，储层渗透率越高，CO_2 溶解质量越多，气态 CO_2 饱和度和储层压力越低，即越有利于 CO_2 溶解封存，封存安全性越高；由于残余气饱和度增大有助于束缚空间封存，因此随残余气饱和度增大，虽然 CO_2 溶解封存量减少了，但残余封存 CO_2 增多，气态 CO_2 饱和度减少，即以稳定形式封存的 CO_2 增多。除此之外，由于枯竭油气藏储层的孔隙度、渗透率较咸水层低，孔隙空间既狭小又复杂，导致占有巨大孔隙空间的 CO_2 泡沫较难突破，CO_2 溶解质量随孔隙度增加而减少，咸水储层表现相反，孔隙度越大越有利于咸水层的 CO_2 封存。

4 流体属性对封存效果的影响

流体属性指地层水的矿化度和离子成分等性质，不同储层的流体属性差异较大。枯竭油气藏在废弃前注水开采过程中，由于注入水与油气藏水的矿化度存在差异，因此在油气藏枯竭时，油气藏水的实际矿化度会发生较大变化。除此之外，部分油气藏与边水、底水相连，而边水、底水的矿化度与油气藏地层水的矿化度通常也存在差异，在二氧化碳封存过程中，部分二氧化碳会扩散、运移到边、底水中。地下深处的咸水层包括被搬运和沉积的岩石、有机质与岩石沉积后生成的矿物，在岩石的颗粒或矿物之间存在孔隙，这些孔隙被水有时还有一定比例的石油和天然气流体所充填，开放的裂隙和孔隙也会被流体充填，因此不同咸水层的矿化度和离子成分差别较大。

本章重点介绍地层水矿化度、地层水组成对封存效果的影响。

4.1 地层水矿化度对封存效果的影响

地层水矿化度是 CO_2 地质封存过程中气体和流体性质的主要影响因素之一，矿化度的改变会引起流体的溶解度、密度和黏度等发生变化，进而影响 CO_2 和地层水的运移分布特征，并最终影响了 CO_2 的封存容量和封存安全性。因此，厘清矿化度对 CO_2 地质封存的影响机理，对改善封存效果、提高封存量具有积极作用。

根据实际枯竭油气藏和咸水层 CO_2 地质封存的地层水矿化度数据，选择枯竭油气藏矿化度 (D_{W_t}) 为 1% ~6% 、咸水层矿化度 (S_{W_t}) 为 1% ~20% ，在保证其他参数相同的情况下 (具体参数设置见 3.1.4 节)，分别建立六组不同地层水矿化度模型，来分析改变矿化度，CO_2 溶解特征、饱和度特征和孔隙压力特征的变化，进而研究储层地层水矿化度对枯竭油气藏和咸水层 CO_2 封存效果的影响。

4.1.1 对枯竭油气藏封存影响

4.1.1.1 二氧化碳溶解特征

选取储层顶部注入井穿过的单元格为目标位置，不同矿化度条件下，目标点的单位体积枯竭油气藏 CO_2 溶解质量随注入时间的变化关系如图 4.1 所示。不同矿化度条件下，CO_2 溶解质量随注入时间增加均表现为先快后慢的增大趋势，分析认为在 CO_2 刚开始注入时，地层水均为未饱和状态，随着 CO_2 的扩散，与地层水接触面积逐渐增加，注入的 CO_2

均能接触到新鲜地层水，从而使 CO_2 溶解速率加快；当注入一段时间后，CO_2 运移到储层顶部，盖层阻止了 CO_2 继续上移，开始沿盖层发生横向扩散，与地层水接触面积受限，从而使 CO_2 溶解速率减缓。除此之外，还可以明显看到，同一注入时间下，随矿化度增加，CO_2 溶解质量逐渐减小，这主要是 CO_2 溶解度随地层水矿化度增大而减小导致的，表明矿化度较大的枯竭油气藏不利于 CO_2 的溶解封存。

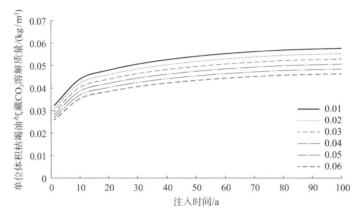

图 4.1　不同矿化度条件下单位体积枯竭油气藏中 CO_2 溶解质量随注入时间的变化

从不同矿化度条件下 CO_2 注入 100 年，单位体积枯竭油气藏中 CO_2 的溶解质量分布图(图 4.2)中可以看到，随地层水矿化度增加，储层内整体 CO_2 溶解质量分布所对应的颜色向低色阶转变；高 CO_2 溶解质量所对应的色阶颜色分布面积逐渐减小；CO_2 溶解质量的主要分布区域内，由内到外的 CO_2 溶解质量分布范围越来越小。

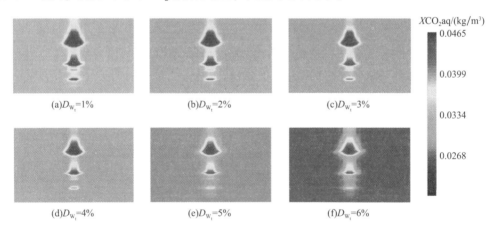

图 4.2　不同矿化度条件下单位体积枯竭油气藏中 CO_2 溶解质量分布

4.1.1.2　二氧化碳饱和度特征

从枯竭油气藏中不同矿化度条件下，盖层底部井筒附近单元格的气态 CO_2 饱和度随注入时间的变化关系图(图 4.3)中可以看出，同一矿化度条件下，气态 CO_2 饱和度均随注入时间增加先增后减，速度先快后慢。分析认为，CO_2 刚开始注入时，由于 CO_2 流动能力强, 大部分未溶解的 CO_2 迅速运移到盖层底部, 因此气态 CO_2 饱和度迅速增加, 当运移到盖层底部后, 由于盖层的阻挡作用, CO_2 开始发生横向扩散, 更多的 CO_2 在与地层水接触过程中发生溶解, 从而使气态 CO_2 饱和度开始缓慢减少。除此之外, 矿化度越大, 目标处的气态 CO_2 饱和度越大, 分析认为是高矿化度抑制了 CO_2 的溶解导致的。当 CO_2 总注入量一定时, 由于 CO_2 溶解量随着矿化度增大而减少, 从而使更多的 CO_2 以气态形式存于储层顶部, 即气态 CO_2 饱和度增大。而盖层底部气态 CO_2 越多, 发生泄漏风险的可能性越大, 因此高矿化度的枯竭油气藏的封存安全性较差。

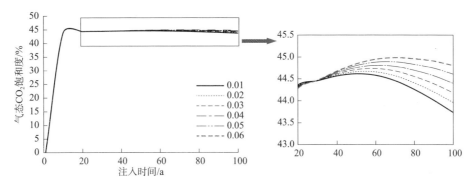

图 4.3   不同矿化度条件下枯竭油气藏中气态 CO_2 饱和度随注入时间变化关系

不同矿化度条件下, 枯竭油气藏中气态 CO_2 饱和度分布如图 4.4 所示。随着矿化度增大, 储层中气态 CO_2 饱和度分布范围逐渐增大, 高气态 CO_2 饱和度对应的色阶颜色面积也逐渐增加。这进一步表明, 高矿化度下, 储层顶部的气态 CO_2 饱和度分布增多, 封存安全性降低。

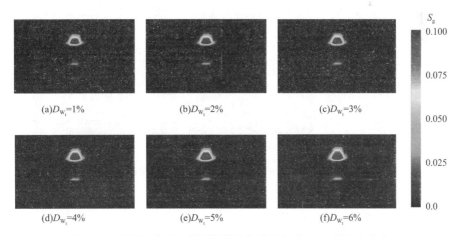

图 4.4   不同矿化度条件下枯竭油气藏中气态 CO_2 饱和度分布

4.1.1.3   储层压力变化特征

图 4.5 展示了枯竭油气藏靠近盖层井筒附近的单元格在不同矿化度条件下, 储层压力随注入时间的变化关系。不同矿化度条件下的储层压力, 均随注入时间增加呈近线性增

大；同一注入时间下，矿化度越大，对应的储层压力越大。分析认为，注入时间相同时，CO_2 总注入量一样，随矿化度增加，储层中 CO_2 溶解量减少，流动态 CO_2 增加，从而使储层压力增大。而储层压力过大时，会压裂地层导致 CO_2 发生泄漏，因此矿化度越高，枯竭油气藏封存越不安全。

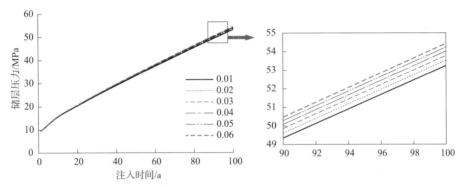

图 4.5　不同矿化度条件下枯竭油气藏中储层压力随注入时间变化关系

从不同矿化度条件下枯竭油气藏中储层压力分布图(图 4.6)中可以看到，随着地层水矿化度增加，储层顶部的低储层压力对应的色阶颜色分布范围逐渐减小，储层底部的高储层压力对应的色阶颜色分布范围逐渐增大。这再次表明矿化度越大，高储层压力的分布越广。

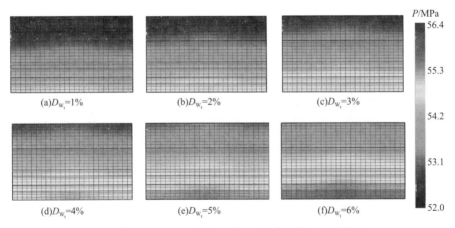

图 4.6　不同矿化度条件下枯竭油气藏中储层压力分布

4.1.2　对咸水层封存影响

4.1.2.1　二氧化碳溶解特征

单位体积咸水层的 CO_2 溶解质量随注入时间变化关系如图 4.7 所示。随着注入时间增加，不同矿化度条件下 CO_2 的溶解行为相似；但同一时间，不同矿化度咸水层中的 CO_2 溶解质量存在明显差异，表现为 CO_2 的溶解质量随矿化度的增加而减小。分析原因为矿化度主要通过影响地层咸水密度和 CO_2 的溶解度改变咸水层中 CO_2 的溶解质量。一方面，CO_2 的溶解度会随矿化度的增加而降低；另一方面，随着矿化度的增加，地层咸水密度增大，而咸水与 CO_2 之间增大的密度差会导致 CO_2 向上扩散速度和运移距离增加，CO_2 在咸水层中的溶解质量增多。但溶解度对溶解质量的影响更大，且当 CO_2 运移到极限距离后，在盖层附近呈羽流状分布横向扩散，接触到新鲜咸水的机会越来越少，因此地层咸水矿化度对 CO_2 的溶解质量有抑制作用。

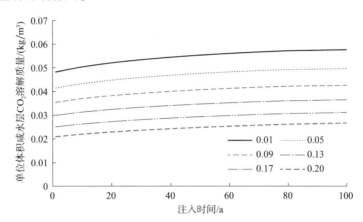

图 4.7　不同矿化度条件下单位体积咸水层 CO_2 溶解质量随注入时间变化关系

不同矿化度条件下 CO_2 注入 100 年咸水层中 CO_2 的溶解质量分布如图 4.8 所示。随着地层咸水矿化度增大，咸水层中的 CO_2 溶解质量分布面积明显减小，且运移到盖层顶部的 CO_2 越来越少，形成的"盖层伪厚度"逐渐增大。这再次表明咸水层的矿化度越高，越不利于 CO_2 的溶解封存。

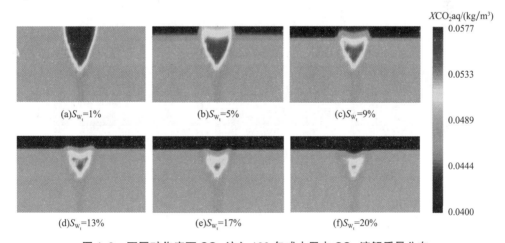

图 4.8　不同矿化度下 CO_2 注入 100 年咸水层中 CO_2 溶解质量分布

4.1.2.2　二氧化碳饱和度特征

图 4.9 展示了不同矿化度条件下气态 CO_2 饱和度随注入时间的变化关系。随 CO_2 注入时间的增加，不同矿化度条件下气态 CO_2 饱和度整体变化相似，但相同注入时间下，高矿

化度咸水层中气态 CO_2 饱和度要高于低矿化度咸水层。分析认为是 CO_2 溶解度随矿化度增加而逐渐降低导致的，CO_2 溶解量越少，液态 CO_2 量越少，即气态 CO_2 饱和度越大。因此在进行 CO_2 封存地点的选择时，应尽量选取矿化度较低的咸水层。

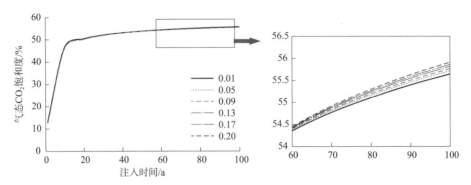

图 4.9　不同矿化度条件下咸水层中气态 CO_2 饱和度随注入时间变化关系

不同矿化度条件下 CO_2 注入 100 年咸水层中气态 CO_2 饱和度分布如图 4.10 所示。地层咸水矿化度越高，咸水层中气态 CO_2 饱和度横向分布范围越大，纵向分布距离逐渐越小。分析认为是高矿化度对 CO_2 溶解具有抑制作用，从而使更多未溶解的气态 CO_2 沿盖层底部发生横向扩散。这表明矿化度越高，靠近盖层顶部的气态 CO_2 饱和度分布越大，封存安全性越低。

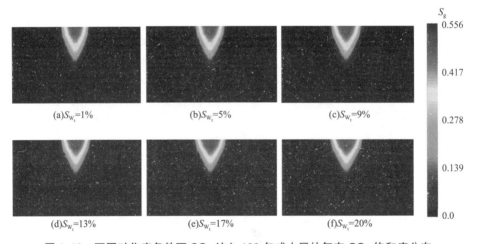

图 4.10　不同矿化度条件下 CO_2 注入 100 年咸水层的气态 CO_2 饱和度分布

4.1.2.3　储层压力变化特征

图 4.11 为不同矿化度条件下，储层压力随注入时间的变化关系曲线。各矿化度下的储层压力均随注入时间呈线性正相关关系变化；同一注入时间下，随地层咸水矿化度增加，储层压力逐渐增大，但整体变化幅度不明显。分析认为，相同时间下 CO_2 的总注入量相同，高矿化度对 CO_2 溶解具有抑制作用，因此溶解的 CO_2 减少，流动态 CO_2 增多，储层压力增大。

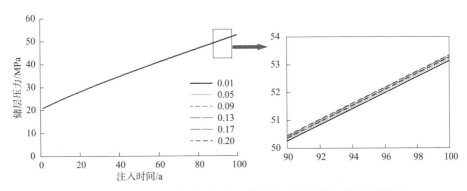

图 4.11　不同矿化度条件下咸水层中储层压力随注入时间变化关系

从不同矿化度条件下咸水层中储层压力分布图(图 4.12)中可以看到,不同条件下的储层压力分布均呈从下到上逐渐减小的"三区域"特征,随着地层咸水矿化度增加,储层底部的高储层压力对应的色阶颜色分布范围逐渐增大,但整体变化不明显,表明矿化度对咸水层储层压力分布的影响较小。

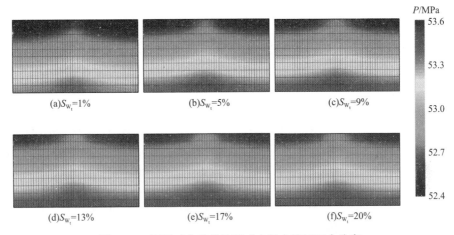

图 4.12　不同矿化度条件下咸水层中储层压力分布

4.2　地层水组分对封存效果的影响

由于盆地类型多样,地下水化学成分复杂,从而使不同储层的地下水溶液组分类型差异较大。复杂的地下水化学成分对二氧化碳溶解和二氧化碳在储层中的矿化反应均存在一定程度影响,而溶解封存和矿化封存又是二氧化碳在储层中以稳定状态且能长期封存的主要机理。因此,明确地层水组分对二氧化碳地质封存的影响机制,对封存选址和封存条件评价都具有重要的理论指导意义。由于枯竭油气藏的地层水多为 $NaCl$ 溶液或 $CaCl_2$ 溶液,与咸水层的离子成分相比,地层水组分种类较少,所以本节仅以咸水层为例,介绍地层水组分对二氧化碳封存效果的影响。

4.2.1 咸水溶液组分类型

目前，地下水分类的方法有很多，如帕勒梅尔（Palmer）分类法、苏林（B. A. Cynh）分类法和肖勒（H. Scheller）分类法等，现在最普遍采用的是苏林分类法。

1946年，苏林通过分析陆相和海相的地下水离子成分，对比离子浓度的变化，认为离子浓度的不同主要是环境因素造成的，从而提出了苏林分类法。该方法能够通过地质环境知道地下咸水层中主要离子成分；反之，如果地层水中出现某些特有的盐类或典型的组分，也可以推断出地层水的形成环境，苏林就是依据上述原则进行地层水分类的。不仅考虑了地层水主要离子之间的比例关系，而且对应了地层水的地质环境，因此，苏林把这种分类叫作成因分类。

苏林在对比和分析了现代大陆水和海水化学成分特性的基础上，把天然水中 Na^+ 和 Cl^- 的当量比例作为水的分"类"基础，以此判别水的生成环境是属于大陆的还是海洋的。在此基础上，根据水中主要阴阳离子（Cl^-、SO_4^{2-}、HCO_3^-、Na^+、Mg^{2+}、Ca^{2+}）彼此化学亲和力的强弱顺序而组成盐类的原则作为划分"型"的依据。他采用 r_{Na^+}/r_{Cl^-}、$(r_{Na^+}-r_{Cl^-})/r_{SO_4^{2-}}$、$(r_{Na^+}-r_{Cl^-})/r_{Mg^{2+}}$ 三个系数（称为"成因系数"，又名"变质系数"，其值均采用1为标准），通过四个离子参与的算术运算取得的六个系数值，从而将水划分为硫酸钠（Na_2SO_4）型、碳酸氢钠（$NaHCO_3$）型、氯化镁（$MgCl_2$）型及氯化钙（$CaCl_2$）型四种类型。具体的划分方法如下：

当 $\dfrac{r_{Na^+}-r_{Cl^-}}{r_{SO_4^{2-}}}<1$ 时，为 Na_2SO_4 水型；当 $\dfrac{r_{Na^+}-r_{Cl^-}}{r_{SO_4^{2-}}}>1$ 时，为 $NaHCO_3$ 水型；当

$\dfrac{r_{Cl^-}-r_{Na^+}}{r_{Mg^{2+}}}<1$ 时，为 $MgCl_2$ 水型；当 $\dfrac{r_{Cl^-}-r_{Na^+}}{r_{Mg^{2+}}}>1$ 时，为 $CaCl_2$ 水型。

苏林认为，依据水型能够确定水在地壳中存在的环境，每一种水型都对应着一种特定的环境：Na_2SO_4 水型和 $NaHCO_3$ 水型对应的环境为大陆环境，$MgCl_2$ 水型对应海洋环境，$CaCl_2$ 水型则对应深层环境。并且根据大量实际资料研究，Na_2SO_4 水型通常表示水文地质封闭性差，$CaCl_2$ 水型则通常出现在地壳内部的水文封闭性良好的地区，$NaHCO_3$ 型和 $MgCl_2$ 水型一般在油田的垂直剖面上以过渡形式出现。

4.2.2 对咸水层封存影响

本节以苏林分类法为依据，通过改变离子浓度，建立咸水溶液组分为 $MgCl_2$ 型、$CaCl_2$ 型、Na_2SO_4 型和 $NaHCO_3$ 型4组模型，在保证其他参数相同的情况下（具体参数设置见3.1.4节），来分析改变离子成分，CO_2 溶解特征、饱和度特征和孔隙压力特征的变化，进而研究咸水溶液组分对咸水层 CO_2 封存效果的影响。

4.2.2.1 二氧化碳溶解特征

根据矿化度对咸水层 CO_2 封存的影响可知，矿化度越低，CO_2 的溶解量越大，气态

CO_2 饱和度越小，越有利于 CO_2 封存，因此选择矿化度为 1% 进行后续研究。在模拟过程中，通过改变初始地层水中的离子浓度分别建立 4 种咸水溶液组分模型。

图 4.13 为不同咸水溶液组分条件下单位体积咸水层溶解的 CO_2 质量随注入时间的变化关系曲线。不同咸水溶液组分条件下 CO_2 的溶解行为相似，且同一注入时间下，CO_2 的溶解质量在不同咸水溶液组分中的表现差异也不大。其中，Na_2SO_4 型和 $NaHCO_3$ 型水溶液中的 CO_2 溶解质量变化同步，均稍高于 $MgCl_2$ 型和 $CaCl_2$ 型。分析认为，CO_2 溶于 $MgCl_2$ 型和 $CaCl_2$ 型水溶液后，分别会生成碳酸镁（$MgCO_3$）和碳酸钙（$CaCO_3$）沉淀，一方面会对地层矿物质产生较大影响，另一方面还可能会堵塞 CO_2 运移通道，导致 CO_2 与新鲜咸水接触的机会减少，从而影响 CO_2 溶解。而 Na_2SO_4 型和 $NaHCO_3$ 型均呈碱性，对 CO_2 溶解具有相同的抑制作用，因此两种水型对 CO_2 溶解封存的影响差别不大。不过这两种水型虽然呈碱性抑制 CO_2 的溶解，但 CO_2 与咸水接触面积的增大又弥补了溶解量的减少，因此后两种水型中 CO_2 溶解质量会稍高于前两种水型。

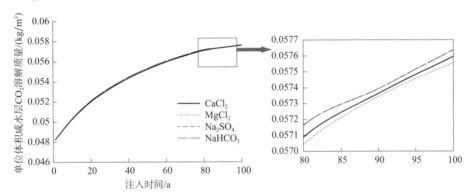

图 4.13　单位体积咸水层 CO_2 溶解质量随不同咸水溶液组分的变化关系

不同咸水溶液组分条件下咸水层中 CO_2 的溶解质量分布如图 4.14 所示。不同咸水溶液组分中的 CO_2 溶解质量分布范围相似，未表现出明显差异，说明咸水溶液组分对咸水层

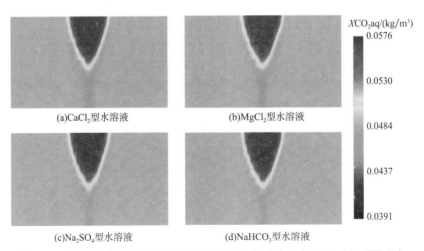

(a)$CaCl_2$ 型水溶液　　　　　　(b)$MgCl_2$ 型水溶液

(c)Na_2SO_4 型水溶液　　　　　　(d)$NaHCO_3$ 型水溶液

图 4.14　不同咸水溶液组分下 CO_2 注入 100 年咸水层中 CO_2 溶解质量分布

CO_2 溶解质量的影响不大。

4.2.2.2　二氧化碳饱和度特征

如图 4.15 所示，不同咸水溶液组分下气态 CO_2 饱和度随注入时间变化趋势相似，且同一时间下，Na_2SO_4 型和 $NaHCO_3$ 型水溶液的气态 CO_2 饱和度相近，$MgCl_2$ 型和 $CaCl_2$ 型的气态 CO_2 饱和度相近，前者稍低于于后者，差异不明显。分析原因为，Na_2SO_4 型和 $NaHCO_3$ 型水溶液对 CO_2 溶解的影响作用相同，且较 $MgCl_2$ 型和 $CaCl_2$ 型水溶液中的 CO_2 溶解量稍多，因此这两种水型中气态 CO_2 饱和度较少。除此之外，四种水型中气态 CO_2 饱和度无明显差异，分析认为是虽然不同水型咸水溶液对 CO_2 溶解的影响程度略有不同，但对 CO_2 溶解与矿化作用的耦合影响近似造成的。如 $MgCl_2$ 型对溶解的较小影响和较多碳酸镁固体沉淀生成耦合，呈碱性的 Na_2SO_4 型、$NaHCO_3$ 型水溶液对 CO_2 溶解抑制和流动性引起的扩散面积增大耦合，以及 $CaCl_2$ 型中运移通道受阻与矿化反应耦合。因此四种盐溶液组分中非气态 CO_2 封存容量差距不大，即气态 CO_2 饱和度变化趋势在不同水型中表现基本相同。

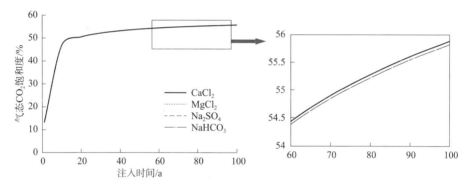

图 4.15　不同咸水溶液组分条件下气态 CO_2 饱和度随注入时间的变化关系

图 4.16 为不同咸水溶液组分条件下气态 CO_2 饱和度分布。从图 4.16 中可以看到，四种咸水溶液组分中气态 CO_2 饱和度分布也相似，说明虽然各咸水溶液组分中起主要作用的

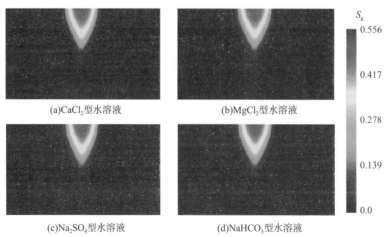

(a)$CaCl_2$型水溶液　　　　(b)$MgCl_2$型水溶液

(c)Na_2SO_4型水溶液　　　　(d)$NaHCO_3$型水溶液

图 4.16　不同咸水溶液组分条件下注入 CO_2 100 年的气态 CO_2 饱和度分布

封存机理存在差异，但咸水层中离子成分不同对封存安全性的影响不大。

4.2.2.3　储层压力特征

从储层顶部井筒附近的单元格在不同咸水溶液组分条件下，咸水层中储层压力随注入时间的变化关系图(图4.17)中可以看到，各咸水溶液组分条件下，储层压力均随注入时间的增加呈近线性增大；同一注入时间下，不同咸水溶液组分对应的储层压力基本相同，仅表现出较小差异：Na_2SO_4型和$NaHCO_3$型水溶液中储层压力相同，在所有水型的储层压力中最高，其次是$CaCl_2$型，$MgCl_2$型水溶液最低。分析认为，$CaCl_2$型和$MgCl_2$型水溶液虽然CO_2溶解量相对较少，但由于CO_2溶解生成的沉淀又增加了矿化封存圈闭量，总的来说，这两种水型中的流动态CO_2相比Na_2SO_4型和$NaHCO_3$型水溶液少，因此其储层压力较低。而$CaCl_2$型水溶液中CO_2溶解生成的碳酸钙为难溶沉淀，$MgCl_2$型水溶液中生成的是碳酸镁为微溶沉淀，因此$MgCl_2$型生成的沉淀对CO_2溶解的阻碍作用小，该水型中以稳定形式封存的CO_2相对较多，从而其储层压力最低。

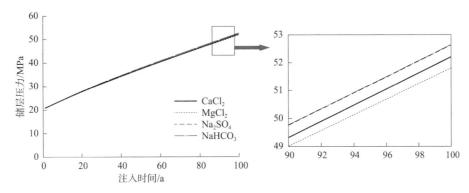

图4.17　不同咸水溶液组分条件下储层压力随注入时间的变化

不同咸水溶液组分条件下储层压力分布如图4.18所示。四种咸水溶液组分中气态

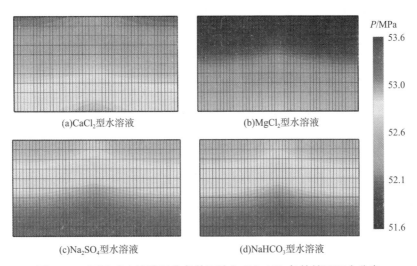

(a)$CaCl_2$型水溶液　　(b)$MgCl_2$型水溶液

(c)Na_2SO_4型水溶液　　(d)$NaHCO_3$型水溶液

图4.18　不同咸水溶液组分条件下注入$CO_2$100年的储层压力分布

CO_2 饱和度分布差异明显，其中 Na_2SO_4 型和 $NaHCO_3$ 型水溶液中储层压力分布相似，二者的高储层压力对应的色阶颜色分布面积要高于 $CaCl_2$ 型和 $MgCl_2$ 型，而 $CaCl_2$ 型水溶液中高储层压力对应的色阶颜色分布范围较 $MgCl_2$ 型水溶液大。表明 Na_2SO_4 型和 $NaHCO_3$ 型咸水溶液中，由于储层压力过大压裂地层，发生 CO_2 泄漏风险的可能性更高，封存安全性较另外两种咸水溶液组分低。

4.3　小结

本章通过数值模拟方法，分析了地层水矿化度和地层水组分等流体属性对 CO_2 地质封存效果的影响。考虑到枯竭油气藏的地层水多为 NaCl 溶液或 $CaCl_2$ 溶液，与咸水层的离子成分相比，地层水组分种类较少，因此只研究了咸水溶液组分对咸水层的影响。结果表明：地层水矿化度通过控制 CO_2 溶解度和地层水密度，间接抑制了 CO_2 的溶解，地层水矿化度越低的枯竭油气藏和咸水层，CO_2 地质封存效果越好；根据苏林分类法，将咸水溶液组分分成四种类型，其中 Na_2SO_4 型和 $NaHCO_3$ 型水溶液中的 CO_2 溶解质量变化同步，稍高于 $MgCl_2$ 型和 $CaCl_2$ 型，但各类型水溶液中 CO_2 溶解与矿化作用的耦合影响近似，从而气态 CO_2 饱和度和储层压力的差别均较小，整体上不同的咸水溶液组分对 CO_2 封存效果影响的区别不大。

5 盖层特征对封存效果的影响

盖层是指直接覆盖于储层之上的低渗透膏岩、盐岩和泥页岩等封闭性岩层。从地质背景出发，盖层是二氧化碳地质封存圈闭的主要组成部分，不同的储盖层组合形成背斜型、断层型和裂缝型的构造圈闭，其中背斜型圈闭是年封存百万吨级二氧化碳的首选。盖层是阻止二氧化碳向上方地层运移和泄漏的重要屏障，而盖层密闭性是指覆盖地层阻止二氧化碳通过和泄漏的能力。因此，盖层密闭性强弱直接影响到二氧化碳地质封存圈闭的长期安全稳定性。盖层密闭性研究最初始于油气藏领域，后来在储气库和二氧化碳地质封存等领域也取得了长足进步。当然，不同领域的研究侧重点也有差异，油气藏领域主要关注自然条件下地质构造抬升对盖层封闭油气藏的影响，储气库领域则重点研究短期反复注采气体对盖层密闭性的影响，二氧化碳地质封存则关注二氧化碳注入后应力场变化和二氧化碳 – 地层水 – 岩石相互作用对盖层密闭性的影响。

本章重点介绍二氧化碳地质封存过程中盖层密闭机理，以及盖层特征对封存效果的影响。

5.1 盖层密闭机理

5.1.1 毛细管封闭

毛细管封闭机理是指通过盖层孔隙中毛细管压力阻滞 CO_2 逸散。毛细管封闭又称物性封闭或薄膜封闭，其封闭能力取决于毛细管压力（P_c）。在 CO_2 浮力、储层水动力和超压[合称储层孔隙压力（P_p）]的共同作用下，CO_2 流体会驱替盖层中润湿相流体（如咸水）。当盖层毛细管进入压力（$P_{c,entry}$）大于储层孔隙压力时，盖层能有效阻止 CO_2 侵入盖层运移的过程，称为静态封闭[图 5.1（a）]。反之，CO_2 可能会侵入盖层运移，盖层孔隙的毛细管压力、吸附阻力和摩擦阻力共同阻滞 CO_2 运移和泄漏的过程，称为动态封闭。从微观角度分析，动态封闭特征与孔隙中毛细管压力变化特征有关。毛细管压力能细分为进入压力（$P_{c,entry}$）、阀门压力（$P_{c,threshold}$）和突破压力（$P_{c,breakthrough}$）等，其压力大小关系为突破压力 > 阀门压力 > 进入压力。当储层孔隙压力超过进入压力时，CO_2 优先侵入孔径较大的孔隙[图 5.1（b）]；当储层孔隙压力超过阀门压力时，CO_2 持续驱替孔隙中润湿相流体，盖层内部逐渐形成连续的渗流通道[图 5.1（c）]；当储层孔隙压力超过突破压力时，形成贯通整个盖层的优势渗流通道，CO_2 能通过盖层运移和泄漏，盖层毛细管封闭机制将失效[图 5.1(d)]。通常优势渗流通道中最小孔喉处毛细管压力最大，与盖层突破压力相等。

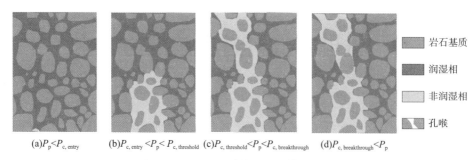

(a)$P_p < P_{c,\,entry}$ (b)$P_{c,\,entry} < P_p < P_{c,\,threshold}$ (c)$P_{c,\,threshold} < P_p < P_{c,\,breakthrough}$ (d)$P_{c,\,breakthrough} < P_p$

图 5.1 CO_2 突破盖层毛细管的过程

突破压力是表征盖层封闭能力最直观的参数，其大小与盖层孔隙中毛细管压力、吸附阻力和摩擦阻力有关：

$$P_d = \frac{2\sigma\cos\theta}{r_0} + \lambda_1 H + \lambda_2 v \tag{5.1}$$

式中　　$P_{c,\,breakthrough}$——突破压力，MPa；

σ——界面张力，N/m；

θ——接触角，(°)；

r_0——最小孔喉半径，m；

H——盖层厚度，m；

v——CO_2 在盖层中运动速度，m/s；

λ_1——吸附阻力系数，无因次；

λ_2——摩擦阻力系数，无因次。

由式(5.1)可知，盖层毛细管封闭能力与 CO_2 – 咸水的界面张力、润湿接触角、连通孔喉半径和盖层厚度有关。因此，盖层毛细管封闭能力主要受以下四个因素影响：

1)成岩作用：成岩演化程度是影响泥岩盖层发育程度的主要因素。早成岩阶段的浅部泥岩(埋深 <1500m)处于正常压实，其成岩程度差，毛细管封闭能力较小；早成岩阶段至晚成岩中期的中部泥岩(埋深在 1500 ~ 3200m)处于异常压实阶段，盖层中润湿相流体排出受到阻滞而导致具有非常高的毛细管压力，并且盖层具备毛细管封闭和超压封闭；晚成岩阶段后期的深层泥岩(埋深 >3200m)处于紧密压实阶段，欠压实作用增强，盖层中流体孔隙压力会大于岩石抗拉强度，大量的微裂缝萌生和扩展导致盖层密闭性降低。

2)界面张力：界面张力是非润湿相(如 CO_2)和润湿相(如咸水)接触界面的不平衡分子力，是影响毛细管压力的关键因素。CO_2 与咸水的界面张力随湿度增大而减小，但随地层压力增加表现出先减小后稳定的变化趋势。同时，咸水中离子浓度对界面张力有显著影响，界面张力随离子浓度增加而增加。

3)润湿性：润湿性表征岩石孔隙空间中 CO_2 – 咸水、CO_2 – 矿物相和咸水 – 矿物相界面张力共同作用下的气 – 液 – 固接触角特征，其大小会改变盖层的亲水性和疏水性，并影

响 CO_2 驱替咸水的难易程度。

4）盖层厚度：虽然毛细管压力与厚度无直接的函数关系，但盖层吸附阻力随盖层厚度增大而增加。大厚度的盖层在区域分布上保持沉积环境的稳定，形成的盖层岩性纯度高，减小和堵截较大连通孔隙在垂向通道的贯通性，从而导致毛细管压力增大。此外，盖层厚度增大时，盖层内部生成的流体不容易排出，会形成异常高压，导致毛细管压力增加。

孔隙度、渗透率、孔隙半径、比表面积和突破压力等参数能定量表征毛细管封闭能力，尤其渗透率、突破压力是直接反映毛细管封闭强弱的关键参数。渗透率是反映流体通过岩石渗透性的参数，盖层渗透率越小，则盖层毛细管封闭越强。突破压力是反映润湿相被非润湿相驱替并形成贯通盖层的优势渗流通道所需的最小毛细管压力。突破压力能通过压汞法、实验法、测井和地震数据解释等方法得到，以分步法、连续法、驱替法和脉冲法等实验法获取岩心尺度的突破压力，是评价目标场地盖层密闭性和 CO_2 封存规模的重要基础参数。图 5.2 总结了突破压力与渗透率、孔隙度、孔喉半径、比表面积、盖层密度和埋

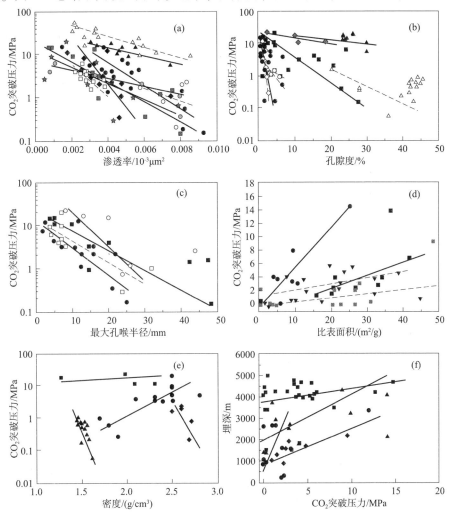

图 5.2 突破压力随渗透率、孔隙度、最大孔喉半径、比表面积、密度、埋深变化的特征

深的关系(同一参数中的不同曲线代表不同学者的研究结果)。从图5.2可知,突破压力随盖层岩石渗透率、孔隙度、孔喉半径和埋深增加而减小,随比表面积增加而增加,但密度与突破压力的关系未表现出规律性的变化趋势。因此,通过建立各参数与突破压力的函数关系,能定量评价盖层毛细管封闭能力。

5.1.2 盖层水力封闭

水力封闭作用通常发育于宽缓褶皱或单斜地质构造的深部地层,并且断裂构造不发育和不导水,地下水通过静水压力或重力驱动封堵CO_2向上扩散和运移,对CO_2羽流形成水力封闭。水力封闭盖层多发育于致密的膏岩和盐岩中,其毛细管压力非常高,CO_2难以突破盖层毛细管压力发生泄漏。水力封闭盖层只有在构造变动或流体孔隙压力增加导致裂缝和断裂产生时,才会破坏水力封闭作用。储层中流体孔隙压力增加导致盖层发生破裂的机制称为水力破裂。盖层水力破裂分为两种模式,即完整岩石断裂和原有断裂重启。如图5.3所示,通过应力莫尔圆和破坏包络线的关系,分别显示出两种水力破裂的特征。流体孔隙压力增加导致有效应力减小,岩石应力莫尔圆左移并靠近破坏包络线,当应力莫尔圆与破坏包络线相切时,盖层发生水力破裂。根据盖层抗拉强度(T)和有效差应力($\sigma_1 - \sigma_3$,最大主应力σ_1与最小主应力σ_3的差值)的关系,完整盖层的水力破裂分为张性破裂、张性剪切破裂和剪切破裂。当有效差应力小于4倍的抗拉强度时,盖层发生张性破裂;当有效差应力为4~6倍的抗拉强度时,岩石发生张性剪切破裂;当有效差应力大于6倍的抗拉强度时,岩石发生剪切破裂。

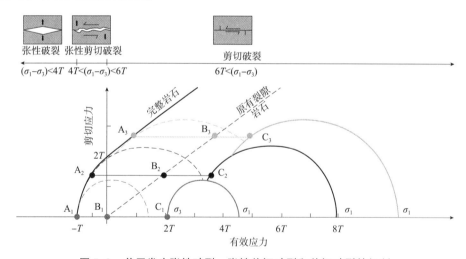

图5.3 盖层发生张性破裂、张性剪切破裂和剪切破裂的机制

过高的孔隙压力是盖层岩石破裂的关键因素,储层的孔隙压力由水相压力和CO_2羽流孔隙压力组成。盖层破裂压力(P_{st})被定义为盖层发生水力破裂的流体孔隙压力。如图5.4(a)所示,储层中CO_2羽流的孔隙压力增加,会导致储层和盖层交界处流体孔隙压力增加,当其超过盖层破裂压力时,完整盖层水力破裂并形成垂向裂缝,CO_2通过裂缝泄漏。因此,

为防止完整盖层发生破裂，储层中最大的流体孔隙压力（P_p）必须小于盖层破裂压力（P_{st}）：

$$P_p = \sigma_h + T = P_{wtc} + \Delta P_{HC} < P_{st} \tag{5.2}$$

式中　σ_h——最小水平主应力，MPa；

　　　T——岩石的抗拉强度，MPa；

　　　P_{wtc}——储层中水相压力，MPa；

　　　ΔP_{HC}——注入 CO_2 引起的孔隙压力增量，MPa。

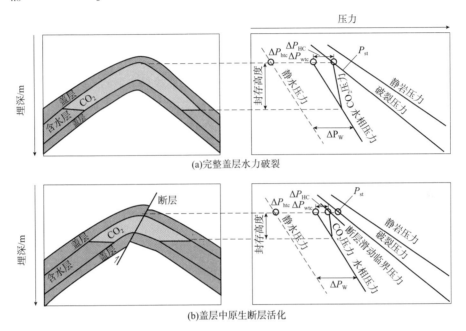

(a)完整盖层水力破裂

(b)盖层中原生断层活化

图 5.4　水力封闭盖层的破坏模式

对于原生闭合的断层发育于盖层，CO_2 羽流侵入断层后，随 CO_2 孔隙流体压力增加，断层面的有效正应力减小，导致阻止断层滑动的摩擦阻力减小。当断层面孔隙压力与沿断层面的破裂压力相等时，断层活化发生滑动。根据库伦断层摩擦理论，得出断层滑动的临界破裂压力（P_{ff}）：

$$P_{ff} = \left[\sigma_h - f(\mu) \times \sigma_v\right] / \left[1 - f(\mu)\right] \tag{5.3}$$

$$f(\mu) = \left[(\mu^2 + 1)^{0.5} + \mu\right]^{-2} \tag{5.4}$$

式中　σ_v——垂直主应力，Pa；

　　　μ——摩擦系数，根据对黏土岩的室内实验和实测统计，摩擦系数一般为 0.3～0.6。

根据图 5.4，盖层内部发育的原生断层滑动所需的孔隙压力增量（ΔP_{HC}）小于完整盖层水力劈裂的孔隙压力增量，因此完整盖层的封存高度要大于发育有原生断层的盖层封存高度。

5.1.3　盖层超压封闭

盖层超压封闭主要受盖层孔隙的吸附阻力控制。欠压实的泥岩盖层中孔隙水排出会受吸附阻力限制，在正常的静水压力梯度下流体排出不畅，容易产生孔隙流体的滞流现象，并导致盖层具有异常高的流休孔隙压力，阻止储层中 CO_2 流体向上逸散，从而形成盖层超压封闭。同时，具有超压的盖层塑性较强，盖层发生水力破裂和断层活化的风险降低。通过超压因子可评估超压对盖层密闭性的影响，这里将超压因子定义为储层孔隙流体压力和垂向应力之比，其上限等于最小水平应力与垂向应力的比值，超压盖层密闭性随超压因子增加而增加。前人提出当流体孔隙压力等于 85% 的静岩压力时，盖层发生水力破裂，但这个结论应用于超压盖层，可能会低估其所能承受的最大孔隙流体压力和最大封闭高度。例如，欧洲北海 Franklin 油气田超压因子为 0.92，地层压力系数(地层压力与静水压力的比值)为 2.30，盖层破裂前油气柱的最大封存高度超过 502m；墨西哥湾 Bullwinkle 地区超压因子为 0.97，地层压力系数为 2.42，盖层破裂前油气柱的最大封存高度超过 300m。根据前人对注入流体后地层压力与破裂压力的关系研究，将超压盖层分为四种圈闭(图 5.5)：充满型盖层、欠充满型盖层、散失型盖层和未充注型盖层，其中充满型盖层的封存容量最大。

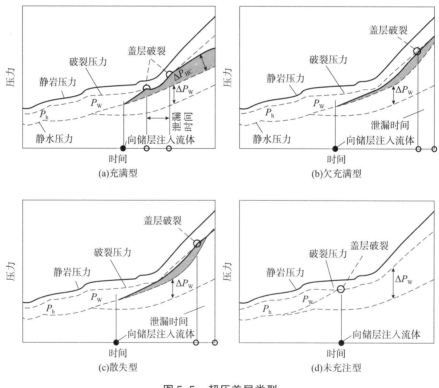

图 5.5　超压盖层类型

5.2　盖层特征对封存效果的影响

在二氧化碳地质封存过程中，盖层是阻止二氧化碳向上方地层运移的重要屏障，故盖层的密闭性对于规模化的封存工程项目意义重大。影响盖层密闭性的因素较多，其中盖层厚度通过控制吸附阻力间接影响了毛细管压力，从而决定了盖层内部流体排出的难易程度，是盖层密闭性的主要影响因素之一；盖层的盖地比特征通过影响盖层内泥岩的横纵向连续性分布，进而改变了盖层的封闭程度。因此本节借助数值模拟方法，在明确二氧化碳地质封存盖层密闭机理的基础上，研究盖层总厚度、盖层内部单层厚度、盖地比等盖层特征对二氧化碳封存效果的影响。

5.2.1 盖层总厚度

研究发现，虽然盖层厚度与毛细管力无直接的函数关系，但盖层厚度通过控制吸附阻力、流体运移速度、突破压力和最大封烃高度等，间接影响了盖层密封性，而毛细管力又与上述参数有关，因此厚层盖层的生烃超压对盖层密闭性具有重要作用。随着盖层厚度增大，盖层的吸附阻力增加，封闭高度增大，盖层突破压力升高，盖层内部生成的流体不容易排出，容易形成异常高压，导致盖层密闭性增强；除此之外，盖层厚度越大，最大密封烃柱高度越高，盖层中的气液多相流运移速度越小，从而导致盖层原位沉淀反应增强，盖层密闭性变好。

本节设置枯竭油气藏储层厚度为150m、盖层总厚度（D_h）为50m～100m、咸水层厚度为100m、盖层总厚度（S_h）为10～60m，在保证其他参数相同的情况下（具体参数设置见3.1.4节），分别建立六组不同盖层总厚度模型，来分析改变盖层总厚度，CO_2溶解特征、饱和度特征和储层压力特征的变化，进而研究盖层总厚度对枯竭油气藏和咸水层CO_2封存效果的影响。

5.2.1.1 对枯竭油气藏封存影响

枯竭油气藏各个模型储层内的夹层分布情况相同，水平方向和垂直方向均使用常规网格，X、Y方向网格间距为200m，垂直方向设置变网格单元（由下向上储层离盖层越近的网格单元越小），其他参数与第2章的基础模型设置相同。各个模型的平面示意如图5.6所示。

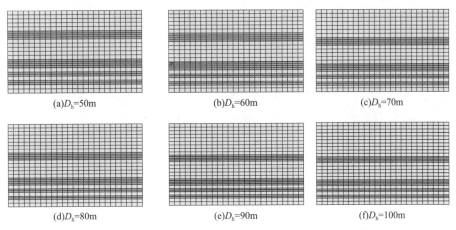

(a)D_h=50m   (b)D_h=60m   (c)D_h=70m

(d)D_h=80m   (e)D_h=90m   (f)D_h=100m

图5.6 不同盖层总厚度下的枯竭油气藏模型平面示意

（1）二氧化碳溶解特征

从盖层底部井筒附近单元格的单位体积枯竭油气藏 CO_2 溶解质量随注入时间的变化关系图（图5.7）中可以看到，不同盖层厚度条件下，CO_2 溶解质量随注入时间增加均逐渐增多，变化趋势相似；同一注入时间下，盖层总厚度越大，CO_2 溶解质量越多。分析原因为，随着盖层厚度增大，CO_2 通过盖层向上部地层中泄漏的难度增加，因此更多 CO_2 被封存在储层中，相应地，CO_2 溶解质量增多，有利于 CO_2 地质封存。但总体上盖层总厚度对 CO_2 溶解质量的影响不明显。

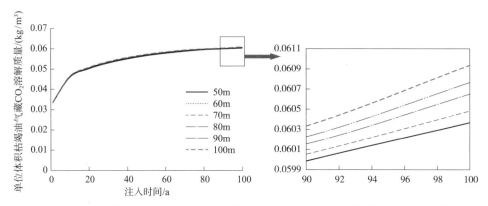

图5.7　不同盖层总厚度条件下单位体积枯竭油气藏中 CO_2 溶解质量随注入时间变化关系

从不同盖层厚度条件下单位体积枯竭油气藏 CO_2 溶解质量分布图（图5.8）中可以明显看到，盖层总厚度越大，盖层底部分布的 CO_2 溶解质量面积越小，盖层内部 CO_2 溶解质量分布范围越少，说明 CO_2 越不易突破盖层。这再次表明 CO_2 地质封存过程中，盖层总厚度越大越好。

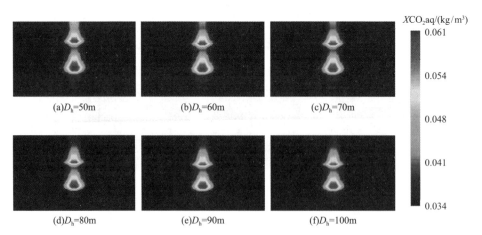

图5.8　不同盖层总厚度条件下单位体积枯竭油气藏 CO_2 溶解质量分布

（2）二氧化碳饱和度特征

图5.9展示了靠近井筒附近储层顶部单元格在不同盖层总厚度下气态 CO_2 饱和度随注入时间的变化关系。各盖层厚度条件下气态 CO_2 饱和度随注入时间的变化趋势相似，均表

现为：CO_2 刚开始注入时，含气饱和度为 0，这是因为选取的位置距离注气井底部较远，需要一定时间注入的气体才能到达这个位置；随着 CO_2 的注入，气态 CO_2 饱和度飞快增加，一旦注入结束，因为没有新的气体注入，而且伴随着气体的溶解和扩散作用，目标处的气态 CO_2 饱和度就会逐渐降低。除此之外，气态 CO_2 饱和度还随着盖层总厚度增加逐渐增大。分析认为，当盖层总厚度增大时，盖层内的非均质性和毛管压力随之增加，气体向上扩散的阻力增大，因此运移到盖层附近的 CO_2 更难继续向盖层中扩散，即聚集在盖层底部的气态 CO_2 增多，气态 CO_2 饱和度增大，但封存安全性增强。

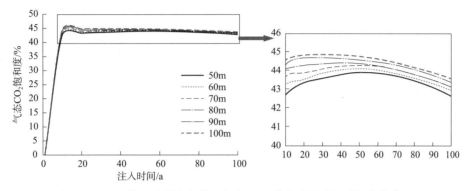

图 5.9　不同盖层总厚度条件下气态 CO_2 饱和度随注入时间变化关系

不同盖层厚度条件下枯竭油气藏中气态 CO_2 饱和度分布如图 5.10 所示。随着盖层厚度增加，虽然聚集在盖层底部的气态 CO_2 饱和度分布面积越来越大，但向盖层中扩散的气态 CO_2 减少。这表明盖层厚度越大，CO_2 发生泄漏的可能性越低。

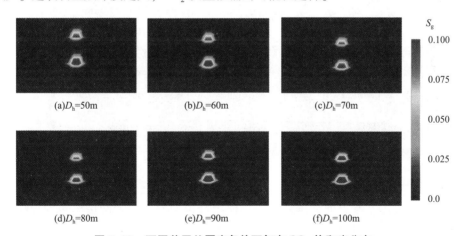

图 5.10　不同盖层总厚度条件下气态 CO_2 饱和度分布

（3）储层孔隙压力特征

图 5.11 展示了靠近井筒储层顶部单元格在不同盖层厚度下储层压力随注入时间的变化关系。不同盖层总厚度条件下，气态 CO_2 饱和度均随注入时间呈线性增加趋势；同一注入时间下，储层压力随盖层总厚度的增加而减小。相比其他 CO_2 地质封存储层，枯竭油气藏的岩石完整性程度提高，油气储层在高压下的密封使其形成了封闭性较好的碳氢化合物

圈闭。随着盖层总厚度的增加，盖层封闭性程度提高，更少 CO_2 向盖层中扩散，在盖层限制下，更多的 CO_2 运移到盖层附近后发生横向扩散，因此与地层水接触时间和接触面积增加，CO_2 溶解量增多，缓解了储层内压力，从而使储层压力降低，表明盖层越厚越利于枯竭油气藏封存 CO_2。

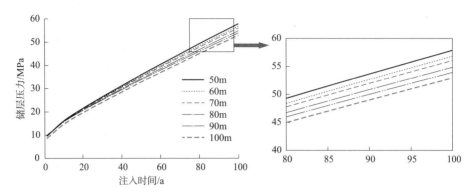

图5.11　不同盖层总厚度条件下枯竭油气藏中储层压力随注入时间变化

图5.12 为枯竭油气藏不同盖层厚度下的储层压力分布。从图5.12 中可以明显看到，储层压力分布表现为从下到上逐渐降低的特征，盖层厚度越大，储层压力分布越小，再次说明较大盖层总厚度下的 CO_2 地质封存安全性较高。

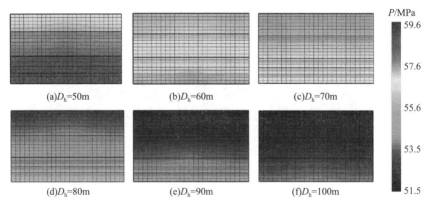

图5.12　不同盖层总厚度条件下储层压力分布

5.2.1.2　对咸水层封存影响

咸水层各个模型水平方向和垂直方向均使用常规网格，前者网格间距为200m，后者网格间距为10m，总数量随模型盖层总厚度变化情况如图5.13 所示。

（1）二氧化碳溶解特征

图5.14 展示了不同盖层总厚度条件下，盖层底部井筒附近单元格的单位体积咸水层 CO_2 溶解质量随注入时间的变化关系。随注入时间增加，各条件下的 CO_2 溶解质量变化一致，均呈逐渐增多趋势；同一注入时间下，CO_2 溶解质量与盖层总厚度呈负相关关系，与枯竭油气藏不同。分析原因为与枯竭油气藏相比，咸水层的孔隙度、渗透率条件更好，当盖层厚度增大时，更多未扩散到盖层中的 CO_2 沿盖层发生横向扩散，且由于孔隙度和渗透

率的优势，咸水层中的 CO_2 横向扩散距离更远，因此更多 CO_2 在扩散过程中溶解，目标单元格处的 CO_2 溶解质量越来越少，也有利于 CO_2 的地质封存。

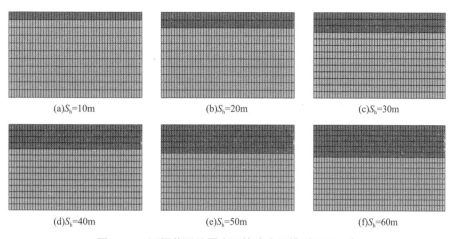

图 5.13　不同盖层总厚度下的咸水层模型平面示意

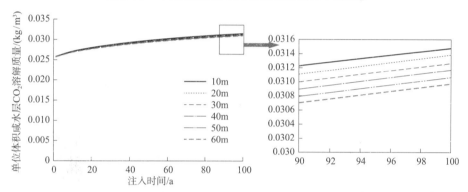

图 5.14　不同盖层总厚度条件下单位体积咸水层中 CO_2 溶解质量随注入时间变化

从不同盖层总厚度条件下单位体积咸水层 CO_2 溶解质量分布图（图 5.15）中可以看到，随着盖层总厚度增大，突破盖层向上溶解扩散的 CO_2 越来越少，同时 CO_2 沿盖层的横向扩

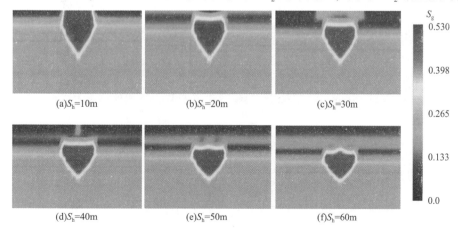

图 5.15　不同盖层总厚度条件下单位体积咸水层中 CO_2 溶解质量分布

散距离增大，储层中 CO_2 溶解质量逐渐由高色阶向低色阶转变，分析认为与 CO_2 扩散范围增大、CO_2 溶解面积增多有关，这对 CO_2 的溶解封存是有利的。

（2）二氧化碳饱和度特征

图 5.16 为井筒附近靠近盖层底部的单元格在不同盖层总厚度下气态 CO_2 饱和度随注入时间的变化关系曲线。不同盖层总厚度下气态 CO_2 饱和度随注入时间变化一致，都表现为先快速增加后增速减缓；同一注入时间下，盖层总厚度越大，气态 CO_2 饱和度越高。分析原因为：一方面，盖层中气液多相流运移速度随盖层厚度增加而减小，从而厚度越大，同一时间运移到盖层中的 CO_2 越少；另一方面，盖层横纵向分布连续性随盖层厚度增加而增强，故盖层总厚度越大，CO_2 向盖层中扩散的阻力越大。因此，在储层内 CO_2 流动速度和溶解量不发生变化的前提下，向盖层中扩散的 CO_2 越少，聚集在盖层底部的气态 CO_2 越多，即气态 CO_2 饱和度越大。

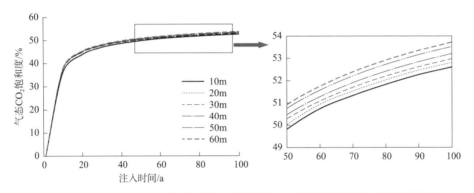

图 5.16　不同盖层总厚度条件下咸水层中气态 CO_2 饱和度随注入时间变化关系

设置咸水层不同盖层总厚度下气态 CO_2 饱和度分布的色阶值域相同，为 $0 \sim 0.53$。从图 5.17 中可以明显看到，随着盖层总厚度增加，气态 CO_2 饱和度分布与盖层顶部的距离越来越远，盖层附近的气态 CO_2 横向分布连续性增加，表明盖层发生 CO_2 泄漏的风险降低，CO_2 地质封存安全性提高。

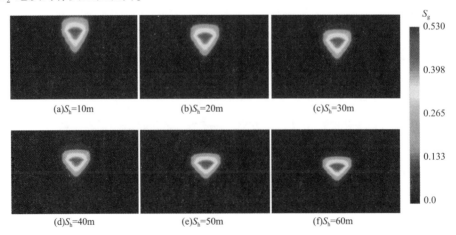

图 5.17　咸水层中不同盖层总厚度条件下气态 CO_2 饱和度分布

（3）储层压力特征

如图 5.18 所示，不同盖层总厚度下储层压力与注入时间呈正相关关系，且盖层总厚度越大，同一注入时间下的储层压力越小。分析认为，随着盖层总厚度增加，横纵向 CO_2 连续性增大，CO_2 向上运移阻力增加，聚集在盖层底部的 CO_2 沿盖层横向扩散数量增多，从而与咸水接触面积增加，更多 CO_2 溶解，储层压力下降。除此之外，毛细管压力会随盖层总厚度增加而增大，故盖层总厚度增大时，会形成异常高压，导致盖层内部生成的流体不易排出。这进一步表明了盖层总厚度越大，其密闭性能越好。

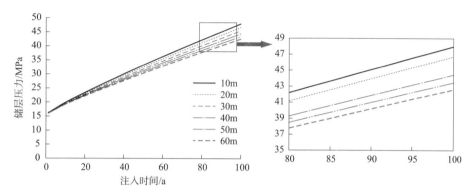

图 5.18 不同盖层总厚度条件下咸水层中储层压力随注入时间变化关系

咸水层中不同盖层总厚度下储层压力分布如图 5.19 所示。设置储层压力分布的色阶阈值相同，为 41.6~48.9MPa。随着盖层总厚度增加，储层压力分布颜色深度变化明显，逐渐由深色阶向浅色阶转变，表明储层压力分布逐渐减小。

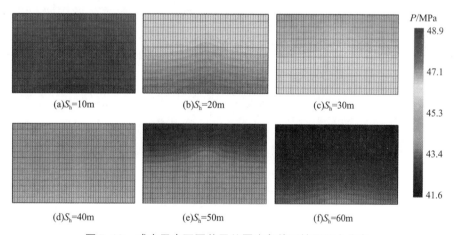

图 5.19 咸水层中不同盖层总厚度条件下储层压力分布

5.2.2 盖层内部单层厚度

盖层内部单层厚度决定了盖层的非均质性程度。盖层内单层厚度越小，说明盖层内的交错分布的层数越多，即盖层非均质越强。盖层内部单层厚度通过影响盖层的纵向连续性分布，控制盖层中的优势渗流通道长度，以及盖层被断层和断裂破坏的风险，进而改变了

CO_2 地质封存中盖层的密封性。

本节设置枯竭油气藏储层厚度为150m、盖层总厚度为60m、盖层内部单层厚度(D_h)为3~30m，咸水层厚度为100m、盖层总厚度为60m、盖层内部单层厚度(S_h)为3~30m，在保证其他参数相同的情况下（具体参数设置见3.1.4节），分别建立六组不同盖层内部单层厚度模型，来分析改变盖层内部单层厚度，CO_2 溶解特征、饱和度特征和储层压力特征的变化，进而研究盖层内部单层厚度对枯竭油气藏和咸水层 CO_2 封存效果的影响。

5.2.2.1 对枯竭油气藏封存影响

枯竭油气藏各个模型储层内的夹层分布情况相同，水平方向和垂直方向均使用常规网格，X、Y 方向网格间距为200m，垂直方向设置变网格单元（由下向上储层离盖层越近的网格单元越小），其他参数与第二章的基础模型设置相同，盖层内不同单层厚度通过改变盖层网格厚度来体现。各个模型的平面示意如图5.20所示。

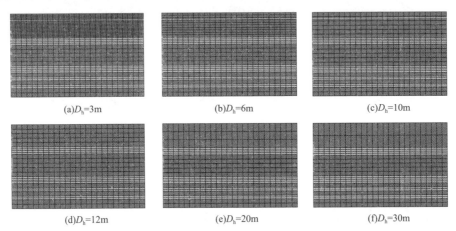

(a)D_h=3m   (b)D_h=6m   (c)D_h=10m

(d)D_h=12m   (e)D_h=20m   (f)D_h=30m

图5.20　不同盖层内部单层厚度下的枯竭油气藏模型平面示意

（1）二氧化碳溶解特征

图5.21为盖层底部井筒附近单元格的单位体积枯竭油气藏 CO_2 溶解质量随注入时间的变化关系曲线，同一盖层内部单层厚度下，CO_2 溶解质量随注入时间增加而增大，且各

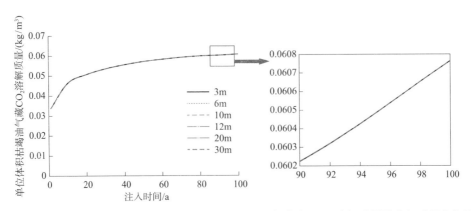

图5.21　不同盖层内部单层厚度条件下单位体积枯竭油气藏中 CO_2 溶解质量随注入时间变化关系

单层厚度条件下两者变化关系相似；除此之外，同一注入时间下，不同单层厚度对应的 CO_2 溶解质量差别不大。分析认为，这与枯竭油气藏储层内非均质性强、孔渗较低有关，CO_2 在储层中运移本来就较困难，因此改变盖层内部单层厚度对 CO_2 溶解封存的影响较小。

从不同盖层内部单层厚度条件下枯竭油气藏中 CO_2 溶解质量分布图（图 5.22）中可以看到，随着单层厚度增大，储层顶部的 CO_2 溶解质量分布面积减小，CO_2 突破盖层变易。虽然盖层内部单层厚度的增大对 CO_2 溶解质量的影响较小，但会导致盖层中分布的 CO_2 增多，因此不利于 CO_2 地质封存。

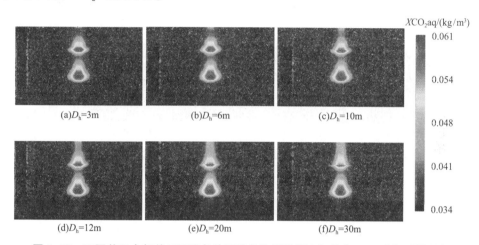

图 5.22　不同盖层内部单层厚度条件下单位体积枯竭油气藏中 CO_2 溶解质量分布

（2）二氧化碳饱和度特征

如图 5.23 所示，不同单层厚度条件下，随注入时间增加，气态 CO_2 饱和度先迅速增加后缓慢减少，分析认为这与 CO_2 的扩散溶解特征有关；随单层厚度增加，盖层内的均质性增强，毛细管压力减小，CO_2 向盖层中运移的阻力减小，因此较多运移到储层顶部的 CO_2 扩散到盖层内，储层顶部的气态 CO_2 相对减少，即气态 CO_2 饱和度减小，CO_2 发生泄漏的风险增加。所以盖层内部单层厚度越小，储层非均质性越强，越有利于 CO_2 地质封存，但整体来看，盖层内部单层厚度对气态 CO_2 饱和度的影响较小。

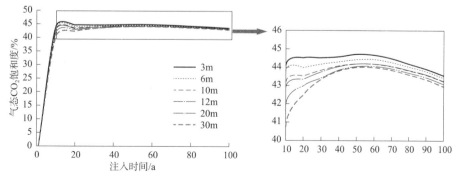

图 5.23　不同盖层内部单层厚度条件下枯竭油气藏中气态 CO_2 饱和度随注入时间变化关系

图 5.24 为不同盖层内部单层厚度条件下枯竭油气藏中气态 CO_2 饱和度分布。盖层内部单层厚度越大，储层顶部的高气态 CO_2 饱和度分布面积越小，向盖层中继续运移扩散的气态 CO_2 饱和度分布范围越广。这表明盖层内部层数越多，单层越薄，越有利于 CO_2 地质封存。

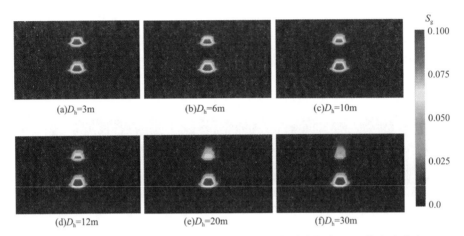

(a)D_h=3m   (b)D_h=6m   (c)D_h=10m

(d)D_h=12m   (e)D_h=20m   (f)D_h=30m

图 5.24　不同盖层内部单层厚度条件下枯竭油气藏中气态 CO_2 饱和度分布

（3）储层压力特征

枯竭油气藏中不同盖层内部单层厚度条件下，储层压力随注入时间的变化关系如图 5.25 所示。随注入时间增加，各单层厚度下储层压力呈近线性增加趋势，同一注入时间下，不同单层厚度中对应的气态 CO_2 饱和度差别不大，说明枯竭油气藏岩石完整性较高，盖层的封闭性更好，即使单层厚度越大，向盖层中扩散的 CO_2 越多，但 CO_2 的流动能力未发生改变，储层内溶解的 CO_2 也无变化，因此盖层内部单层厚度对储层压力影响较小。

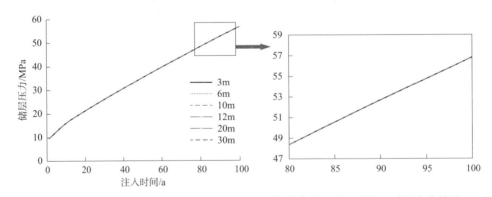

图 5.25　不同盖层内部单层厚度条件下枯竭油气藏中储层压力随注入时间变化关系

图 5.26 为枯竭油气藏中不同盖层内部单层厚度条件下的储层压力分布。由于 CO_2 从井底注入，以羽流状向上运移，因此储层底部储层压力分布较上部大；且不同单层厚度条件下，各模型中储层压力分布无明显差别，表明盖层内部单层厚度对储层压力分布的影响较小。

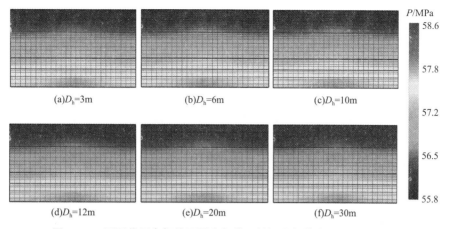

(a)D_h=3m   (b)D_h=6m   (c)D_h=10m

(d)D_h=12m   (e)D_h=20m   (f)D_h=30m

图5.26　不同盖层内部单层厚度条件下枯竭油气藏中储层压力分布

5.2.2.2　对咸水层封存影响

咸水层各个模型采用的网格相同，储层的水平方向和垂直方向均使用常规网格，前者网格间距为200m、后者网格间距为10m；盖层垂直方向根据单层厚度调整网格数量，单层厚度即网格间距。各个模型的平面示意如图5.27所示。

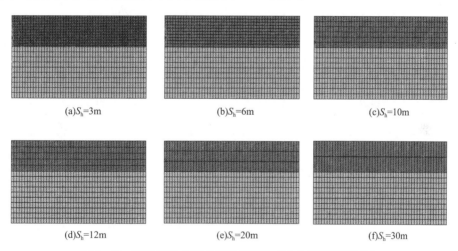

(a)S_h=3m   (b)S_h=6m   (c)S_h=10m

(d)S_h=12m   (e)S_h=20m   (f)S_h=30m

图5.27　不同盖层内部单层厚度下的咸水层模型平面示意

（1）二氧化碳溶解特征

从不同盖层内部单层厚度条件下，盖层底部井筒附近单元格的单位体积CO_2溶解质量随注入时间的变化关系图（图5.28）中可以看出，不同条件下的CO_2溶解质量均随注入时间呈正相关变化；同一注入时间下，单层厚度越大，CO_2溶解质量越多。分析原因为，随着盖层内部单层厚度增大，CO_2向盖层中运移的阻力减小，因此CO_2运移到盖层底部后，沿盖层发生横向扩散的CO_2减少，继续向上扩散的CO_2增多，即目标单元格处的CO_2量增加，CO_2溶解质量相对增大。虽然盖层内部单层厚度增大有利于目标点的溶解质量增多，但整个储层内的CO_2溶解质量并未增加，所以不利于地质封存。

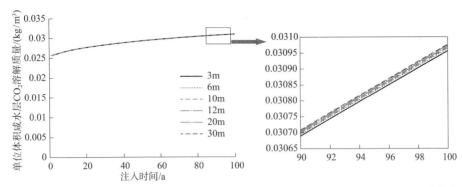

图 5.28　不同盖层内部单层厚度条件下单位体积咸水层中 CO_2 溶解质量随注入时间变化关系

　　不同盖层内部单层厚度条件下，单位体积咸水层中 CO_2 溶解质量分布如图 5.29 所示。单层厚度越大，高 CO_2 溶解质量对应的色阶颜色沿盖层横向扩散的范围越小，盖层中分布的 CO_2 溶解质量越大。再次表明咸水层 CO_2 封存过程中，盖层内部单层厚度越小越好。

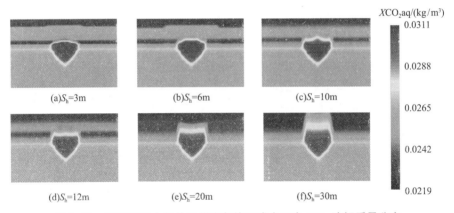

图 5.29　不同盖层内部单层厚度条件下咸水层中 CO_2 溶解质量分布

（2）二氧化碳饱和度特征

　　图 5.30 为井筒附近靠近盖层底部的单元格在不同盖层内部单层厚度下气态 CO_2 饱和度随注入时间变化关系曲线。随着注入时间增加，不同盖层内部单层厚度下气态 CO_2 饱和

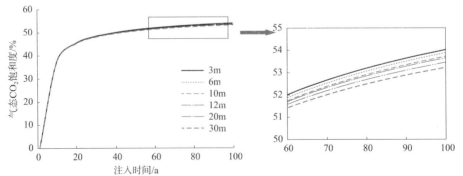

图 5.30　不同盖层内部单层厚度条件下咸水层中气态 CO_2 饱和度随注入时间变化关系

度均先快速增加后增速减缓；同一注入时间下，盖层内部单层厚度越大，气态 CO_2 饱和度越小，但整体差异不大。分析认为，盖层单层厚度越大，代表储层均质性越好，CO_2 扩散速度增加，因此向盖层中继续运移的 CO_2 增多，储层顶部的气态 CO_2 相应减少，但与其他因素相比，单层厚度对气态 CO_2 饱和度的影响较小。

设置咸水层不同盖层内部单层厚度下气态 CO_2 饱和度分布的色阶值域相同，为 0 ~ 0.53。从图 5.31 中可以明显看到，盖层内部单层厚度越大，向盖层中扩散的 CO_2 越多，CO_2 扩散距离越远，储层顶部分布的气态 CO_2 饱和度分布范围越小，高色阶对应的颜色面积也越来越小。

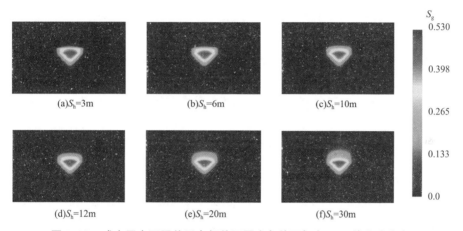

图 5.31　咸水层中不同盖层内部单层厚度条件下气态 CO_2 饱和度分布

（3）储层压力特征

图 5.32 为井筒附近靠近盖层底部的单元格在不同盖层内部单层厚度下储层压力随注入时间变化关系曲线。不同单层厚度条件下，储层压力随注入时间呈近线性增加；同一注入时间下，随单层厚度增加，储层压力仅发生些许降低，整体变化不大，表明盖层内部单层厚度的改变对储层压力的影响较小，可以忽略。

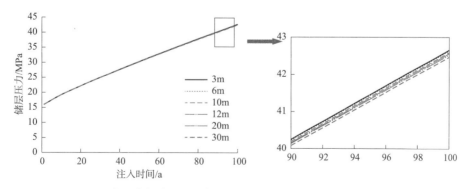

图 5.32　不同盖层内部单层厚度条件下咸水层中储层压力随注入时间变化关系

设置咸水层不同盖层内部单层厚度下储层压力分布的色阶值域相同，为 41.6 ~ 43.6MPa。从图 5.33 中可以看到，储层顶部分布的高储层压力对应的色阶颜色面积逐渐减小，但各单层厚度下的储层压力分布差异不大，说明单层厚度变化对储层压力分布的影响较小。

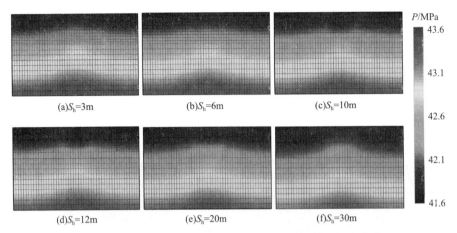

图 5.33　咸水层不同盖层内部单层厚度条件下储层压力分布

5.2.3　盖地比

盖地比是纵向上砂泥交互叠合的盖层中泥岩厚度与盖层总厚度的比值，可表现盖层纵向分布特征。盖地比反映了盖层平面分布的连续性和纵向抗突破的能力，盖地比越高，泥页岩的平面连续性越好，CO_2 通过盖层泄漏的风险越小，盖层的密闭性等级越高。

本节设置枯竭油气藏和咸水层厚度均为 $100m$，盖层总厚度均为 $100m$，盖层内部单层厚度均为 $5m$。枯竭油气藏盖地比（$D_{m/c}$）和咸水层盖地比（$S_{m/c}$）均为 $0.3 \sim 0.8$，在保证其他参数相同的情况下（具体参数设置见 3.1.4 节），分别建立六组不同盖地比模型，来分析改变盖地比，CO_2 溶解特征、饱和度特征和孔隙压力特征的变化，进而研究盖地比对枯竭油气藏和咸水层 CO_2 封存效果的影响。

5.2.3.1　对枯竭油气藏封存影响

（1）二氧化碳溶解特征

选取储层顶部井筒附近（$2500m$，$1000m$，$-100m$）所在单元格作为目标，不同盖地比条件下，目标处的单位体积枯竭油气藏中 CO_2 溶解质量如图 5.34 所示。随着注入时间增加，各盖地比条件下的 CO_2 溶解质量变化相似，均逐渐增大；同一注入时间下，盖地比越大，CO_2 溶解质量越多。分析原因为，盖地比越大，盖层中纵向连续分布的泥岩厚度越大，泥页岩的平面连续性越好，储层中的流体向盖层中流动越困难；同时 CO_2 运移到盖层底部后，随着盖地比增大，CO_2 沿盖层横向扩散的距离较远，与新鲜地层水接触面积增大，因此 CO_2 溶解质量增多。这表明较大的盖地比有利于枯竭油气藏中的 CO_2 溶解封存。

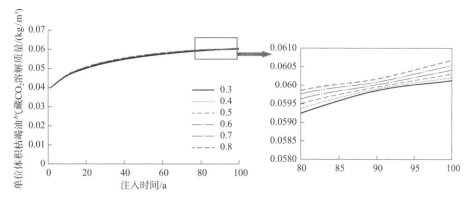

图 5.34　不同盖地比条件下单位体积枯竭油气藏中 CO_2 溶解质量随注入时间变化

图 5.35 展示了不同盖地比条件下枯竭油气藏中 CO_2 溶解质量分布。随着盖地比增加，盖层中的 CO_2 溶解质量分布逐渐减小，当盖地比大于 0.7 时，CO_2 溶解质量分布未突破盖层，表明未发生泄漏；除此之外，盖地比越大，储层顶部的高 CO_2 溶解质量对应的色阶颜色分布面积越大，CO_2 溶解质量的横向扩散距离越远，表明盖地比增大，有利于 CO_2 以稳定形式封存。

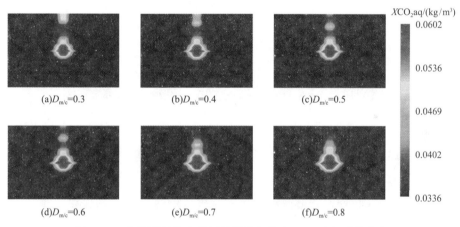

图 5.35　不同盖地比条件下枯竭油气藏中 CO_2 溶解质量分布

（2）二氧化碳饱和度特征

不同盖地比条件下，枯竭油气藏中储层顶部井筒附近单元格的气态 CO_2 饱和度随注入时间的变化关系如图 5.36 所示。各盖地比条件下，气态 CO_2 饱和度随注入时间增加均呈正相关变化；同一注入时间下，随着盖地比增加，气态 CO_2 饱和度逐渐减小。分析认为，盖地比的增加导致盖层横向的连续性分布增大，即盖层封闭性增强，因此，CO_2 向盖层中的流动阻力增大，更多运移到储层顶部的 CO_2 沿盖层发生横向扩散。虽然盖层顶部聚集的 CO_2 增多了，但由于 CO_2 溶解质量随盖地比增加而增大，因此溶解的 CO_2 越多，以气态存在的 CO_2 越少，即气态 CO_2 饱和度减小。结果表明，盖地比的增加有利于减小 CO_2 发生泄漏的风险，提高 CO_2 地质封存安全性。

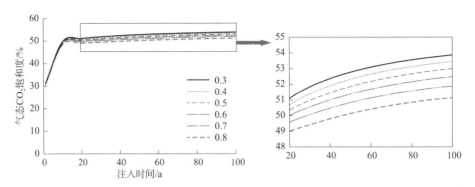

图 5.36 不同盖地比条件下枯竭油气藏中气态 CO_2 饱和度随注入时间变化关系

从不同盖地比条件下，枯竭油气藏中气态 CO_2 饱和度的分布图（图 5.37）中可以看到，随着盖地比增大，盖层中分布的气态 CO_2 越来越少。当盖地比为 0.3 时，CO_2 已运移到盖层顶部，表明在该盖层厚度条件下 CO_2 发生泄漏的可能性极大；当盖地比大于 0.7 时，盖层中气态 CO_2 饱和度分布极少，表明 CO_2 发生泄漏的可能性极小甚至不会发生。除此之外，盖地比越大，储层顶部高气态 CO_2 饱和度对应的色阶颜色分布面积越大，横向扩散距离越远，再次表明泥岩厚度越大越有利于 CO_2 地质封存。

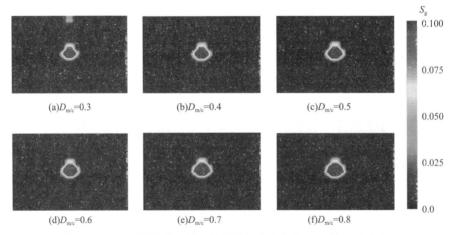

图 5.37 不同盖地比条件下枯竭油气藏中气态 CO_2 饱和度分布

（3）储层压力特征

图 5.38 为枯竭油气藏中，储层顶部靠近井筒的单元格在不同盖地比条件下储层压力随注入时间的变化关系曲线。随注入时间的增加，各盖地比条件下的储层压力均呈近线性增大；同一注入时间下，越大的盖地比对应的储层压力也越大。分析认为，盖地比越大，CO_2 泄漏难度增加，储层中由气体流动引起的储层压力增加的幅度也越多。当储层压力过大时，易导致盖层发生水力破裂，封存安全性降低，所以控制好封存压力也是封存过程中重要的环节。

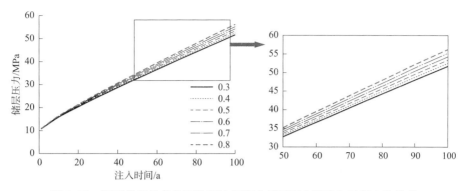

图 5.38 不同盖地比条件下枯竭油气藏中储层压力随注入时间变化关系

不同盖地比条件下枯竭油气藏中储层压力分布如图 5.39 所示。不同盖地比条件下的储层压力分布均呈从下到上逐渐减小的特征。随盖地比增加，高储层压力对应的色阶颜色分布面积明显增大，表明盖地比对枯竭油气藏中储层压力分布的影响显著。

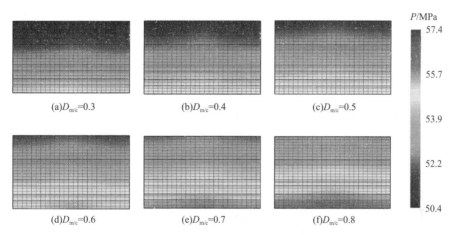

图 5.39 不同盖地比条件下枯竭油气藏中储层压力分布

5.2.3.2 对咸水层封存影响

（1）二氧化碳溶解特征

选取储层顶部井筒附近（5000m，500m，−100m）所在单元格作为目标。图 5.40 展示了与枯竭油气藏相同，咸水层中不同盖地比条件下，CO_2 溶解质量随注入时间的变化，以及不同注入时间下，CO_2 溶解质量随盖地比的变化均为正相关。与枯竭油气藏不同的是咸水层中 CO_2 溶解质量随盖地比增加而增大的幅度更大，变化更明显。分析认为，咸水层的盖层中泥页岩厚度加大也有助于增加盖层的密封性及 CO_2 向盖层中流动的难度。盖地比越大，CO_2 向盖层中泄漏的量越少，CO_2 在盖层中的运移距离越短，储层中封存的 CO_2 越多，CO_2 在盖层密封性作用下，沿盖层横向扩散，与咸水接触面积增大，从而使 CO_2 溶解质量增多。这表明增加盖地比对咸水层中 CO_2 的溶解封存也具有显著的积极推动作用。

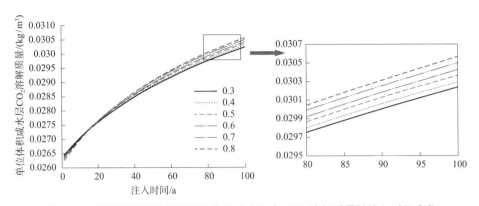

图 5.40　不同盖地比条件下单位体积咸水层中 CO_2 溶解质量随注入时间变化

图 5.41 展示了不同盖地比条件下咸水层中 CO_2 溶解质量分布。随着盖地比增加，盖层中分布的 CO_2 溶解质量与盖层顶部的距离越来越远，当盖地比为 0.8 时，盖层中未见或者很少有 CO_2 分布。除此之外，随盖地比增加，储层中高 CO_2 溶解质量对应的色阶颜色分布面积也逐渐增大。结果表明，盖地比越大，盖层的封闭性越好，CO_2 发生泄漏的可能性越小。

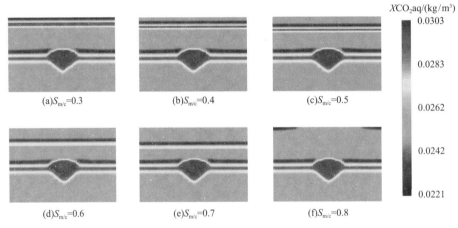

图 5.41　不同盖地比条件下咸水层中 CO_2 溶解质量分布

（2）二氧化碳饱和度特征

从不同盖地比条件下咸水层中气态 CO_2 饱和度随注入时间的变化关系图（图 5.42）中可以看到，气态 CO_2 饱和度均随注入时间增加逐渐增大，增速先快后慢；同一注入时间下，盖地比越大，对应的气态 CO_2 饱和度越小，但整体变化不明显。分析认为，气态 CO_2 饱和度减小是盖地比越大，CO_2 溶解质量越多导致的，溶解的 CO_2 越多，气态的 CO_2 越少，因此盖地比越大，咸水层 CO_2 地质封存的安全性越高。

不同盖地比条件下，咸水层中气态 CO_2 饱和度分布如图 5.43 所示。不同盖地比条件下的气态 CO_2 饱和度分布无明显差别，表明盖地比对咸水层 CO_2 封存中气态 CO_2 饱和度分布的影响较小。

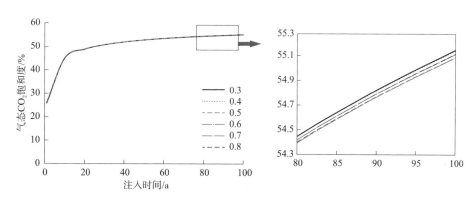

图 5.42 不同盖地比条件下咸水层中气态 CO_2 饱和度随注入时间变化关系

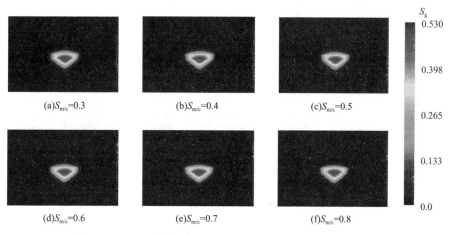

(a)$S_{m/c}=0.3$ (b)$S_{m/c}=0.4$ (c)$S_{m/c}=0.5$

(d)$S_{m/c}=0.6$ (e)$S_{m/c}=0.7$ (f)$S_{m/c}=0.8$

图 5.43 不同盖地比条件下咸水层中气态 CO_2 饱和度分布

（3）储层压力特征

咸水层中，储层顶部靠近井筒的单元格在不同盖地比条件下的储层压力随注入时间的变化关系如图 5.44 所示。同一盖地比条件下，随着注入时间增加储层压力呈近线性增大；同一注入时间下，盖地比越大，储层压力越大。分析认为，随着盖地比增大，盖层中泥岩的横向连续性增加，封闭性增强，CO_2 泄漏量减少，因此储层中的压力随着 CO_2 流动逐渐增大。虽然封存压力增加有利于 CO_2 地质封存量增多，但同时也存在压裂

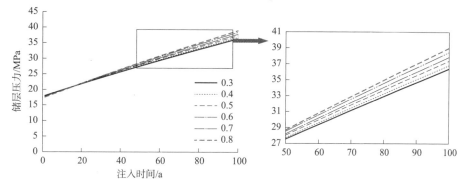

图 5.44 不同盖地比条件下咸水层中储层压力随注入时间变化

地层，导致盖层发生水力破裂的风险，因此在咸水层 CO_2 地质封存过程中，应选择合适的盖地比。

图 5.45 展示了不同盖地比条件下，咸水层中储层压力的分布，设置各模型的储层压力分布色阶值域相同，为 $34.8 \sim 39.9 MPa$。随盖地比增大，储层中高压力对应的色阶颜色分布面积逐渐增加，再次表明盖地比对咸水层储层压力分布具有显著影响，应注意储层压力不要超过盖层破裂压力。

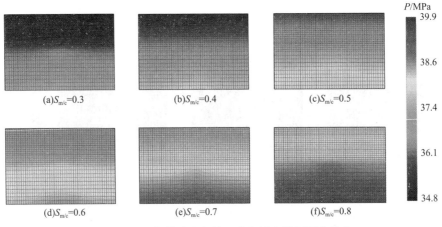

图 5.45　不同盖地比条件下咸水层中储层压力分布

5.3　小结

盖层密闭性评价在 CO_2 地质封存长期安全稳定性的预测工作中发挥重要作用。盖层密闭机理主要包括毛细管封闭、盖层水力封闭和盖层超压封闭三种。本章结合数值模拟方法，分别分析了盖层总厚度、盖层内部单层厚度和盖地比等盖层特征对枯竭油气藏和咸水层 CO_2 地质封存的影响。结果表明：三个盖层特征因素对两类地质体 CO_2 封存的影响相似。随着盖层厚度增大，盖层的吸附阻力增加，封闭高度增大，盖层突破压力升高，盖层内部生成的流体不容易排出，容易形成异常高压，导致盖层密闭性增强；盖层内部单层厚度主要通过影响盖层的纵向连续性分布，控制了盖层中的优势渗流通道长度，以及盖层被断层和断裂破坏的风险，进而改变了 CO_2 地质封存中盖层的密封性；盖地比反映了盖层平面分布的连续性和纵向抗突破的能力，盖地比越高，泥页岩的平面连续性越好，CO_2 通过盖层泄漏的风险越小，盖层的密闭性等级越高。因此，盖层总厚度越大，盖层内部单层厚度越小，盖地比越大，CO_2 地质封存效果越好。

6 断层特征对封存效果的影响

在二氧化碳地质封存过程中，盖层可以防止注入的二氧化碳从储层中逸出。然而，盖层中极有可能存在一些意想不到的断层。这些断层在二氧化碳注入之前是关闭的，二氧化碳注入后会导致地层压力过高和应力状态发生改变，可能使盖层产生裂缝，激活原本闭合的断层或使断层面滑动，进而使二氧化碳泄漏沿着重新激活的断层发生。由于二氧化碳的泄漏，地层水和地层上方淡水会从各自的位置中沿断层逸出或流失。具体表现为地层中二氧化碳、地层水沿断层向上泄漏到淡水层，以及上部淡水层中的淡水沿断层向下泄漏到地层。因此，厘清断层特征对二氧化碳封存效果的影响对高效封存二氧化碳是十分重要的。本章重点介绍二氧化碳地质封存过程中断层的流体交换机制，以及断层发育位置、断层带厚度、断层渗透率和断层分布等特征对二氧化碳封存效果的影响。

6.1 断层中流体交换机制

6.1.1 断层结构

断层区的结构和渗透率会随着断层演化阶段的不同而发生变化，图6.1展示了断层结构的演化[图6.1(a)~(c)]和包含成熟断层核的断层结构[图6.1(d)]。

断层演化经历三个阶段。第一阶段，由于地层活动，先前存在的裂缝发生断裂[图6.1(a)]；第二阶段，随着断裂的持续发展，变形集中在损伤带的优先地段，形成了一个萌芽的断层核[图6.1(b)]；第三阶段，随着变形的继续增加，断层核持续发展为成熟断层核[图6.1(c)]。

如图6.1(d)所示，断层区一般由损伤区和断层核两部分组成。断层核包括断层滑动面以及断层泥、糜棱岩、碎粉岩等断层岩的充填部分。在不同的背景和规模下，断层带的非均质性与初始岩层的岩性和破坏历史有关。岩层初始的矿物成分和其孔隙结构对断层区结构的复杂性及其力学和水力特征具有控制作用。在高孔隙度的碳酸盐和砂岩地层中，断层核通常表现为导水性，而损伤区通常表现为隔水性。与之相反，在低孔隙度的碳酸盐和砂岩地层，由于损伤区渗透率增加表现出导水性增强的趋势，而断层核表现出隔水性特点。对于由低渗透率岩层的裂缝发育而来的断层核，粒度的减小和矿物的沉淀造成断层核的孔隙度和渗透率低于相邻的围岩。基于现场的观测结果，断层沿倾向和走向的厚度变化及内部的结构组成，在控制断层核的渗流特性方面发挥了重要作用。盖层中的断层核通常具有低渗透性，但不能一直作为渗流的隔水障碍，特别是在变形期间。

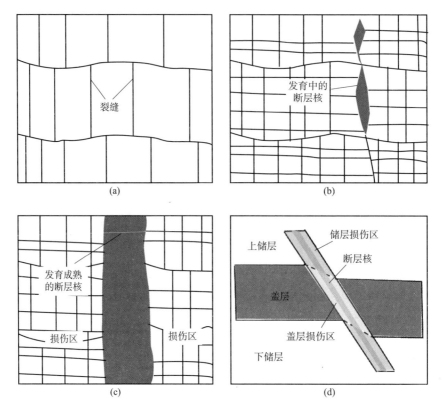

图6.1　断层演化和断层结构示意

破裂带是断层核的边界结构。破裂带中的从属构造包括导致断层带的渗透性和弹性的非均质性和各向异性的次级断层、节理、裂缝等。微构造数量随着与断层核距离的增加而逐渐减小。当破裂带密度与区域裂缝或变形带密度一致时，标志着破裂带结束。断层带变形过程和结构单元对断层发展过程和断层渗透率的理解尤为重要。盖层中断层核裂隙密度通常明显小于破裂带，因此，断层核的渗透率可能由断层岩石介质粒度的渗透率主导，而破裂带渗透率由裂隙网络的水力特性支配。

6.1.2　断层水力耦合分析

断层区的流体迁移可以视为流固耦合过程。当 CO_2 注入地层后，地层压力升高，同时引起断层附近压力增加。当断层附近压力增加时，断层有效应力降低，同时断层膨胀。膨胀过程导致断层孔隙度和渗透率发生改变，进而影响流体迁移和流体压力。各向同性流体饱和多孔弹性介质的本构关系如下：

$$\varepsilon_{ij} = \frac{1}{2G}\sigma_{ij} - \frac{v}{2G(1+v)}\sigma_{kk}\delta_{ij} + \frac{3(v_u - v)}{2GB(1+v)(1+v_u)}p\delta_{ij} \qquad (6.1)$$

$$\Delta m = \frac{3\rho_0(v_\mu - v)}{2GB(1 + v)(1 + v_\mu)}(\sigma_{kk} + 3p/B) \tag{6.2}$$

式(6.1)及式(6.2)中 ε_{ij}——应变，无单位；

         σ_{ij}、σ_{kk}、δ_{ij}——应力，Pa；

         p——孔隙压力，Pa；

         G——剪切模量，Pa；

         v、v_μ——排水和不排水的泊松比；

         Δm——单位体积的流体质量改变量，kg；

         B——斯基姆普顿系数；

         ρ_0——孔隙流体密度，kg/m³。

多孔介质中流体流动的达西定律：

$$F = -h\,\nabla p/\mu \tag{6.3}$$

式中 F——流体流通量，m³/s；

      μ——流体黏度，Pa·s；

      h——介质的固有渗透率，m²；

      ∇p——压力梯度，Pa/m。

通过渗透孔隙流体的质量守恒，来实现断层水力耦合：

$$\partial V_x/\partial x + \partial V_y/\partial y + \partial V_z/\partial z = 0 \tag{6.4}$$

式中 V_x、V_y 和 V_z——x、y 和 z 方向的流体量。

6.1.3 断层活化分析

断层内部的裂缝为流体（CO_2、地层水、淡水）在其内部的流动提供了高渗透性的通道。随着超临界 CO_2 的注入，孔隙流体压力不断增大。孔隙流体压力的变化成为引起断层活化的关键。

断层面的活化遵循摩尔 – 库伦准则计算公式如下：

$$\tau_n = \mu(\sigma_n - p) + c \tag{6.5}$$

式中 τ_n——断层面剪切强度，Pa；

      μ——断层面的内摩擦系数；

      σ_n——端面上的正应力，Pa；

      p——孔隙水压力，Pa；

      c——黏聚力，Pa。

在具有孔隙流体压力的流体饱和岩体中，有效应力为：

$$\sigma'_1 = \sigma_1 - p > \sigma'_2 = \sigma_2 - p > \sigma'_3 = \sigma_3 - p \tag{6.6}$$

当有效主应力的方向和大小已知时，断层面上的剪切力和有效应力由以下方程式给出：

$$\tau_n^2 = (\sigma'_1 - \sigma'_2)^2 l^2 m^2 + (\sigma'_2 - \sigma'_3)^2 m^2 n^2 + (\sigma'_3 - \sigma'_1)^2 l^2 n^2 \qquad (6.7)$$

$$\sigma_n = l^2 \sigma'_1 + m^2 \sigma'_2 + n^2 \sigma'_3 \qquad (6.8)$$

式中 l、m、n——断层面法线方向与主应力 σ_1、σ_2、σ_3 的方向余弦。

引入断层活化趋势因子 f_R:

$$f_R = \tau_0 / [\mu(\sigma_n - p) + c] \qquad (6.9)$$

储层中注入 CO_2 后,断层面上的孔隙水压力(p)增大,有效正应力 ($\sigma_n - p$) 降低,导致断层面的抗剪强度 [$\tau_n = \mu(\sigma_n - p) + c$] 降低。当作用于断层面上的剪应力高于其抗剪强度,即 $f_R > 1$ 时,断层发生剪切滑动,导致断层活化。

6.1.4 流体交换机理

CO_2 沿断层的泄漏速率与淡水沿断层的泄漏速率随时间均呈现先增加后降低的趋势,这表明 CO_2 的泄漏与淡水的泄漏密切相关。进一步得出了 CO_2 沿断层泄漏相关的流体交换机制,即当 CO_2 沿注入井附近的断层(近断层)从储层泄漏到淡水含水层时,淡水会沿远离注入井的断层(远断层)向储层泄漏。

在这个流体交换过程中,首先 CO_2 沿近断层泄漏,伴随着 CO_2 进入淡水层,淡水层的压力迅速增加。当淡水层的压力增加到一定程度时,淡水在较高的压力和重力的共同作用下,开始沿远断层向下漏失。这说明,在这个流体交换中,CO_2 的泄漏引起了淡水的漏失。淡水沿远断层泄漏后,泄漏速度迅速增加,这进一步增加了 CO_2 沿近断层的泄漏。这是因为,淡水的泄漏在一定程度上减缓了淡水层的压力增加,同时加剧了储层内的压力。淡水层压力增加的缓解和储层压力的加剧都有利于更多的 CO_2 沿近断层向上泄漏。由于极大地增加了 CO_2 的泄漏速度,因此这个流体交换过程对于 CO_2 封存是不利的。

此外,淡水的大量漏失会对 CO_2 溶解态羽流的形状产生影响。随着淡水大量地从淡水层漏失到储层,部分淡水层内含溶解 CO_2 的淡水会向远断层迁移,这导致 CO_2 溶解态羽流在淡水层内的形状不再对称。同时漏失到储层内的淡水带动远断层附近的地层水向下迁移,而部分向下迁移的地层水溶解了 CO_2。这导致断层一侧 CO_2 溶解态羽流发生了向下的迁移。

在同一断层中的流体交换与沿两个断层的流体交换明显不同。首先在近断层中,流体交换对于 CO_2 泄漏具有抑制作用,而淡水的泄漏和 CO_2 的泄漏存在竞争关系。在流体交换过程中,淡水泄漏速度的变化趋势一直与 CO_2 泄漏速度的变化趋势相反:淡水泄漏速度减小时,CO_2 泄漏速度增加;淡水泄漏速度增加时,CO_2 泄漏速度减小。其次在远断层中,虽然淡水的泄漏和 CO_2 泄漏也存在竞争关系,但淡水的泄漏首先发生,这是因为远断层远离注入井而离抽采井较近。在这种情况下,受抽采井附近低压区的影响,淡水沿远断层向下泄漏。但是随着 CO_2 在储层内的迁移,整个储层的压力逐渐升高。在较高储层压力的驱使下,地层水开始沿远断层向上泄漏,并且泄漏速度呈现增大趋势。与此同时,淡水沿远断层的泄漏速度不断减小。分析认为有两方面的原因:一方面,储层压力不断增大,淡水难以向下漏失。另一方面，地层水泄漏不断抢占淡水漏失的泄漏通道（远断层），淡水向下泄漏更加困难。

沿断层泄漏的流体交换机理可以总结为一个主要流体交换（沿两个断层的流体交换）和两个次要流体交换（沿近断层的流体交换和沿远断层的流体交换）。沿两个断层的流体交换是主要流体交换，这是因为在三个流体交换中，沿两个断层的流体交换现象最为显著（流体的泄漏速度最大）。

主要的流体交换最初是由 CO_2 泄漏引起的，反过来又加重了 CO_2 的泄漏。具体地说，主要流体交换的机理可分为三个阶段。第一阶段，CO_2 羽流到达近断层后，在较高的储层压力和浮力作用的共同驱使下，CO_2 开始沿近断层泄漏，CO_2 的泄漏导致淡水层的压力增加；第二阶段，随着淡水层压力不断增加，淡水开始沿远断层向下泄漏，这一定程度上减缓了淡水层的压力增加，同时增大了储层的压力；第三阶段，在淡水的快速漏失作用下，更多的 CO_2 沿近断层向上泄漏。

总体而言，这个主要的流体交换是一个恶性的流体交换。在这个流体交换过程中，CO_2 泄漏和淡水泄漏相互促进。它一旦形成，CO_2 泄漏速度和淡水耗损速度都会大大增加。显然，这个主要的流体交换对 CO_2 的地质储存是有害的。除了近断层到远断层的主要流体交换外，近断层到远断层分别发生两次次要流体交换。在近断层中，CO_2 沿断层从储层向淡水层泄漏，同时淡水从淡水层向储层泄漏，这个流体交换发生在 CO_2 泄漏一段时间后。在近断层的少量流体交换中，淡水向下泄漏抢占了 CO_2 的部分泄漏通道。因此，这个流体交换对于降低 CO_2 泄漏是有利的。在远断层中，淡水沿断层向下漏失，同时地层水沿断层向上逃逸。这个流体交换与上面提到的两个流体交换不同，它只出现在 CO_2 注入初期，且持续时间较短。它的消失与沿两个断层的流体交换密切相关，因为沿两个断层的流体交换一旦形成，淡水沿远断层大量泄漏，地层水泄漏将快速终止。

6.1.5 流体泄漏阶段

对于 CO_2 地质封存，控制流体（CO_2、咸水、淡水）迁移的基本质量和能量平衡方程为：

$$\frac{\partial}{\partial t}\int_{V_n}\varphi\sum_{\beta}\left(\rho_\beta S_\beta X_i^\beta\right)\mathrm{d}V_n = \int_{\Gamma_n}\sum_{\beta}\left(\rho_\beta X_i^\beta u_\beta\right)\vec{n}\mathrm{d}\Gamma_n + \int_{\Gamma_n}\sum_{\beta}\left(\varphi S_\beta\tau_\beta d_i^\beta\rho_\beta\nabla X_i^\beta\right)\vec{n}\mathrm{d}\Gamma_n + \int_{V_n}Q_i\mathrm{d}V_n$$

(6.10)

$$\frac{\partial}{\partial t}\int_{V_n}\left[\varphi\sum_{\beta}\left(\rho_\beta S_\beta U_\beta\right) + (1-\varphi)\rho_s C_s T\right]\mathrm{d}V_n = \int_{\Gamma_n}\sum_{\beta}\left(\rho_\beta h_\beta u_\beta\right)\vec{n}\mathrm{d}\Gamma_n + \int_{V_n}Q_i\mathrm{d}V_n \quad (6.11)$$

$$u_\beta = -\frac{kk_r\beta}{\mu_\beta}\left[\nabla(p-\rho_\beta gD)\right] \quad (6.12)$$

式中：t 为注入时间，s；V_n 为流动系统的体积，m³；Γ_n 为子域 V_n 的闭合表面，m²；$\vec{n}$ 为表面单元 $\mathrm{d}\Gamma_n$ 的法向矢量；i 为组分；β 为相态；Q_i 为质量或能量源汇项，kg/s；φ 为孔隙度；S 为饱和度，%；ρ 为密度，kg/m³；X 为质量分数，%；U 为内能，J；C 为岩石的

比热容，J/(kg·K)；T 为温度，K；h 为比焓，J/kg；u 为迁移速度，m/s；k 为绝对渗透率，m²；k_r 为相对渗透率；μ 为黏度，Pa·s；∇p 为压力梯度，Pa/m；D 为深度，m；τ 为迂曲度；$\underline{d}$ 为组分分子扩散系数，m²/s；g 为重力加速度，m/s²。

当断层出现在盖层时，将会引起流体沿断层的泄漏，而流体的泄漏主要分为三个阶段：地层水单独泄漏、CO_2 和地层水共同泄漏、CO_2 和淡水共同泄漏。

6.1.5.1　第一阶段

CO_2 注入储层后，储层压力上升，导致地层水开始沿断层向上泄漏。地层水的泄漏速度可以通过式(6.13)来表征：

$$u_b = -\frac{k_f k_d}{\mu_b}\left[\nabla(p_f - \rho_b g D)\right] \tag{6.13}$$

$$k_{rl} = \sqrt{S^*}\left\{1 - \left[1 - (S^*)^{1/\lambda}\right]^\lambda\right\}^2, \text{当} S_l < S_{ls} \text{时}, \tag{6.14}$$

$$S^* = (S_l - S_{lr})/(S_{ls} - S_{lr}) \tag{6.15}$$

$$k_{rl} = 1, \text{当} S_l \geqslant S_{ls} \text{时}, \tag{6.16}$$

$$\nabla p_f = \frac{dp_f}{dl} = \frac{dp_p - p_c}{dl} \tag{6.17}$$

$$p_c = -p_0\left[(S^*)^{-1/\lambda} - 1\right]^{1-\lambda} \tag{6.18}$$

式中　u_b——地层水的泄漏速度，m/s；

$\quad\ \nabla p_f$——断层处的压力梯度，Pa/m；

$\quad\ k_f$——断层处的绝对渗透率，m²；

$\quad\ k_{rl}$——液体相对渗透率；

$\quad\ \rho_b$——地层水的密度，kg/m³；

$\quad\ S_l$——液体饱和度，%；

$\quad\ S_{ls}$——最大液体饱和度，%；

$\quad\ S_{lr}$——残余液体饱和度，%；

$\quad\ \lambda$——曲率的指数；

$\quad\ dp_f$——地层水在断层处所受的外力合力，Pa；

$\quad\ dp_p$——断层处的孔隙压力差，Pa；

$\quad\ p_c$——毛细压力，Pa；

$\quad\ dl$——单位垂直距离，m；

$\quad\ p_0$——强度因子，Pa。

通过 $t = L/u$ 获得式(6.19)：

$$t_{0,b} = \frac{L_f}{u_b \cos\alpha} = \frac{L_f \mu_b}{k_f k_{rl}\left[\nabla(p_f - \rho_b g D)\right]\cos\alpha} \tag{6.19}$$

式中　$t_{0,b}$——地层水泄漏的初始时间，s；

$\quad\ L_f$——盖层的厚度，m；

α ——断层倾角，°；

μ_b ——地层水的黏度，Pa·s；

u_b ——地层水的泄漏速度，m/s。

另外，CO_2 由于孔隙压力梯度和浮力将在储层中向上迁移，迁移速度为：

$$u_{CO_2,s} = -\frac{k_s k_{rg}}{\mu_{CO_2}}[\nabla(p_s - \rho_{CO_2}gD)] \tag{6.20}$$

式中　$u_{CO_2,s}$ ——CO_2 在储层中的迁移速度，m/s；

k_s ——储层中岩石的渗透率，m^2；

k_{rg} ——气体的相对渗透率；

∇p_s ——储层中的压力梯度，Pa/m。

在地层水泄漏的过程中，CO_2 羽流到达断层。CO_2 到达断层的时间为：

$$t_1 = \frac{L_2}{u_{CO_2,s}} = \frac{L_2\mu_{CO_2}}{k[\nabla(p_s - \rho_{CO_2}gD)]} \tag{6.21}$$

式中　t_1 ——CO_2 到达断层的时间，s；

L_2 ——CO_2 注入点到断层的距离，m。

6.1.5.2　第二阶段

CO_2 与地层水共同沿断层向上泄漏。地层水和 CO_2 的泄漏速度分别通过式(6.10)和式(6.22)来表征：

$$u_{CO_2} = -\frac{k_f k_{rg}}{\mu_{CO_2}}[\nabla(p_f - \rho_{CO_2}gD)] \tag{6.22}$$

$$k_{rg} = 1 - k_{rl}，当 S_{gr} = 0 时 \tag{6.23}$$

$$k_{rg} = (1 - S^{\#})^2[1 - (S^{\#})^2]，当 S_{gr} > 0 时 \tag{6.24}$$

$$S^{\#} = (S_l - S_{lr})/(1 - S_{lr} - S_{gr}) \tag{6.25}$$

式(6.22)~式(6.25)中　k_{rg} ——气体相对渗透率，无量纲；

S_{gr} ——残余气体饱和度，%。

基于此，CO_2 泄漏的初始时间公式为：

$$t_{0,CO_2} = t_1 + \frac{L_f\mu_{CO_2}}{k_f k_{rg}[\nabla(p_f - \rho_{CO_2}gD)]\cos\alpha} \tag{6.26}$$

式中　t_{0,CO_2} ——CO_2 泄漏的初始时间，s。

6.1.5.3　第三阶段

随着 CO_2 泄漏，断层内的气态饱和度逐渐增加，导致毛细管压力逐渐增大，直至液相的有效压力反转(从 $\nabla p > \rho_b g$ 转变为 $\nabla p < \rho_b g$)。此时，地层水停止向上泄漏，淡水开始向下泄漏，此刻的时间为 t_2。计算过程为：

$$u_w = -\frac{k_f k_{rl}}{\mu_w}[\nabla(p_f - \rho_w gD)] \tag{6.27}$$

$$t_{d,b} = t_2 - t_{0,b} \tag{6.28}$$

$$t_{0,w} = t_2 + \frac{L_f}{(u_w \cos\alpha)} \tag{6.29}$$

$$t_{d,CO_2} = t_3 - t_{0,CO_2} \tag{6.30}$$

$$t_{d,w} = t_3 - t_{0,w} \tag{6.31}$$

式(6.27)~式(6.31)中　u_w——淡水的泄漏速度，m/s；

ρ_w——淡水的密度，kg/m^3；

$t_{d,b}$——地层水泄漏的持续时间，s；

$t_{0,w}$——淡水泄漏的初始时间，s；

t_3——CO_2封存时间，s；

t_{d,CO_2}——CO_2泄漏的持续时间，s；

$t_{d,w}$——淡水泄漏的持续时间，s。

将流体泄漏式(6.13)、式(6.22)、式(6.27)替换式(6.12)分别代入式(6.10)和式(6.11)中，获得6个新的公式。通过求解这6个公式，获得不同阶段下的地层压力 p、毛细压力 p_c 和饱和度 S，进而获得压力梯度和相对渗透率。

对于流体泄漏时间和泄漏量的求解：首先，将不同阶段获得的压力梯度和相对渗透率分别代入式(6.13)、式(6.22)、式(6.27)，即可求出流体的泄漏速度；其次，通过将流体泄漏速度代入式(6.19)、式(6.26)、式(6.29)获得地层水、CO_2 和淡水泄漏的初始时间；然后，通过将流体泄漏的初始时间代入式(6.28)、式(6.30)和式(6.31)，计算出地层水、CO_2 和淡水泄漏的持续时间；最后，通过对流体泄漏速度积分，可以获得流体泄漏量：

$$Q_{CO_2} = \int_{t_{0,CO_2}}^{t_{d,CO_2}} \rho_{CO_2} u_{CO_2} \mathrm{d}t_{d,CO_2} \tag{6.32}$$

$$Q_b = \int_{t_{0,b}}^{t_{d,b}} \rho_b u_b \mathrm{d}t_{d,b} \tag{6.33}$$

$$Q_w = \int_{t_{0,w}}^{t_{d,w}} \rho_w u_w \mathrm{d}t_{d,w} \tag{6.34}$$

式(6.32)~式(6.34)中　Q_{CO_2}——CO_2泄漏量，kg；

Q_b——地层水泄漏量，kg；

Q_w——淡水泄漏量，kg；

ρ_{CO_2}——CO_2的密度，kg/m^3；

ρ_b——地层水的密度，kg/m^3；

ρ_w——淡水的密度，kg/m^3。

6.2 断层特征对封存效果的影响

断层作为影响储层地质条件复杂性的重要的不确定性因素，对二氧化碳地质封存的安全性、封存效果具有至关重要的影响。断层及其破碎带往往是结构复杂的非均质系统，二氧化碳地质封存场地如果存在穿透主要储层和盖层的断层，则二氧化碳极有可能沿着断层破碎带迁移至浅部地层甚至泄漏至地表。这不仅降低了储层的封存能力，而且可能导致上覆含水层污染、激活断层等环境地质效应，因此厘清断层特征对封存的影响是十分重要的。在断层特征所包括的多种因素中，断层发育位置、断层带厚度、断层渗透率和断层分布等对 CO_2 泄漏的影响较大，因此本节通过数值模拟方法，依据以上四个因素探究断层特征对枯竭油气藏、咸水层 CO_2 封存效果的影响。

6.2.1 断层发育位置

在 CO_2 封存过程中，断层的存在是引起 CO_2 泄漏的关键因素之一。当断层与目标储层相邻时，一方面，随着 CO_2 的注入，断层被诱导激活，进而出现流体沿激活断层泄漏的问题；另一方面，CO_2 流入断层后会导致断层面的孔隙压力增大，当断层面孔压超过沿断层面的剪应力时，会诱发断层活化和滑动，并可能引发地震。断层发育位置对封存安全性具有直接影响，断层距注入井越近，断层中的压力梯度越大，CO_2 泄漏速率和泄漏量就越大。

本节设置枯竭油气藏储层和盖层总厚度为 $200m$，断层发育位置（D_L）距注入井 $100 \sim 1100m$；咸水层和盖层厚度分别为 $70m$、$30m$，断层发育位置（S_L）距注入井 $200 \sim 1200m$。在保证其他参数相同的情况下（具体参数设置见 3.1.4 节），分别建立六组不同断层发育位置模型（为了方便刻画对比模型，断层倾角设置为 $90°$），来分析改变断层位置，CO_2 溶解特征、饱和度特征和孔隙压力特征的变化，进而研究盖层发育位置对枯竭油气藏和咸水层 CO_2 封存效果的影响。

6.2.1.1 对枯竭油气藏封存影响

枯竭油气藏各模型的储层内部夹层发育情况相同，均采用矩形网格划分，水平方向（X 和 Y）网格间距为 $200m$，垂直方向（Z 方向）设置变网格单元（由下向上储层离盖层越近的网格单元越小），其他参数与第二章的基础模型设置相同。各方案模型平面示意如图 6.2 所示。

（1）二氧化碳溶解特征

图 6.3 为井筒附近盖层底部的单元格在不同断层发育位置条件下单位体积枯竭油气藏的 CO_2 溶解质量随注入时间的变化关系曲线。从图 6.3 中可以看到，各断层发育位置下，CO_2 溶解质量变化表现一致：在 CO_2 开始注入时，其溶解质量增加迅速；在注入后期，CO_2 溶解质量增速减缓；在同一注入时间下，不同断层发育位置的 CO_2 溶解质量差别不大。分析认为，CO_2 刚开始与地层水接触时，地层水溶解 CO_2 的能力较强，从而溶解速率

和溶解量均较大。除此之外，由于断层的存在并未导致储层孔渗发生变化，因此 CO_2 流动性不受影响，运移到盖层附近的 CO_2 量不变，表明 CO_2 溶解质量不受断层发育位置的控制。

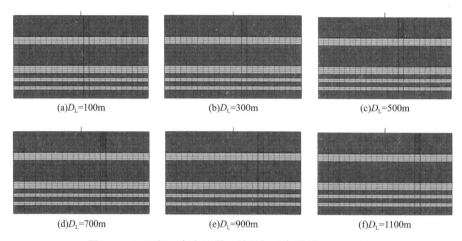

图 6.2　不同断层发育位置下的枯竭油气藏模型平面示意

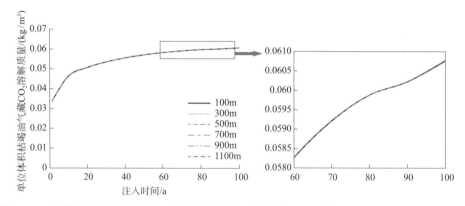

图 6.3　不同断层发育位置条件下单位体积枯竭油气藏的 CO_2 溶解质量随注入时间变化关系

从枯竭油气藏的 CO_2 溶解质量分布图（图 6.4）可以看到，不同断层发育位置条件下，

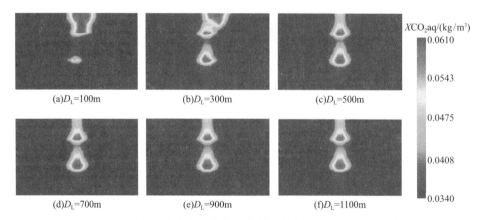

图 6.4　不同断层发育位置条件下枯竭油气藏的 CO_2 溶解质量分布

储层内的 CO_2 溶解质量分布面积和扩散特征相似；断层发育位置距离注入井越近，断层和盖层中的 CO_2 溶解质量分布范围越大。表明 CO_2 发育位置距注入井越近，沿断层发生 CO_2 泄漏的可能性越大，封存越不安全。除此之外，当断层发育位置距注入井 700m以后，断层中的 CO_2 溶解质量分布极少，说明存在断层对 CO_2 地质封存无影响的界限范围。

（2）二氧化碳饱和度特征

靠近枯竭油气藏井筒盖层底部的单元格在不同断层发育位置下气态 CO_2 饱和度随注入时间变化关系如图 6.5 所示。断层发育位置相同时，随注入时间增加，气态 CO_2 饱和度均表现为先迅速增加后缓慢减少趋势。注入时间一定时，断层发育位置距注入井越远，气态 CO_2 饱和度越大，当距离大于 700m 以后，各条件下的气态 CO_2 饱和度无差别。分析原因为，随着注入时间增加，气态 CO_2 饱和度减少是 CO_2 向盖层中运移扩散导致的，而断层发育位置越远，气态 CO_2 向断层中运移的难度越大，在盖层底部聚集的 CO_2 越多，因此气态 CO_2 饱和度增大。结果进一步表明，断层与注入井之间的距离越近，CO_2 发生泄漏的可能性越大，CO_2 的泄漏量越多，因此在实际 CO_2 地质封存过程中，应尽可能选择离断层较远的储层。

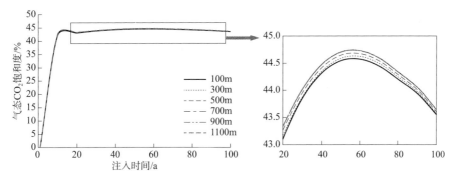

图 6.5　不同断层发育位置条件下枯竭油气藏中气态 CO_2 饱和度随注入时间变化关系

图 6.6 展示了不同断层发育位置条件下，枯竭油气藏中气态 CO_2 饱和度分布情况。断

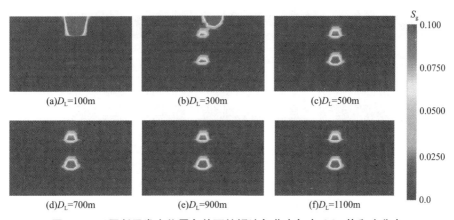

图 6.6　不同断层发育位置条件下枯竭油气藏中气态 CO_2 饱和度分布

层发育位置距注入井越近，顶部断层和盖层中气态 CO_2 饱和度分布范围越大，储层中气态 CO_2 饱和度分布面积越小；当断层发育位置距注入井 700m 以后，断层中气态 CO_2 饱和度分布极少甚至没有，储层中气态 CO_2 饱和度分布无差别。结果表明当断层存在，且离注入井很近时，以气态形式分布的 CO_2 向断层中扩散，且距离越近，扩散量越多，越容易发生泄漏。

（3）储层孔隙压力特征

图 6.7 为靠近枯竭油气藏盖层底部井筒附近的单元格在不同断层发育位置下储层压力随注入时间变化关系曲线。随注入时间增加，不同断层发育位置条件下的储层压力均呈线性增加；同一注入时间下，断层发育位置距注入井越近，储层压力越大，但变化幅度不明显。分析认为，虽然断层发育对储层内溶解的 CO_2 无影响，但气态 CO_2 会向断层中扩散，曾经被盖层束缚的 CO_2 开始向断层运移，从而使 CO_2 流动性增加，带动储层压力增大。但与断层相比，储层内 CO_2 的流动性增加幅度并不大，因此断层发育位置对储层压力的影响较小。

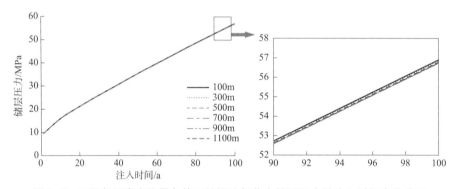

图 6.7 不同断层发育位置条件下枯竭油气藏中储层压力随注入时间变化关系

不同断层发育位置下枯竭油气藏中储层压力分布如图 6.8 所示。在断层发育位置距离注入井 500m 以内，随距离增加，储层压力分布仅从上到下发生小幅度减少；在 500m 以外，由于断层对 CO_2 地质封存的影响很小，储层压力分布无明显变化。

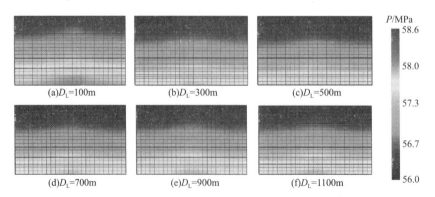

图 6.8 不同断层发育位置条件下枯竭油气藏中储层压力分布

6.2.1.2 对咸水层封存影响

咸水层所有模型均采用矩形网格划分，水平方向（X 和 Y 方向）网格间距为 200m，垂直方向（Z 方向）网格数量为 10。各方案模型平面示意如图 6.9 所示。

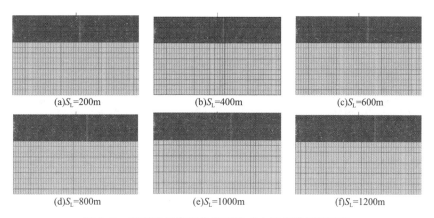

(a)S_L=200m (b)S_L=400m (c)S_L=600m

(d)S_L=800m (e)S_L=1000m (f)S_L=1200m

图 6.9 不同断层发育位置下的咸水层模型平面示意

（1）二氧化碳溶解特征

图 6.10 为井筒附近靠近盖层底部的单元格单位体积咸水层的 CO_2 溶解质量在不同断层发育位置条件下随注入时间的变化关系曲线。不同断层发育位置条件下，CO_2 溶解质量随注入时间增加，均表现为增速先快后慢的变化；同一注入时间下各断层发育位置对应的 CO_2 溶解质量差别不大。分析认为，CO_2 在井底向上扩散的过程中即伴随着 CO_2 溶解，继续向断层和盖层中运移的是以流动态存在的 CO_2，因此断层的发育对 CO_2 溶解质量的影响较小。

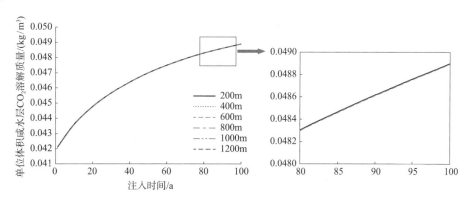

图 6.10 不同断层发育位置条件下单位体积咸水层的 CO_2 溶解质量随注入时间变化关系

不同断层发育位置条件下，单位体积咸水层中 CO_2 溶解质量分布如图 6.11 所示。断层发育位置距离注入井越近，断层和盖层中分布的 CO_2 溶解质量越多，从而使 CO_2 发生泄漏的可能性增大；当断层距注入井 1000m 之外，断层和盖层中极少甚至没有 CO_2 溶解质量分布，说明断层发育位置存在安全性界限范围。因此在咸水层封存 CO_2 时，也应选择离断层较远的储层。

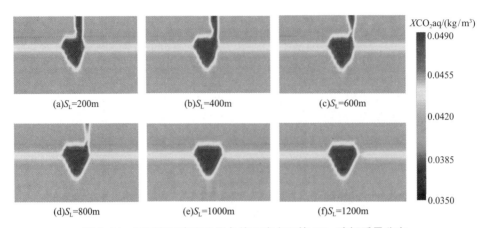

图 6.11　不同断层发育位置条件下咸水层的 CO_2 溶解质量分布

（2）二氧化碳饱和度特征

图 6.12 展示了在不同断层发育位置条件下，随注入时间增加，气态 CO_2 饱和度变化一致；注入时间一定时，断层发育位置距注入井越远，气态 CO_2 饱和度越大。分析认为是随断层发育距离增加，聚集在盖层附近的流动态 CO_2 向上运移的量减少导致的，泄漏的 CO_2 越少，盖层附近的气态 CO_2 饱和度越大。结果表明，断层与注入井之间的距离越近，CO_2 开始发生泄漏的时间越早，泄漏量越多，封存安全性越低。

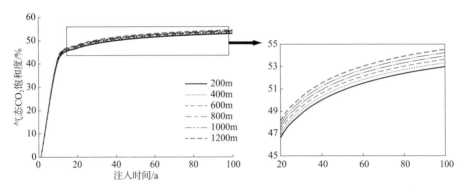

图 6.12　不同断层发育位置条件下咸水层中气态 CO_2 饱和度随注入时间变化

将不同断层发育位置下咸水层中气态 CO_2 饱和度分布的色阶值域均设置为 $0 \sim 0.53$，如图 6.13 所示。CO_2 从储层中的泄漏位置随断层发育位置同步变化；断层与注入井之间距离越近，断层中气态 CO_2 饱和度高色阶对应的颜色面积分布越大，表明泄漏的 CO_2 越多。

（3）储层孔隙压力特征

从咸水层中井筒附近靠近盖层底部的单元格在不同断层发育位置条件下储层压力随注入时间的变化关系图（图 6.14）中可以看出，当断层发育位置一定时，储层压力随注入时间呈近线性增长；当注入时间一定时，储层压力与断层发育位置呈正相关变化，但变化幅度不大。分析认为，断层发育位置距注入井越近，在 CO_2 溶解量不受断层影响的同时，储层中向断层和盖层中运移的 CO_2 越多，则流动态 CO_2 越少，因此储层压力相对减少，但

CO_2 泄漏风险增大。

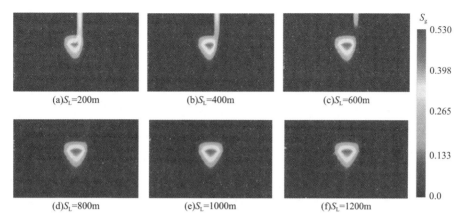

图 6.13 不同断层发育位置条件下咸水层中气态 CO_2 饱和度分布

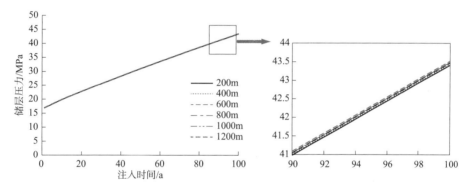

图 6.14 不同断层发育位置条件下咸水层中储层压力随注入时间变化关系

不同断层发育位置下咸水层中储层压力分布如图 6.15 所示。不同断层发育位置下的储层压力分布差别不大，分析认为这与储层内 CO_2 溶解和流动性变化关系不大，只与盖层顶部聚集的 CO_2 向断层中扩散有关。

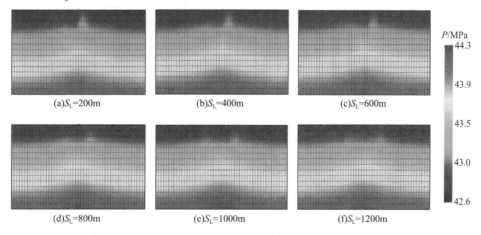

图 6.15 不同断层发育位置条件下咸水层中储层压力分布

6.2.2 断层带厚度

断层是地壳受力发生断裂，沿断裂面两侧岩块发生的显著相对位移的构造。断层规模大小不等，大者可沿走向延伸数百千米，常由许多断层组成，可成为断裂带，小者只有几十厘米。断层带厚度对 CO_2 的泄漏速度具有直接影响，因此厘清断层带厚度对 CO_2 泄漏的影响机理及作用程度，可以为 CO_2 地质封存选址提供重要理论支撑。

本节设置枯竭油气藏储层和盖层总厚度为200m，断层发育位置距注入井400m，断层带厚度（D_{h_f}）为50~300m；咸水储层和盖层厚度分别为100m、50m，断层发育位置距注入井400m，断层带厚度（S_{h_f}）为200~1200m。在保证其他参数相同的情况下（具体参数设置见3.1.4节），分别建立六组不同断层带厚度模型（为了方便刻画对比模型，断层倾角设置为90°），来分析改变断层带厚度，CO_2 溶解特征、饱和度特征和孔隙压力特征的变化，进而研究断层带厚度对枯竭油气藏和咸水层 CO_2 封存效果的影响。

6.2.2.1 对枯竭油气藏封存影响

枯竭油气藏储层内部夹层发育情况相同，均采用矩形网格划分，水平 X 方向网格间距为50m，水平 Y 方向网格间距为200m，垂直方向（Z 方向）设置变网格单元（由下向上储层离盖层越近的网格单元越小），其他参数与第二章的基础模型设置相同。各方案模型平面示意如图6.16所示。

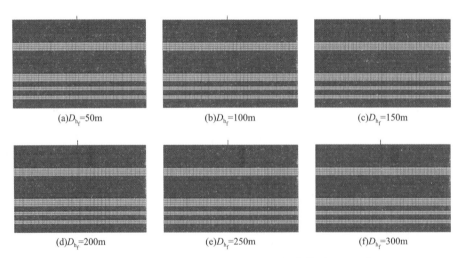

(a)D_{h_f}=50m   (b)D_{h_f}=100m   (c)D_{h_f}=150m

(d)D_{h_f}=200m   (e)D_{h_f}=250m   (f)D_{h_f}=300m

图6.16 不同断层带厚度下的枯竭油气藏模型平面示意

（1）二氧化碳溶解特征

如图6.17所示，在不同断层厚度条件下，随注入时间增加，CO_2 溶解质量均表现为先快后慢的增长趋势；同一注入时间下，断层厚度越大，CO_2 溶解质量越大。分析认为，随着断层厚度增加，更多 CO_2 到达盖层底部后继续向断层中运移，使 CO_2 在盖层底部的横向扩散范围缩小，聚集在井筒附近向断层扩散的 CO_2 增多，因此研究单元处与地层水接触的 CO_2 增多，CO_2 溶解质量相应增大，但与断层发育位置相比，断层厚度对枯竭油气藏储

层内 CO_2 溶解质量的影响较小。

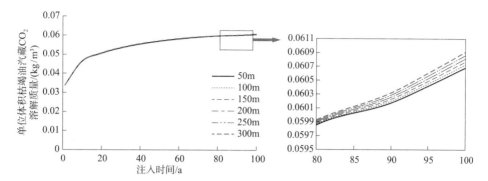

图 6.17　不同断层厚度条件下单位体积枯竭油气藏的 CO_2 溶解质量随注入时间变化关系

　　不同断层厚度条件下，单位体积枯竭油气藏的 CO_2 溶解质量分布如图 6.18 所示。随断层厚度增加，储层内 CO_2 溶解质量分布特征相似，断层中 CO_2 溶解质量分布面积逐渐增大，但与断层发育位置相比，断层厚度对 CO_2 溶解质量分布的影响较小。

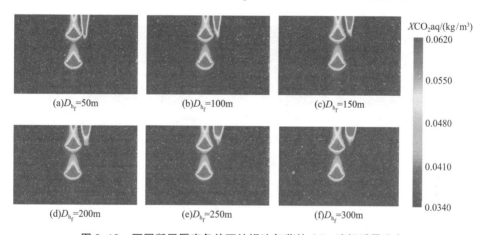

图 6.18　不同断层厚度条件下枯竭油气藏的 CO_2 溶解质量分布

（2）二氧化碳饱和度特征

　　不同断层厚度条件下，井筒附近盖层底部单元格对应的枯竭油气藏气态 CO_2 饱和度随注入时间变化关系如图 6.19 所示。同一断层厚度条件下，气态 CO_2 饱和度随注入时间增加均表现为先增后减、幅度先快后慢的趋势；同一注入时间下，断层厚度越大，气态 CO_2 饱和度越大。分析认为，一方面，气态 CO_2 饱和度在注入后期减小是 CO_2 向断层中运移导致的；另一方面，随断层厚度增加，由于向断层中运移扩散的 CO_2 增加，因此更多的 CO_2 聚集在储层顶部，不发生横向扩散，从而使气态 CO_2 饱和度增大。

　　图 6.20 为不同断层厚度条件下，枯竭油气藏的气态 CO_2 饱和度分布。随着断层厚度增大，储层顶部的气态 CO_2 饱和度分布差异较小，但断层内的气态 CO_2 饱和度分布范围明显增加。表明断层厚度越大，CO_2 的泄漏量越多，封存安全性越低。

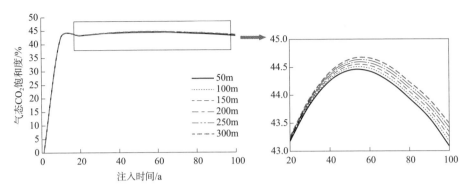

图 6.19　不同断层厚度条件下枯竭油气藏的气态 CO_2 饱和度随注入时间变化关系

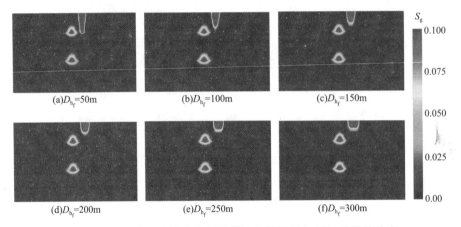

图 6.20　不同断层厚度条件下枯竭油气藏的气态 CO_2 饱和度分布

（3）储层孔隙压力特征

从井筒附近盖层底部单元格对应的枯竭油气藏储层压力随注入时间的变化图（图6.21）中可以看到，不同断层厚度条件下，储层压力均随注入时间增加呈近线性增大；同一注入时间下，随断层厚度增大，储层压力有减小趋势，但变化程度不大。分析认为，储层压力减小是流动性 CO_2 向断层中运移导致的，在储层内 CO_2 溶解量受断层厚度影响较小情况下，流动性 CO_2 减少，从而使储层压力减小，但整体上断层厚度对储层压力影响不大。

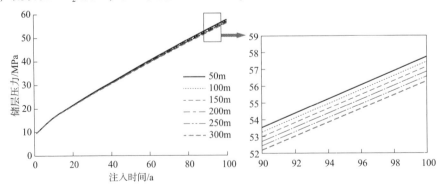

图 6.21　不同断层厚度条件下枯竭油气藏的储层压力随注入时间变化

不同断层厚度条件下，枯竭油气藏的储层压力分布如图6.22所示。不同断层厚度条件下，储层压力均表现为从下向上减小的趋势；随断层厚度增加，储层内压力分布逐渐向低色阶转变。

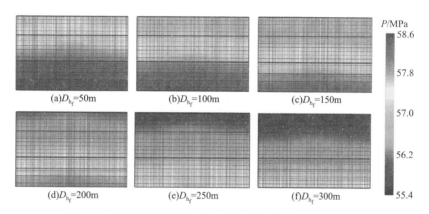

图6.22　不同断层厚度条件下枯竭油气藏的储层压力分布

6.2.2.2　对咸水层封存影响

咸水层所有模型均采用矩形网格划分，水平 X 方向网格间距为200m，水平 Y 方向网格间距200m，垂直 Z 方向网格数量为15。各模型的平面示意如图6.23所示。

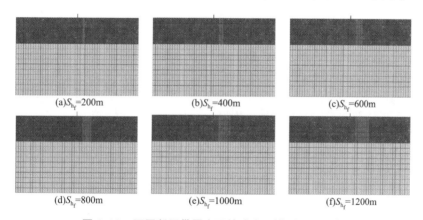

图6.23　不同断层带厚度下的咸水层模型平面示意

（1）二氧化碳溶解特征

储层顶部井筒附近单元格的单位体积咸水层 CO_2 溶解质量随注入时间的变化关系如图6.24所示，不同断层厚度条件下，CO_2 溶解质量随注入时间的变化特征相似；同一注入时间下，各断层厚度所对应的 CO_2 溶解质量几乎相等。分析认为，随着断层厚度增加，断层内所能容纳的 CO_2 量增多，CO_2 运移通道也增多，从而向断层中扩散的 CO_2 量增加，但 CO_2 在咸水层向上扩散过程中，即伴随溶解反应发生，因此断层厚度对储层中流动态 CO_2 的影响更大，对 CO_2 溶解质量的影响较小。

图6.25为不同断层厚度条件下，单位体积咸水层的 CO_2 溶解质量分布，设置各模型的色阶值域相同，为 $0.035 \sim 0.048$。随着断层厚度增加，储层内 CO_2 溶解质量的分布范围

特征相似，但断层内的 CO_2 溶解质量分布面积逐渐增大。表明断层厚度越大，CO_2 泄漏量越多。

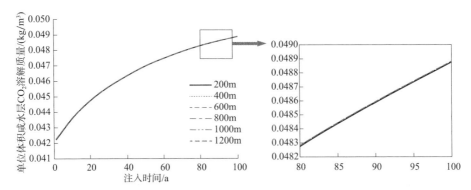

图6.24　不同断层厚度条件下单位体积咸水层的 CO_2 溶解质量随注入时间变化关系

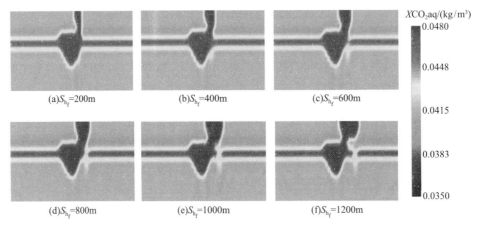

图6.25　不同断层厚度条件下咸水层的 CO_2 溶解质量分布

（2）二氧化碳饱和度特征

图6.26 展示了咸水层不同断层厚度下，盖层底部靠近井筒单元格的气态 CO_2 饱和度随注入时间的变化关系。断层厚度相同时，随注入时间增加，气态 CO_2 饱和度变化一致，均表现为先快速增加后增速减缓；在同一注入时间下，各断层厚度中气态 CO_2 饱和度开始

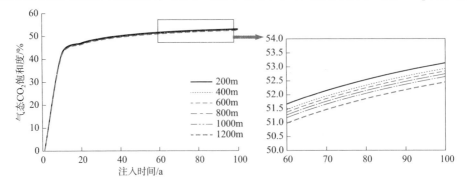

图6.26　不同断层厚度条件下咸水层的气态 CO_2 饱和度随注入时间变化关系

增加的时间无明显差别，但气态 CO_2 饱和度随断层厚度增加而减小。分析认为，CO_2 刚开始注入时，CO_2 溶解速率较慢，因此注入量越多，气态 CO_2 饱和度越大；当注入一定时间后，CO_2 运移到盖层顶部，受断层影响，部分未溶解的 CO_2 向断层中扩散，从而使气态 CO_2 饱和度增速减缓；除此之外，断层厚度越大，向断层中运移的 CO_2 越多，盖层底部聚集的 CO_2 减少，因此气态 CO_2 饱和度与盖层厚度呈负相关关系。

不同断层厚度条件下，咸水层中气态 CO_2 饱和度分布如图 6.27 所示。随断层厚度增加，断层内的气态 CO_2 饱和度分布面积增大，储层顶部的气态 CO_2 饱和度分布不变。表明断层厚度越大，向断层中运移的 CO_2 越多，发生 CO_2 泄漏的风险越大，封存越不安全。

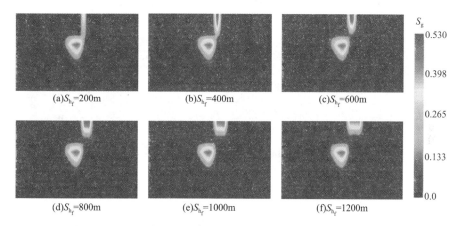

图 6.27　不同断层厚度条件下咸水层的气态 CO_2 饱和度分布

（3）储层孔隙压力特征

从不同断层厚度条件下，咸水层的储层压力随注入时间的变化关系图（图 6.28）中可以看到，各断层厚度下的储层压力，均表现为随注入时间增加呈线性增大；同一注入时间下，随断层厚度增加，储层压力逐渐减小，但整体变化不明显。分析认为，断层厚度越大，虽然储层内的 CO_2 溶解量不受影响，但向断层中运移的流动态 CO_2 增多，即储层内气态 CO_2 减少，从而导致储层压力减小，但与气态 CO_2 饱和度相比，断层厚度对储层压力的影响较小。

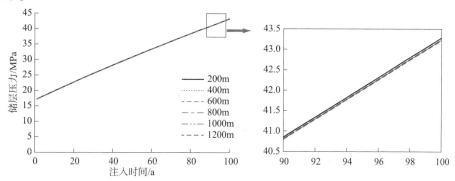

图 6.28　不同断层厚度条件下咸水层的储层压力随注入时间变化关系

图 6.29 为不同断层厚度条件下，咸水层中的储层压力分布，设置各模型储层压力分布的色阶值域相同，为 42.6～44.3MPa。随着断层厚度增大，储层内压力分布逐渐向低色阶对应的颜色转变，即储层压力分布减小，但整体变化幅度较小，表明断层厚度对储层压力分布的影响也较小。

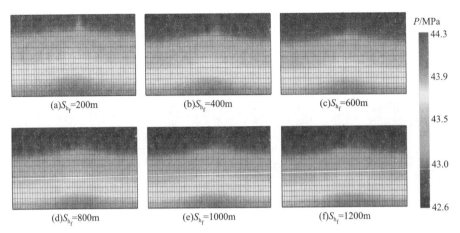

图 6.29 不同断层厚度条件下咸水层的储层压力分布

6.2.3 断层渗透率

通常将断裂带分为断层核、破碎带及围岩三元结构，断裂破碎带作为大区域范围内的导水构造，是诱发重要地质作用的关键因素。断裂破碎带又分为碎裂岩、断层角砾岩、碎粉岩，由于碎粉岩的渗透系数极低，控制着整个断裂带的导水特性，是断裂带控水结构中很重要的一部分。断层的渗透率一般表现为核部低、两侧高的典型结构，断层泥通常具有最低的渗透率和强各向异性。与地壳完整岩石相比，断层岩通常具有较大的孔隙度和渗透性，因此断层带被认为是壳内深部流体的通道。断层渗透率通过影响二氧化碳从断层的运移速率，进而控制了二氧化碳的泄漏量。

本节设置枯竭油气藏储层和盖层总厚度为 200m，断层发育位置距注入井 500m，断层渗透率（D_{K_f}）为 $4000 \times 10^{-3} \sim 9000 \times 10^{-3} \mu m^2$；咸水层和盖层厚度分别为 100m 和 50m，断层发育位置距注入井 600m，断层渗透率（S_{K_f}）为 $4000 \times 10^{-3} \sim 9000 \times 10^{-3} \mu m^2$。在保证其他参数相同的情况下（具体参数设置见 3.1.4 节），分别建立六组不同断层渗透率模型（为了方便刻画对比模型，断层倾角设置为 90°），来分析改变断层渗透率，CO_2 溶解特征、饱和度特征和孔隙压力特征的变化，进而研究断层渗透率对枯竭油气藏和咸水层 CO_2 埋存效果的影响。

6.2.3.1 对枯竭油气藏封存影响

（1）二氧化碳溶解特征

图 6.30 为井筒附近盖层底部单元格，在不同断层渗透率条件下单位体积枯竭油气

藏的 CO_2 溶解质量随注入时间的变化关系曲线。随注入时间增加，各断层渗透率条件下的 CO_2 溶解质量随注入时间变化特征相似，都表现为先快速增大后增速减缓的趋势；同一注入时间下，随断层渗透率增加，CO_2 溶解质量无明显差别。分析认为，由于断层本身渗透率远大于储层和盖层，CO_2 向断层内运移的阻力极小，因此与断层发育位置和断层厚度相比，增加断层渗透率对 CO_2 流动能力的影响不大，对 CO_2 溶解质量的影响也较小。

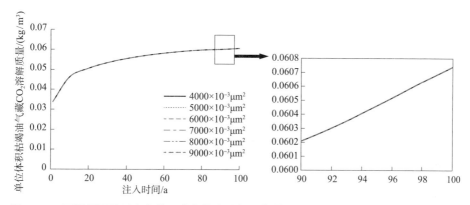

图 6.30　不同断层渗透率条件下单位体积枯竭油气藏 CO_2 溶解质量随注入时间变化关系

断层距离注入井 500m 情况下，不同断层渗透率条件下单位体积枯竭油气藏的 CO_2 溶解质量分布如图 6.31 所示。随着渗透率发生变化，各模型储层中的 CO_2 溶解质量分布面积和扩散范围特征均相似；断层渗透率越大，断层中的 CO_2 溶解质量分布越多，但增多程度不大。结果表明断层渗透率主要影响断层中 CO_2 的分布，对储层中 CO_2 的溶解封存影响较小，断层渗透率越大，向断层中泄漏的 CO_2 越多，封存安全性越低，但整体上断层渗透率对封存的影响程度与断层发育位置和断层厚度相比较弱。

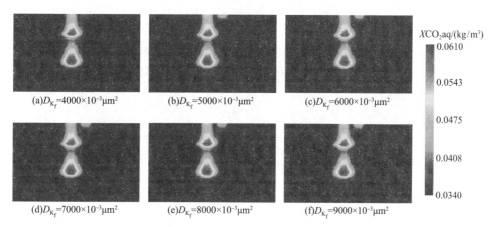

图 6.31　不同断层渗透率条件下枯竭油气藏 CO_2 溶解质量分布

（2）二氧化碳饱和度特征

图 6.32 显示了井筒附近盖层底部单元格，在不同断层渗透率条件下枯竭油气藏中气

态 CO_2 饱和度随注入时间的变化关系。不同断层渗透率条件下的气态 CO_2 饱和度随注入时间变化曲线表现无差异：随注入时间增加，气态 CO_2 饱和度均先快速增加后缓慢减小；同一注入时间下的各断层渗透率对应的气态 CO_2 饱和度近似。分析认为，当断层在 CO_2 向上泄漏的界限范围内，以及断层具有一定厚度时，断层的基本渗透率已经为 CO_2 流动提供了极有利通道，即使渗透率继续增大也无法进一步提高 CO_2 流动能力，因此断层渗透率的增加对储层顶部的气态 CO_2 饱和度影响也不大。

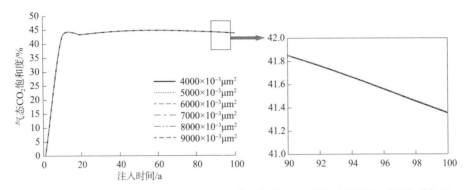

图 6.32　不同断层渗透率条件下枯竭油气藏中气态 CO_2 饱和度随注入时间变化关系

不同断层渗透率条件下枯竭油气藏中气态 CO_2 饱和度分布如图 6.33 所示。随断层渗透率增加，断层内气态 CO_2 饱和度分布范围增大，但增加不明显，表明与其他影响因素相比，断层渗透率对气态 CO_2 饱和度分布的影响较小。

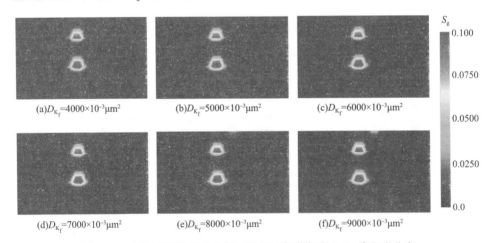

图 6.33　不同断层渗透率条件下枯竭油气藏气态 CO_2 饱和度分布

（3）储层孔隙压力特征

根据井筒附近盖层底部单元格在不同断层渗透率条件下枯竭油气藏中储层压力随注入时间的变化关系图（图 6.34），不同断层渗透率条件下，储层压力均随注入时间增加呈近线性增大；在同一注入时间下，不同断层渗透率条件下储层压力无明显差别。分析认为，断层渗透率对 CO_2 溶解质量和气态 CO_2 饱和度的影响均较小，表明断层渗透率越大，储层

中溶解的 CO_2 和以流动态形式存在的 CO_2 均无明显变化，因此储层压力受断层渗透率的影响也极小。

不同断层渗透率条件下枯竭油气藏中储层压力分布如图 6.35 所示。随断层渗透率增加，储层压力分布有减小趋势，但变化不明显，表明断层渗透率对储层压力分布的影响也较小。

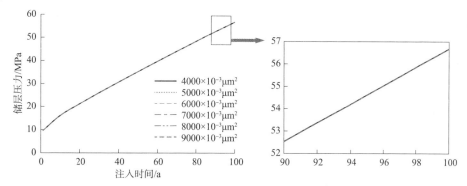

图 6.34　不同断层渗透率条件下枯竭油气藏储层压力随注入时间变化关系

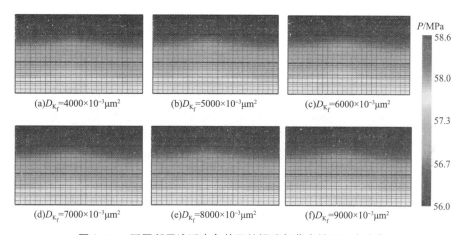

图 6.35　不同断层渗透率条件下枯竭油气藏中储层压力分布

6.2.3.2　对咸水层封存影响

（1）二氧化碳溶解特征

井筒附近盖层底部的单元格在不同断层渗透率条件下单位体积咸水层中 CO_2 溶解质量随注入时间的变化关系如图 6.36 所示。不同断层渗透率条件下，CO_2 溶解质量随注入时间的变化一致，均呈正相关变化，且同一注入时间下，不同条件对应的 CO_2 溶解质量无明显差异，表明 CO_2 在储层中的溶解质量不受断层渗透率的控制。

图 6.37 为不同断层渗透率条件下单位体积咸水层的 CO_2 溶解质量分布。各断层渗透率条件下的 CO_2 溶解质量分布特征相同，表明断层渗透率对咸水层 CO_2 溶解质量分布的影响也较小。

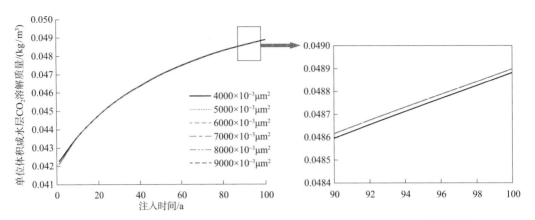

图 6.36　不同断层渗透率条件下单位体积咸水层 CO_2 溶解质量随注入时间变化关系

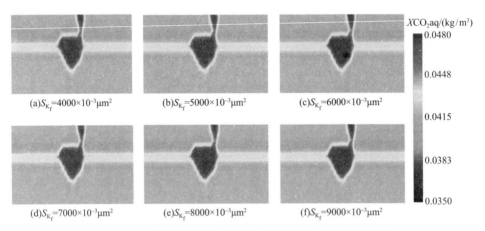

图 6.37　不同断层渗透率条件下咸水层 CO_2 溶解质量分布

（2）二氧化碳饱和度特征

图 6.38 显示了井筒附近盖层底部单元格，在不同断层渗透率条件下咸水层中气态 CO_2 饱和度随注入时间的变化关系。不同断层渗透率条件下，气态 CO_2 饱和度均表现为随注入时间增加而增大、变化幅度先快后慢的特征；同一注入时间下，随断层渗透率增加，

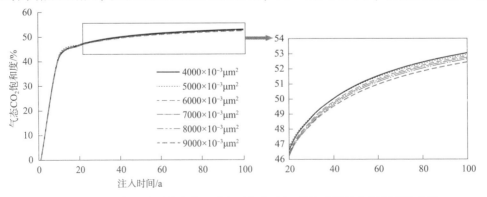

图 6.38　不同断层渗透率条件下咸水层气态 CO_2 饱和度随注入时间变化关系

气态 CO_2 饱和度逐渐减小。分析认为，断层渗透率的增加为流动态 CO_2 向断层中运移提供了更有利通道，因此断层渗透率越大，向断层中扩散的 CO_2 越多，储层顶部聚集的 CO_2 越少，气态 CO_2 饱和度也就越低。与枯竭油气藏相比，咸水层的孔隙度、渗透率条件更好，所以 CO_2 在咸水层中的流动性强，断层渗透率的改变对其影响更明显。

不同断层渗透率条件下咸水层中气态 CO_2 饱和度分布如图 6.39 所示。随断层渗透率增加，断层中的气态 CO_2 饱和度分布差别不大。分析认为，断层渗透率对气态 CO_2 饱和度分布的影响远小于断层发育位置，因此只要断层在对 CO_2 封存有影响的界限范围内，断层渗透率对气态 CO_2 饱和度分布的影响就可以忽略。

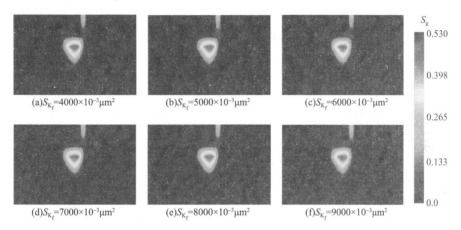

图 6.39　不同断层渗透率条件下咸水层气态 CO_2 饱和度分布

（3）储层孔隙压力特征

图 6.40 为井筒附近盖层底部单元格，在不同断层渗透率条件下咸水层中储层压力随注入时间的变化关系曲线。从图 6.40 中可以看到，储层压力随注入时间呈线性正相关变化；同一注入时间下，随断层渗透率增加储层压力发生小幅度减小。分析认为，断层的存在对储层内 CO_2 的溶解和流动特征影响较小，由于断层渗透率增加导致储层顶部气态 CO_2 饱和度小幅度减小，因此储层压力也小幅度降低，但整体影响不大，可以忽略。

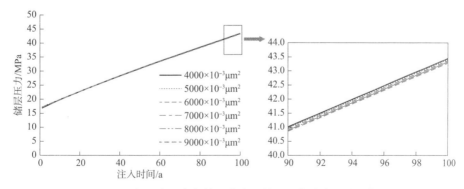

图 6.40　不同断层渗透率条件下咸水层储层压力随注入时间变化关系

根据不同断层渗透率条件下咸水层储层压力分布图（图 6.41），可知六组模型中的储层压力分布特征相似，表明断层渗透率对咸水层储层压力分布影响也较小。

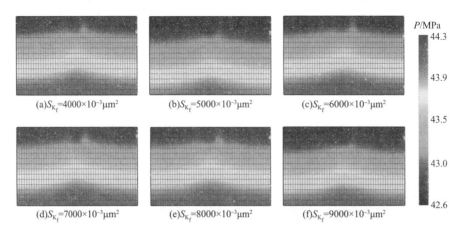

(a)S_{K_f}=4000×10⁻³μm² (b)S_{K_f}=5000×10⁻³μm² (c)S_{K_f}=6000×10⁻³μm²

(d)S_{K_f}=7000×10⁻³μm² (e)S_{K_f}=8000×10⁻³μm² (f)S_{K_f}=9000×10⁻³μm²

图6.41　不同断层渗透率条件下咸水层储层压力分布

6.2.4　断层分布

当地层中的断层处于活化状态时，随着CO_2注入储层，沿活化断层可能发生特殊的流体交换现象（沿着断层，CO_2和地层水向上泄漏，淡水向下泄漏）。不同断层位置处，流体交换对CO_2泄漏的影响不同。在距注入井较近处断层，由于和CO_2向上运移存在竞争关系，淡水向下泄漏有利于抑制CO_2的泄漏；在距注入井较远处断层，由于淡水先开始向下泄漏，影响了储层中的压力分布和CO_2的羽流形态，从而改变了CO_2封存效果。因此，分析不同断层分布情况下的CO_2封存特征变化，对改善封存效果和封存选址都有积极帮助。

本节设置枯竭油气藏储层和盖层总厚度为200m，断层厚度为100m；咸水层的储层和盖层总厚度为150m，断层厚度为100m，其他参数相同（具体参数设置见3.1.4节）。共设置四个断层（A、A′、B、B′）分别对称分布在注入井两侧，两个封存体的方案设计和模型平面示意分别如表6.1、表6.2所示。分别建立四种方案，来分析改变断层分布形态、CO_2溶解特征、饱和度特征和孔隙压力特征的变化，进而研究断层分布对枯竭油气藏和咸水层CO_2封存效果的影响。

表6.1　枯竭油气藏的断层分布方案和模型平面示意

方案一	断层 A
方案二	断层 A 和断层 A′
方案三	断层 A 和断层 B
方案四	断层 A 和断层 B′

表 6.2　咸水层的断层分布方案和模型平面示意

方案一	断层 A	
方案二	断层 A 和断层 A′	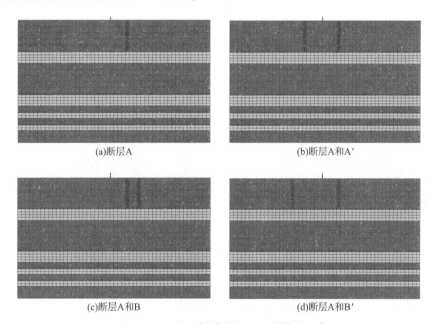
方案三	断层 A 和断层 B	
方案四	断层 A 和断层 B′	

6.2.4.1　对枯竭油气藏封存影响

各模型的断层倾角设为 90°，储层内部夹层发育情况相同，均采用矩形网格划分，水平 X 方向网格间距为 100m，水平 Y 方向网格间距为 200m，垂直方向（Z 方向）设置为变网格单元（由下向上储层离盖层越近的网格单元越小），其他参数与第二章的基础模型设置相同。各方案模型平面示意如图 6.42 所示。

(a)断层A

(b)断层A和A′

(c)断层A和B

(d)断层A和B′

图 6.42　枯竭油气藏各断层分布模型示意

（1）二氧化碳溶解特征

储层顶部井筒附近的单元格，在不同断层分布条件下单位体积枯竭油气藏的 CO_2 溶解质量随注入时间的变化关系如图 6.43 所示。不同断层分布条件下，随注入时间增加，CO_2 溶解质量均逐渐增大，变化幅度相似；同一注入时间下，发育两个断层的 CO_2 溶解质量相同，均小于只发育一个断层的 CO_2 溶解质量。分析认为，当盖层中发育两个断层时，虽然各断层距注入井的位置有区别，但都较只发育一个断层的 CO_2 泄漏通道多，因此相同时间内，向断层中运移的 CO_2 增多，储层内与地层水接触的 CO_2 量减少，从而 CO_2 溶解质量减小。但总体上四种断层分布条件下的 CO_2 溶解质量差别不大。

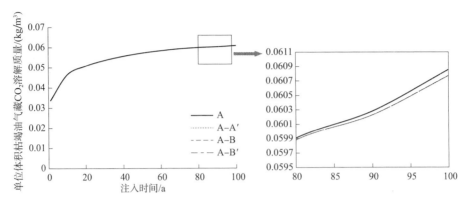

图 6.43　不同断层分布条件下单位体积枯竭油气藏 CO_2 溶解质量随注入时间的变化关系

图 6.44 为不同断层分布条件下单位体积枯竭油气藏中 CO_2 溶解质量分布。方案二中的 CO_2 溶解质量在断层中呈对称分布，且储层中的高 CO_2 溶解质量对应的色阶颜色面积较小。分析原因为，方案二中发育的断层 A 和断层 A′呈对称分布，且距离注入井距离相同，均小于断层 B 和断层 B′，CO_2 泄漏量多。在其他三个方案中，方案三和方案四中的 CO_2 溶解质量分布特征相似，储层顶部的高 CO_2 溶解质量对应的色阶颜色分布范围略大于方案一。分析认为，虽然方案三和方案四中发育两个断层，但由于 CO_2 泄漏只发生在距离注入井较近的断层处，而上部淡水会通过较远断层向下方盖层泄漏，从而抑制了 CO_2 在断层中的羽流水平方向运移，减少了 CO_2 的泄漏量，从而使这两个方案储层中的高 CO_2 溶解质量分布面积较大。

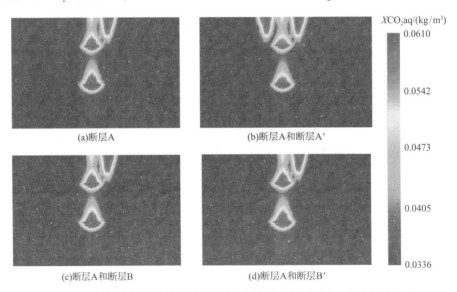

图 6.44　不同断层分布条件下单位体积枯竭油气藏中 CO_2 溶解质量分布

（2）二氧化碳饱和度特征

图 6.45 显示了储层顶部井筒附近的单元格枯竭油气藏的气态 CO_2 饱和度随注入时间的变化关系。不同断层分布条件下，气态 CO_2 饱和度随注入时间增加，均表现为先增后

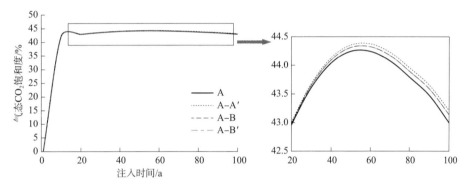

减、速度先快后慢的变化特征；同一注入时间下，方案一的气态 CO_2 饱和度最小，其次是方案三和方案四（这两种方案的气态 CO_2 饱和度变化同步），方案二中的气态 CO_2 饱和度最高。分析认为，方案三和方案四中断层发育数量和断层与注入井距离相同，区别仅是断层 B 和 B′ 分别位于注入井两侧。因此这两种方案中，CO_2 向储层中泄漏的量以及上部淡水层中的淡水向盖层中的运移量差别不大，即气态 CO_2 饱和度差别小，也同时说明断层发育方向对 CO_2 封存的影响不大。由于存在两个断层时，淡水向下抑制了 CO_2 的泄漏，所以在 CO_2 泄漏量差别不大的情况下，方案一的 CO_2 溶解量又多，从而其气态 CO_2 饱和度较小。而方案二中的两个断层都距注入井较近，因此储层内大部分流动态 CO_2 聚集在注入井附近的储层顶部向断层中泄漏，沿盖层发生横向扩散的 CO_2 减少，储层中气态 CO_2 饱和度较大。

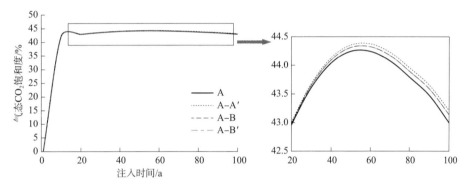

图 6.45　不同断层分布条件下枯竭油气藏气态 CO_2 饱和度随注入时间的变化关系

从不同断层分布条件下枯竭油气藏气态 CO_2 饱和度分布图（图 6.46）中可以看到，方案二断层中的气态 CO_2 饱和度也呈上对称分布，与其他三个方案仅在距离注入井较近的断层 A 处分布不同；除此之外，方案一、方案三和方案四的储层顶部气态 CO_2 饱和度分布范围

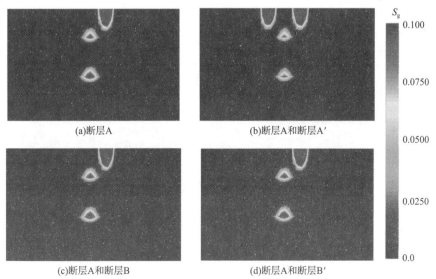

(a)断层A　　　　　　　　　　(b)断层A和断层A′

(c)断层A和断层B　　　　　　　(d)断层A和断层B′

图 6.46　不同断层分布条件下枯竭油气藏气态 CO_2 饱和度分布

均较方案二大，高气态 CO_2 饱和度对应的色阶颜色分布面积也较方案二大。分析认为是方案二中距离注入井较近的断层多，CO_2 泄漏量多，储层中剩余的流动态 CO_2 少导致的。

（3）储层压力特征

图 6.47 为储层顶部井筒附近的单元格枯竭油气藏的储层压力随注入时间的变化关系曲线。从图 6.47 中可以看到，不同断层分布条件下，储层压力均随注入时间的增加呈近线性增大；同一注入时间下，不同方案对应的储层压力差异不明显，其中方案一的储层压力高于其他三个方案，其他三个方案的储层压力相似。分析认为，除了方案一，其余方案都发育两个断层，虽然断层发育位置和方位有区别，但都为 CO_2 泄漏提供了双通道，因此与方案一的单通道相比，储层中分布的流动态 CO_2 更少，从而使由气体流动引起的储层压力增加幅度较小，即相同注入时间对应的储层压力更小。

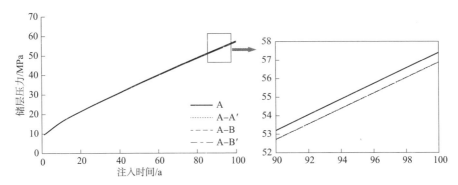

图 6.47　不同断层分布条件下枯竭油气藏储层压力随注入时间的变化关系

不同断层分布条件下枯竭油气藏中储层压力分布如图 6.48 所示，方案一中高储层压力对应的色阶颜色分布面积要多于另外三个方案，其余三个方案中储层压力分布特征相似。

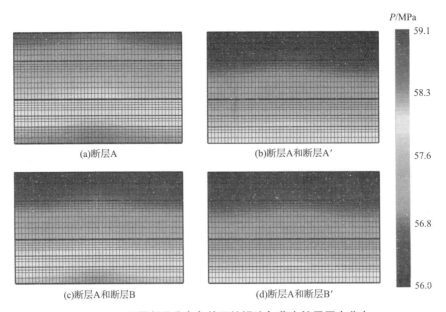

图 6.48　不同断层分布条件下枯竭油气藏中储层压力分布

6.2.4.2 对咸水层封存影响

各模型的断层倾角设为 $90°$，储层内部夹层发育情况相同，均采用矩形网格剖分，水平 X 方向网格间距为 100m，水平 Y 方向网格间距为 200m，垂直 Z 方向网格间距为 10m，其他参数与第二章的基础模型设置相同。各方案模型平面示意如图 6.49 所示。

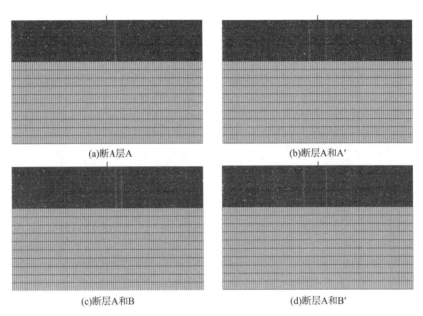

(a)断A层A

(b)断层A和A′

(c)断层A和B

(d)断层A和B′

图 6.49　咸水层各断层分布模型示意

（1）二氧化碳溶解特征

图 6.50 为储层顶部井筒附近的单元格单位体积咸水层的 CO_2 溶解质量随注入时间的变化关系曲线。不同断层分布条件下，CO_2 溶解质量均随注入时间的增加逐渐增大，增长速度逐渐减缓；同一注入时间下，方案一中的 CO_2 溶解质量高于其他三个方案。分析认为，方案一中只有一个断层，因此相比其他有两个断层的方案，CO_2 泄漏量少，储层中封存的 CO_2 较多，从而与咸水接触的 CO_2 多，CO_2 溶解质量大。但与枯竭油气藏相比，断层分布对咸水层 CO_2 溶解质量的影响不大。

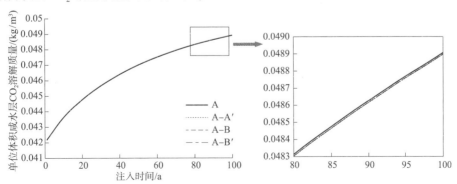

图 6.50　不同断层分布条件下单位体积咸水层 CO_2 溶解质量随注入时间的变化关系

不同断层分布条件下单位体积咸水层中 CO_2 溶解质量分布如图 6.51 所示。方案二中的 CO_2 溶解质量在断层中呈对称分布，方案一和方案三只有距离断层较近的 A 断层处有 CO_2 溶解质量分布。与枯竭油气藏不同的是，方案四中除了 A 断层，离注入井较远的 B′ 断层也有 CO_2 溶解质量的分布。分析认为，由于咸水层的孔隙度、渗透率条件与枯竭油气藏相比较优，因此 CO_2 在咸水层中的流动性较好，在相同时间、相同注入速率条件下，CO_2 在咸水层顶部的扩散距离更远，所以储层中的 CO_2 能运移到较远的 B′ 断层处发生泄漏。对于方案三，虽然也包括两个断层，但由于两个断层方向相同，当 CO_2 运移到较近的 A 断层处时即发生泄漏，未泄漏的 CO_2 大多溶解于咸水层中，运移到 B 断层处的机会少。

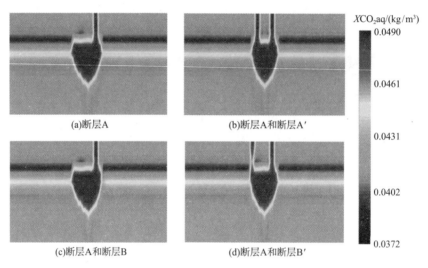

图 6.51　不同断层分布条件下咸水层中 CO_2 溶解质量分布

（2）二氧化碳饱和度特征

储层顶部井筒附近单元格的咸水层中气态 CO_2 饱和度随注入时间的变化关系如图 6.52 所示。各断层分布条件下，气态 CO_2 饱和度随注入时间的变化特征相似，均表现为正相关，增速为先增后减；同一注入时间下，不同断层分布条件下的气态 CO_2 饱和度差别不大。分析认为，由于咸水层孔隙度、渗透率条件较好，CO_2 流动能力强，因此当 CO_2 注入 100 年时，以流动态存在的 CO_2 已大部分泄漏到断层中，储层顶部剩余的气态 CO_2 饱和度差别不大。

图 6.53 为不同断层分布条件下咸水层中的气态 CO_2 饱和度分布。与 CO_2 溶解质量分布特征相似，方案二断层中的气态 CO_2 饱和度以注入井为中心对称分布，方案一和方案三中的气态 CO_2 饱和度仅在断层 A 位置处分布，方案四中两个断层处均有气态 CO_2 饱和度分布，但断层 A 的气态 CO_2 饱和度要较断层 B′ 分布得多，分析认为是断层 A 距注入井较近导致的。方案三储层中高气态 CO_2 饱和度的分布面积最大，其次是方案一，最后是方案二和方案四。原因为方案三中离注入井较远的断层中有淡水向下运移，抑制了 CO_2 的泄

漏，因此 CO_2 泄漏速度慢，储层中聚集分布的气态 CO_2 饱和度面积大；与方案二和方案四相比，方案一中只有一个断层，因此 CO_2 泄漏速度相比这两个方案慢，气态 CO_2 饱和度分布范围更广。

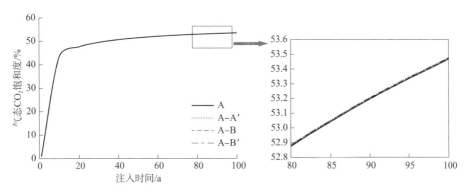

图 6.52　不同断层分布条件下咸水层中气态 CO_2 饱和度随注入时间的变化关系

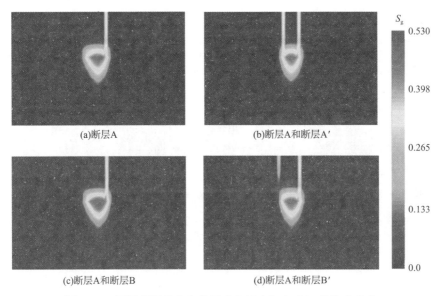

图 6.53　不同断层分布条件下咸水层中气态 CO_2 饱和度分布

（3）储层压力特征

根据不同断层分布条件下，储层顶部井筒附近的单元格的咸水层储层压力随注入时间的变化关系图（图 6.54），可知随着注入时间增加，各断层分布条件下的储层压力均呈近线性增大趋势；同一注入时间下，不同断层分布条件对应的储层压力分布差异较小，方案一的储层压力稍大于另外三个方案。分析认为，方案一的断层数量较其他三个方案少，CO_2 总泄漏量少，储层中流动态 CO_2 多，从而使储层压力大，但整体上断层分布对咸水层储层压力的影响较小。

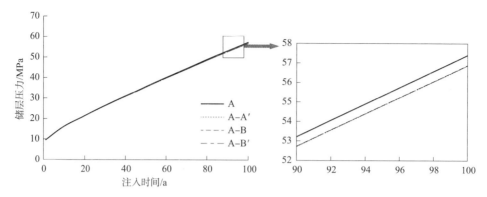

图6.54　不同断层分布条件下咸水层储层压力随注入时间的变化

不同断层分布条件下咸水层中储层压力分布如图6.55所示，设置各模型的储层压力色阶值域相同，为42.6~44.4MPa。各方案中的储层压力分布差异不大，均表现为从下到上逐渐减小的三区域分布。与枯竭油气藏不同的是，咸水层中可以明显看到CO_2沿断层泄漏路径中，储层压力分布减小。

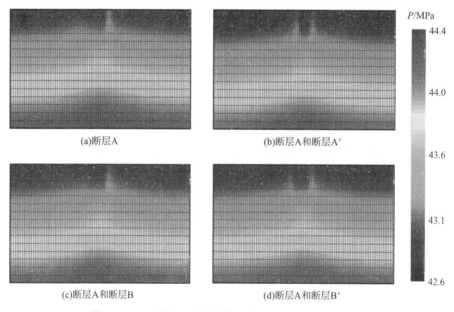

(a)断层A

(b)断层A和断层A′

(c)断层A和断层B

(d)断层A和断层B′

图6.55　不同断层分布条件下咸水层中储层压力分布

6.3　小结

在CO_2地质封存过程中，若断层与目标储层相邻，CO_2的注入会诱导断层激活，进而CO_2发生泄漏，同时还可能诱发断层活化和滑动，并引发地震。由于CO_2的泄漏，地层水和地层上方淡水会从各自的位置中沿断层逸出或流失。沿断层泄漏的流体交换机理可以总结为一个主要流体交换和两个次要流体交换。具体表现为地层中 CO_2、地层水沿断层向上泄漏到淡水层，以及上部淡水层中的淡水沿断层向下泄漏到地层。通过数值模拟方法，分别分析了断层发育位置、断层带厚度、断层渗透率和断层分布等断层特征对枯竭油气藏和咸水层 CO_2 地质封存的影响。结果表明：断层发育位置离注入井越远、断层带厚度和断层渗透率越小、断层数量越少，CO_2 泄漏量越少，地质封存安全性越高。

7 二氧化碳地质封存主控因素筛选

二氧化碳地质封存过程中，封存容量和封存安全性都会受到多种因素影响。实际地质封存条件下，各个因素之间会相互影响，某个因素的改变会导致其他因素也发生变化，从而使二氧化碳在储层中的流动过程变得复杂。根据前几章二氧化碳地质封存效果的模拟得到，不同因素对封存效果的影响机制和影响程度均存在差异，因此进行二氧化碳地质封存的主控因素筛选，可以为封存效果评价及封存选址提供重要理论支撑。本章重点介绍主控因素分析方法，以及分析枯竭油气藏和咸水层二氧化碳地质封存过程中的主控因素。

7.1 主控因素分析方法

研究各因素间影响关系的分析方法有很多种，常用的有灰色关联度分析、层次分析、主成分分析、聚类分析、皮尔逊相关系数分析、因子分析等方法，有时各影响因素之间关系复杂，不呈线性变化，还经常利用机器学习算法、深度学习方法等进行分析。不同方法的具体应用场景和方法略有差异，下面对各种方法进行具体介绍。

7.1.1 灰色关联度分析

灰色系统理论由我国著名学者邓聚龙教授于 1982 年提出。灰色关联度分析是灰色系统理论的一个分支，其基本思想是根据参考数列和若干个比较数列的几何形状相似程度来判断其联系是否紧密，反映曲线间的关联程度。此方法通过对动态过程发展态势的量化分析，完成对系统内时间序列有关统计数据几何关系的比较，求出参考数列与各比较数列之间的灰色关联度。与参考数列关联度越大的比较数列，其变化态势与参考数列越接近，与参考数列的关系越紧密。系统发展态势的定量描述和比较方法是依据空间理论的数学基础，确定参考序列和若干个比较序列之间的关联系数和关联度。通过关联度计算揭示各样本序列的贴近程度并做出排序，是一种相对性的排序分析。

与传统的多因素分析方法相比，灰色关联度分析弥补了采用数理统计方法作系统分析所导致的遗憾，对数据要求较低且计算量小。灰色关联分析方法要求样本容量可以少到 4 个，对无规律的数据同样适用，不会出现量化结果与定性分析结果不符的情况。但要利用该方法，这个系统就必须是灰色系统。灰色系统中灰的主要含义是信息不完全性（部分性）和非唯一性，其中的"非唯一性"是灰色系统的重要特征，非唯一性原理在决策上的体现是灰靶思想,即体现的是决策多目标、方法多途径,处理态度灵活机动。

该方法的基本思想是将评价指标原始观测数进行无量纲化处理,计算关联系数、关联度以及根据关联度的大小对待评指标进行排序,具体计算流程如图7.1所示。灰色关联度的应用涉及社会科学和自然科学的各个领域。

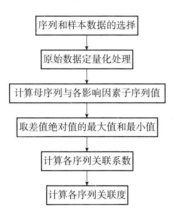

图 7.1　灰色关联度计算流程

灰色关联度分析具体步骤如下。

第一步:确定分析数列,即参考数列和比较数列。前者即反映系统行为的特征参数,后者即由影响系统行为的因素组成的数据序列。

参考数列(又称母序列)为:

$$\{X_0 = X_0(k) | k = 1, 2, \cdots, n\} \tag{7.1}$$

比较数列(又称子序列)为:

$$\{X_i = X_i(k) | k = 1, 2, \cdots, k; i = 1, 2, \cdots, m\} \tag{7.2}$$

式中　X_0——评价目标;

　$X_0(k)$——评价目标矩阵元素;

　　X_i——评价指标;

$X_i(k)$——评价指标矩阵元素;

　　k——母序列个数;

　　i——子序列个数。

第二步:变量的无量纲化。由于系统中各因素的数据可能因量纲不同,不便于比较或在比较时难以得到正确的结论,在进行灰色关联度分析时,一般都要进行数据的无量纲化处理。主要处理方法有初值化、均值化、百分比变换、倍数变换、归一化变换、极差最大值变换、区间值变换等。

1)初值化,即把这一个序列的数据统一除以最开始的值,由于同一个因素的序列的量级差别不大,所以通过除以初值就能将这些值都整理到1这个量级附近。

$$f[x(k)] = \frac{x(k)}{x(1)} = y(k), x(1) \neq 0 \tag{7.3}$$

2）均值化，即把这个序列的数据除以均值，由于数量级大的序列均值比较大，所以除掉以后就能归一化到 1 的量级附近。

$$f[x(k)] = \frac{x(k)}{\bar{x}} = y(k), \bar{x} = \frac{1}{n}\sum_{k=1}^{n}x(k) \tag{7.4}$$

3）百分比变换：

$$f[x(k)] = \frac{x(k)}{\max\limits_{k} x(k)} = y(k) \tag{7.5}$$

4）倍数变换：

$$f[x(k)] = \frac{x(k)}{\min\limits_{k} x(k)} = y(k), \quad \min\limits_{k} x(k) \neq 0 \tag{7.6}$$

5）归一化变换：

$$f[x(k)] = \frac{x(k)}{x_0} = y(k) \tag{7.7}$$

其中 $x_0 > 0$。

6）极差最大值变换：

$$f[x(k)] = \frac{x(k) - \min\limits_{k} x(k)}{\max\limits_{k} x(k)} = y(k) \tag{7.8}$$

7）区间值变换：

$$f[x(k)] = \frac{x(k) - \min\limits_{k} x(k)}{\max\limits_{k} x(k) - \min\limits_{k} x(k)} = y(k) \tag{7.9}$$

第三步：计算关联系数。关联程度实质上是曲线间几何形状的差别程度，可将曲线间差值作为关联程度的衡量尺度。各参考序列与比较序列在各个时刻（曲线中的各点）（$n = k$）的关联系数 $\gamma_{0i}(k)$ 可由式（7.10）计算：

$$\gamma[x_0(k), x_i(k)] = \frac{\min\limits_{i}\min\limits_{k}|x_0(k) - x_i(k)| + \xi \max\limits_{i}\max\limits_{k}|x_0(k) - x_i(k)|}{|x_0(k) - x_i(k)| + \xi \max\limits_{i}\max\limits_{k}|x_0(k) - x_i(k)|} \tag{7.10}$$

式中 $\xi \in (0,1)$ ——分辨系数，ξ 越小，分辨力越大，通常取 $\xi = 0.5$；

           $\gamma(x_0, x_i)$ ——x_0 与 x_i 的灰色关联度，简记为 γ_{0i}；k 点关联系数 $\gamma[x_0(k), x_i(k)]$ 简记为 $\gamma_{0i}(k)$；

$\Delta_i(k) = |x_0(k) - x_i(k)|$ ——第 k 时间点处的 x_0 与 x_i 的绝对差；

       $\min\limits_{i}\min\limits_{k}\Delta_i(k)$ ——两级最小差，是所有因素序列与参考序列间相对应时间点中最接近的一对点；

       $\max\limits_{i}\max\limits_{k}\Delta_i(k)$ ——两级最大差，是所有因素序列与参考序列间相对应时间点中最远的一对点。

第四步：计算关联度。关联系数是比较数列与参考数列在各个时刻（曲线中的各点）的关联程度值，其数值不止一个，而信息过于分散不便于进行整体性比较。因此，通过求取各个时刻（曲线中的各点）的关联系数平均值，作为比较数列与参考数列间的关联程度，其计算公式如下：

$$\gamma(X_0, X_i) = \frac{1}{n}\sum_{k=1}^{n}\gamma\left[x_0(k), x_i(k)\right]\Big|\, i = 1, 2, \cdots, m \tag{7.11}$$

第五步：关联度排序。将 m 个子序列对同一母序列的关联度按大小顺序排列，组成关联序，记为 $\{X\}$，其反映了对于母序列来说各子序列的"优劣"关系。如果 $\gamma_{01} > \gamma_{02}$，则称 $\{X_1\}$ 对于同一母序列 $\{X_0\}$ 优于 $\{X_2\}$，即参考数列 $\{X_0\}$ 与比较数列 $\{X_1\}$ 更相似。

7.1.2 层次分析

采用层次分析的方法，将属于不同层次的影响因素区分并归纳，由高级至低级形成一级因素、二级因素、三级因素三个层次的主控因素，具有较强的系统性。三级因素为最低层次的因素，互为独立的变量，并且多具有典型参数可进行度量，主要参数能够以影响因子方式参与定量评价，一个以上同类型的三级因素决定了其上层二级因素的情况，进一步影响控制因素，最终对因变量大小形成影响。二级因素为中间层次的因素，每个二级因素由一类下属的三级因素共同影响，多无法简单用数值表征，一个或一个以上的二级因素又决定了高级控制因素的情况。一级因素为最高层次的影响因素，因素本身即是一个由多类复杂因素共同影响与作用的结果，可直接控制因变量的最终大小，单个控制因素本身即可在很大程度上反映因变量最终情况。不同层系的影响因素之间具有相关关系，不可进行比较，进行相关性分析时，各参数也必须属于同一层次。一级因素和二级因素对因变量的影响主要以理论、定性方式表达，难以定量研究，三级因素则可用于建立各因素与因变量的定量数学关系模型。

7.1.3 主成分分析

Hotelling 在 1933 年首先提出了主成分分析方法（principal component analysis，PCA），该方法为了研究原始变量之间的一些内部联系，首先对原始数据进行线性变换，从而将高维数据投影到较低维的子空间上。主成分分析方法会最大限度地保留原始变量的重要信息，将原始多变量处理成较少的几个都是由原始变量线性组合成的综合变量，即主成分。主成分分析方法提取的主成分有如下特点：①每个原始变量的线性组合构成了主成分；②求解出的主成分的数目与原始变量的数目相差较大，原始变量的数目很大，主成分的数目很小；③提取到的主成分很大程度上包括了原始变量的重要信息；④主成分与主成分之间不存在相关性。PCA 方法不仅能对原始变量降维而且保留了原始变量的很多信息，降低算法的计算开销，去除噪声，使结果容易理解，完全无参数限制。因此，PCA 方法被广泛应用于压缩高维数据、原始数据的预处理、处理图像数据或语音数据、处理冗余的数据等。

7.1.3.1 基本理论与性质

假设研究数据包括样本和变量的数目分别为 n 和 p，p 个变量按顺序表示为 $X_1, X_2, \cdots$，

X_p，由这 p 个变量构成的随机向量可表示为 $X = (X_1, X_2, \cdots, X_p)'$。$\mu$ 表示 X 的均值，$\sum$ 表示 X 的协方差矩阵。Y 表示提取到的主成分，则主成分由原始变量线性表示，如式 (7.12)所示：

$$\begin{cases} Y_1 = c_{11}X_1 + c_{21}X_2 + \cdots + c_{p1}X_p = c_1^T X \\ Y_2 = c_{12}X_1 + c_{22}X_2 + \cdots + c_{p2}X_p = c_2^T X \\ \vdots \\ Y_p = c_{1p}X_1 + c_{2p}X_2 + \cdots + c_{pp}X_p = c_p^T X \end{cases} \quad (7.12)$$

任一原始变量都可以进行式(7.12)的变换，得到的不同主成分的统计性质有所不同。在 $Y_i = c'_i X$ 的方差尽可能大且各 Y_i 之间相互独立的前提下，求解出的主成分会损失原始变量较少的信息。Y_i 的方差可表示为 $\mathrm{var}(Y_i) = \mathrm{var}(c'_i X) = c'_i \sum c_i$，对于任意常数 a，有 $\mathrm{var}(ac'_i X) = a^2 c'_i \sum c_i$。需要限制 c_i 的值，使 $\mathrm{var}(Y_i)$ 不能任意增大，所以在进行线性变换时，必须满足如下约束条件：

(1) $c'_i c_i = 1 (i = 1, 2, \cdots, p)$。

(2)主成分 Y_i 与 Y_j 之间互不相关 $(i \neq j; i, j = 1, 2, \cdots, p)$。

(3)在 X 所有满足约束条件(1)的线性组合中，方差最大的是 Y_1，在与 Y_1 不相关的所有 X 的线性组合中，方差最大的是 Y_2，以此类推，在与 $Y_1, Y_2, \cdots, Y_{p-1}$ 都不相关的所有 X 线性组合中，方差最大的是 Y_p。

7.1.3.2 通用求解主成分的两种算法

(1)基于特征值分解协方差矩阵求解主成分

假设随机向量 $X = (X_1, X_2, \cdots, X_p)'$ 的协方差矩阵为 $\sum$，$\sum$ 矩阵的特征根表示为 $\lambda_1, \lambda_2, \cdots, \lambda_p$，并且 $\lambda_1 \leq \lambda_2 \geq \cdots \geq \lambda_p$；$\sum$ 矩阵的各个特征根相对应的标准正交向量为 $\gamma_1, \gamma_2, \cdots, \gamma_p, p = (\gamma_1, \gamma_2, \cdots, \gamma_p)$，则提取的第 i 个主成分表示为：

$$Y_i = \gamma_{i1}X_1 + \gamma_{i2}X_2 + \cdots + \gamma_{ip}X_p, i = 1, 2, \cdots, p \quad (7.13)$$

可得到：$\mathrm{var}(Y_i) = \gamma'_i \sum \gamma_i = \lambda_i$，$\mathrm{cov}(Y_i, Y_j) = \gamma'_i \sum \gamma_j = 0, i \neq j$。

第 k 个主成分 Y_k 的方差贡献率可表示为 $\alpha_k = \dfrac{\lambda_k}{\lambda_1 + \lambda_2 + \cdots + \lambda_p}(k = 1, 2, \cdots, p)$；$Y_1$，$Y_2, \cdots, Y_m$ 的累计方差贡献率为 $\sum\limits_{i=1}^{m} \lambda_i / \sum\limits_{i=1}^{p} \lambda_i$。主成分分析要求提出的主成分的数目必须小于变量的数目，所以在大多数情况下，主成分的数目要使累计方差贡献率达到85%左右，这样求解出的主成分损失信息较少，既能减少变量、简化数据，又能在一定程度上保证数据分析结果的准确性。

设有数据集 $X = \{x_1, x_2, \cdots, x_n\}$，用特征值分解协方差矩阵求解主成分的步骤为：

1)根据实际问题选取原始分析变量。

2）每个变量减去各自的平均值。

3）计算样本的协方差矩阵。

4）基于特征值分解，求解出协方差矩阵的特征值及其对应的标准正交特征向量。

5）得到前 k 个主成分的表达式，确定主成分的数目，选取出合适的主成分。

6）根据求解出的主成分深入研究实际数据。

（2）基于奇异值（SVD）分解协方差矩阵求解主成分

SVD 分解是一种经典的分解矩阵的方法，可以分解任何一个矩阵。假设有矩阵 A，则使用 SVD 分解该矩阵的步骤如下：①求出矩阵 AA^T 的特征值及其对应的特征向量，将这些进行过单位化处理的特征向量组合成矩阵 U；②求出矩阵 $A^T A$ 的特征值及其对应的特征向量，将这些进行过单位化处理的特征向量组合成矩阵 V。③求解矩阵 AA^T 或者 $A^T A$ 的特征值的平方根，组合成矩阵 D。

假设有任意矩阵 $A_{m \times n}$，该矩阵的 SVD 分解可以表示为：

$$A = UDV^T \tag{7.14}$$

式中　矩阵 U——左奇异矩阵，其中包含的是正交向量；

　　　矩阵 D——对角线上的元素都不为零元素，且这些不为零的元素叫作奇异值，该矩阵非对角线上的元素都是零；

　　　V^T——右奇异矩阵，其中包含的是正交向量。

由上可知：$UU^T = I$，$VV^T = I$，所以主成分可以表示为：$Y = XV = UD$。

设有数据集 $X = \{x_1, x_2, \cdots, x_n\}$，SVD 分解协方差矩阵求解主成分的步骤如下：

1）根据实际问题选取原始分析变量。

2）用每个变量减去各自的平均值。

3）计算样本的协方差矩阵。

4）基于 SVD 分解，求解出协方差矩阵的特征值及其对应的标准正交特征向量。

5）得到前 k 个主成分的表达式，确定主成分的数目，选取合适的主成分。

6）根据求解出的主成分深入研究实际数据。

7.1.4　机器学习算法

7.1.4.1　决策树算法

决策树（decision tree）是监督学习中的一种算法，能够直观展示分类过程及结果，条理清晰、程序严谨并且应用性强。决策树的思想就是利用条件分支结构，即 if/else 结构进行学习，是由多个判断节点组成的树。树模型的生长过程是通过分层逐层划分数据集，实际上也是一个迭代计算过程（每层由上一层的数据集决定有效规律的挖掘）。通常利用熵或基尼系数作为其评估指标，其中基尼系数 $[G(t)]$ 通过计算"1 减去每个类别占比的平方和"来作为纯度衡量指标，具体计算如式（7.15）所示，其值越小，表示数据标签纯度越高。

$$G(t) = 1 - \sum_{i=1}^{c} p(i/t)^2 \tag{7.15}$$

式中　　i——第 i 类；

　　　　c——当前数据总类为 c 类；

　　$p(i/t)$——第 i 类数据占当前数据中总数据的比例。

在预处理后的数据集中，将决策树算法所需训练集和测试集按照 8：2 的比例划分。先使用默认的参数建立决策树模型，使用精度得分函数即 accuracy_ score( ) 计算得出训练集精度和测试集精度。若过拟合严重，需要对模型进行剪枝处理。使用参数网格搜索方式训练，找出其最优最大深度（max depth）和最大叶数目（max leaf nodes），再代入模型，计算得出其训练集精度和测试集精度。同时，使用特征重要性函数 feature_ importances( ) 模块判断各个特征的重要程度。

7.1.4.2　随机森林算法

随机森林算法（random forests，RF）是 Leo Breiman 在 2001 年提出的一种集成算法，在特征选择和预测问题上有着广泛的应用。目前很多学者利用基尼系数进行随机森林算法的特征选择，其主要思想是对决策树的每一个节点（特征）计算基尼系数并进行划分，通过计算每个特征划分前后的基尼系数的差值确定当前特征的重要性，计算特征对每一棵树的重要性并加权平均后，得到特征的最终重要性程度。特征的基尼系数差值越大，其重要性越高。

随机森林是极具代表性的 bagging 集成算法，其以决策树为基础评估器，基于许多决策树的生成及组合以产生最终输出。随机森林是一种并联的思想，同时创建多个输入参数不同的树模型，每个树模型之间互不影响，共用相同的参数，单棵决策树的准确率越高，随机森林的准确率也会越高。每棵树具有独立评判标准，所有树模型评估结果组合，即可得出最终结果，这既能减少过拟合又保持了树的评估能力。随机森林有三个重要属性，即所有基础评估器的数量（estimators）、袋外得分（OOB score）和返回特征的重要性（feature importance）。其中，评估器数量的选择能够直接影响模型结果与准确程度。

与决策树算法一样，将预处理后的数据集按照 8：2 的比例划分训练集与测试集，特征变量与目标变量同决策树算法中的变量选取。初次选用评估器数量为 200（n - estimators = 200）、最大树深度为 15 进行训练。为了找出最优评估器的数量，利用参数设置函数 set_ params( ) 计算不同的评估器数量所对应的 OOB score 与测试集精度的变化情况。

随机森林在构建每棵树时，需要对训练集使用不同的 bootstrap sample（随机且有放回地抽取）。所以对于每棵树而言（假设对于第 k 棵树），大约有 1/3 的训练实例没有参与第 k 棵树的生成，称为第 k 棵树的 OOB 样本。

而这样的采样特点就允许我们进行 OOB 估计，它的计算方式如下：

1）对每个样本，计算它作为 OOB 样本的树对它的分类情况（约 1/3 的树）；

2）以简单多数投票作为该样本的分类结果；

3）用误分个数占样本总数的比率作为随机森林的 OOB 误分率。

此处，OOB 误分率是随机森林泛化误差的一个无偏估计，它的结果近似于需要大量计

算的 k 折交叉验证。

由此，可以得到袋外数据的误差 err OOB(out-of-bagerror)衡量特征重要性的方法：

1）对每一棵决策树，选择相应的袋外数据(OOB)计算袋外数据误差，记为 err OOB1；

2）随机对袋外数据 OOB 所有样本的特征 X 加入噪声干扰(可以随机改变样本在特征 X 处的值)，再次计算袋外数据误差，记为 err OOB2；

3）假设森林中有 N 棵树，则特征 X 的重要性为 $\sum \dfrac{(\mathrm{errOOB2} - \mathrm{errOOB1})}{N}$。

这个数值之所以能够说明特征的重要性，是因为如果加入随机噪声，那么袋外数据准确率将大幅度下降(err OOB2 上升)，表明这个特征对于样本的预测结果有很大影响，进而说明重要程度比较高。

7.1.4.3 AdaBoost 算法

AdaBoost 算法是 boosting 算法中的典型代表，主要思想是对初始化权重后的数据样本通过训练学习器进行分类学习。弱学习器通过 n 次迭代，每次弱学习器生成错误率 ε，下一个学习器基于上一个学习器的经验，通过调整样本的权重 α，使得上一个错分的样本在下一个学习器更受重视而达到不断提升的效果。这样经过 n 次迭代后就可获得 n 个基本学习器，所有的弱学习器整合生成最终强学习器。α 计算公式如式(7.16)所示。

$$\alpha = \frac{1}{2}\ln\left(\frac{1-\varepsilon}{\varepsilon}\right) \tag{7.16}$$

式中　α——样本权重；

ε——错误率，即未正确分类的样本数目在所有样本数目中的占比。

数据集的划分比例与特征变量选择同前两种算法一样。以决策树为基础学习器，其中选择学习器数量 n-estimators 为 600、学习速率 learning rate 为 0.5、max depth 为 10。利用混淆矩阵计算错误率，通过 ROC 曲线观测最终学习器的分类性能，ROC 曲线如图 7.2 所示。

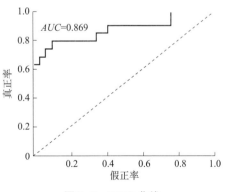

图 7.2　ROC 曲线

由图 7.2 可知，根据曲线位置，把整个图划分成两部分，曲线下方部分的面积被称为 AUC(area under curve)，用来表示预测准确性，AUC 值越高，也就是曲线下方面积越大，说明预测准确率越高。曲线越接近左上角（假正率越小，真正率越大），预测准确率越高。

7.1.5 聚类分析

聚类（Clustering）是一种寻找数据之间内在结构的技术，是指把全体数据实例组织成一些相似组，而这些相似组被称作簇。处于相同簇中的数据实例彼此相同，处于不同簇中的实例彼此不同。聚类技术通常又被称为无监督学习，与监督学习不同的是，在簇中那些表示数据类别的分类或分组信息是没有的。

聚类分析可以应用在数据预处理过程中，对于复杂结构的多维数据可以通过聚类分析的方法对数据进行聚集，使复杂结构数据标准化。聚类分析还可以用来发现数据项之间的依赖关系，从而去除或合并有密切依赖关系的数据项。聚类分析也可以为某些数据挖掘方法（如关联规则、粗糙集方法）提供预处理功能。

目前存在大量的聚类算法，算法的选择取决于数据的类型、聚类的目的和具体应用。聚类算法主要分为五大类：基于划分的聚类方法、基于层次的聚类方法、基于密度的聚类方法、基于网格的聚类方法和基于模型的聚类方法。

7.1.5.1　基于划分的聚类方法

基于划分的聚类方法是一种自顶向下的方法，对于给定的 n 个数据对象的数据集 D，将数据对象组织成 $k(k \leqslant n)$ 个分区，其中，每个分区代表一个簇。基于划分的聚类方法中，最经典的就是 k – 平均（k – means）算法和 k – 中心（k – medoids）算法，很多算法都是由这两个算法改进而来的。该算法的优点是收敛速度快；缺点是它要求类别数目 k 可以合理地估计，并且初始中心的选择和噪声会对聚类结果产生很大影响。

7.1.5.2　基于层次的聚类方法

基于层次的聚类方法是指对给定的数据进行层次分解，直到满足某种条件为止。该算法根据层次分解的顺序分为自底向上法和自顶向下法，即凝聚式层次聚类算法和分裂式层次聚类算法。

（1）自底向上法

首先，每个数据对象都是一个簇，计算数据对象之间的距离，每次将距离最近的点合并到同一个簇。其次，计算簇与簇之间的距离，将距离最近的簇合并为一个大簇。不停地合并，直到合成一个簇，或者达到某个终止条件为止。

簇与簇之间距离的计算方法有最短距离法、中间距离法、类平均法等。其中，最短距离法是将簇与簇的距离定义为簇与簇之间数据对象的最短距离。自底向上法的代表算法是AGNES（AGglomerative NESing）算法。

（2）自顶向下法

该方法在一开始所有个体都属于一个簇，然后逐渐细分为更小的簇，直到最终每个数据对象都在不同的簇中，或者达到某个终止条件为止。自顶向下法的代表算法是 DIANA

（Divisive Analysis）算法。

图 7.3 是基于层次的聚类算法的示意，上方显示的是 AGNES 算法的步骤，下方是 DIANA 算法的步骤。这两种方法没有优劣之分，只是在实际应用的时候要根据数据特点及想要的簇的个数，来考虑是自底向上更快还是自顶向下更快。

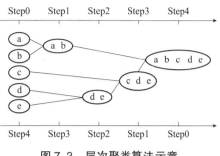

图 7.3　层次聚类算法示意

基于层次的聚类算法的主要优点包括，距离和规则的相似度容易定义，限制少，不需要预先制定簇的个数，可以发现簇的层次关系。基于层次的聚类算法的主要缺点包括，计算复杂度太高，奇异值也能产生很大影响，算法很可能聚类成链状。

7.1.5.3　基于密度的聚类方法

基于密度的聚类方法的主要目标是寻找被低密度区域分离的高密度区域。与基于距离的聚类算法不同的是，基于距离的聚类算法的聚类结果是球状的簇，而基于密度的聚类算法可以发现任意形状的簇。

基于密度的聚类方法是从数据对象分布区域的密度着手的。如果给定类中的数据对象在给定的范围区域中，则数据对象的密度超过某一阈值就继续聚类。

这种方法通过连接密度较大的区域，能够形成不同形状的簇，而且可以消除孤立点和噪声对聚类质量的影响，以及发现任意形状的簇。

基于密度的聚类方法中最具代表性的是 DBSCAN 算法、OPTICS 算法和 DENCLUE 算法。

7.1.5.4　基于网格的聚类方法

基于网格的聚类方法将空间量化为有限数目的单元，可以形成一个网格结构，所有聚

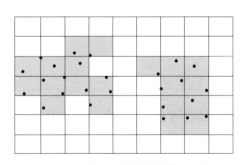

图 7.4　基于网格的聚类算法示意

类都在网格上进行。基本思想就是将每个属性的可能值分割成许多相邻的区间，并创建网格单元的集合。每个对象落入一个网格单元，网格单元对应的属性空间包含该对象的值，如图 7.4 所示。基于网格的聚类方法的主要优点是处理速度快，其处理时间独立于数据对象数，而仅依赖于量化空间中的每一维的单元数。这类算法的缺点是只能发现边界是水平或垂直的簇，而不能检测到斜边界。另外，在处理高维数据时，网格单元的数目会随属性维数的增长而呈指数级增长。

7.1.5.5　基于模型的聚类方法

基于模型的聚类方法是试图优化给定的数据和某些数学模型之间的适应性。该方法给每一个簇假定了一个模型，然后寻找数据对给定模型的最佳拟合。假定的模型可能是代表

数据对象在空间分布情况的密度函数或其他函数。这种方法的基本原理就是假定目标数据集是由一系列潜在的概率分布所决定的。

图 7.5 对基于划分的聚类方法和基于模型的聚类方法进行了对比。左侧给出的结果是基于距离的聚类方法，核心原则就是将距离近的点聚在一起。右侧给出的是基于概率分布模型的聚类方法，这里采用的概率分布模型是有一定弧度的椭圆。

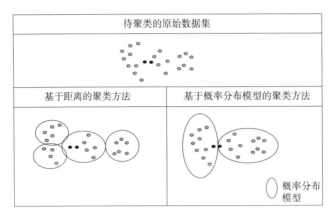

图 7.5　聚类方法对比示意

图 7.5 中标出了两个实心的点，这两点的距离很近，在基于距离的聚类方法中，它们聚在一个簇中，但基于概率分布模型的聚类方法将它们分在不同的簇中，这是为了满足特定的概率分布模型。在基于模型的聚类方法中，簇的数目是基于标准的统计数字自动决定的，噪声或孤立点也是通过统计数字来分析的。

7.1.6　皮尔逊相关系数分析

皮尔逊（Pearson）相关系数能直观地帮助人们理解变量之间的依赖关系，其计算公式如下：

$$R = \frac{\mathrm{cov}(X,Y)}{S_X \times S_Y} \tag{7.17}$$

式中　$\mathrm{cov}(X,Y)$ ——随机变量与的协方差；

　　　S_X 与 S_Y ——代表随机变量与的方差。

Pearson 相关系数对线性关系敏感，且要求两个变量必须存在方差，另外，其还对异常值和数据分布非常敏感。

MIC 的核心思想：如果两个变量之间存在某种相关关系，那么在由这两个变量组成的相关图上可以按照某种方式画出一套网格，使多数点散布在有限的几个单元格内。

计算 MIC 的基本数学原理是，对于任意两个变量 X 和 Y，在样本数据集 D 中，两变量分别具有 $|X|$ 种和 $|Y|$ 种可能取值，从而可将两变量的相关图划分成大小为 $|X| \times |Y|$ 的网格 G，然后用下式计算 MIC：

$$\mathrm{MIC}(X;Y\,|\,D) = \max_{|X||Y|<B(N)} \left\{ \frac{I^*_{|X|,|Y|(X;Y\,|\,D)}}{\lg(\min_{|X|,|Y|})} \right\} \tag{7.18}$$

式中　　　　　　　　　　　N——数据集 D 中的样本数目；

　　　　　　　　　　$B(N)$——网格 G 规格的上限值，通常取 $B(N) = N^{0.6}$；

$I^*_{|X|,|Y|(X;Y|D)} = \max_G I(X;Y|D)$ ——两变量在网格化取值之后的互信息最大值，一般认为

　　　　　　　　　　　　　　　　MIC 大于 0.5 时，两变量具有较强的相关性。

最大信息系数 MIC 的计算具体包括以下步骤：

1）对于任意 2 个随机变量 X 和 Y，根据样本数据，制作两个变量的相关散点图。

2）任意给定 $|X|$ 和 $|Y|$，将步骤(1)中散点图进行 $|X| \times |Y|$ 网格化，网格划分可以有多种方案，每种划分下可计算互信息值，依据式(7.19)获得互信息最大值：

$$I^*_{|X|,|Y|(X;Y|D)} = \max_G I(X;Y|D) = \max_G \left[\sum_{X,Y} p(X,Y) \lg 2 \frac{p(X,Y)}{p(X)p(Y)} \right] \qquad (7.19)$$

式中　　　　　G——一种网格划分方案；

　$p(X)$ 和 $p(Y)$——随机变量 X 和 Y 的概率；

　$p(X, Y)$——随机变量 X 和 Y 联合概率。

3）重复步骤(2)，直到获得足够多的互信息最大值。

4）将所有互信息最大值进行归一化，即除以 $\lg[\min(|X|,|Y|)]$，取归一化后的最大值为最大信息系数 MIC。

"Pearson – MIC"相关性综合评价方法：相对于 Pearson 相关系数，MIC 更稳健，不易受异常值影响，并且可以检测出变量之间潜在的非线性关系。尽管如此，Pearson 相关系数也有自身独具的优势。首先，如果两个变量的位置和尺度发生改变，这不会引起 Pearson 系数的变化；其次，由于该指标可提供比较可靠的线性相关程度，对拟合线性经验公式很重要。

7.1.7　因子分析

因子分析是基于降维的思想，在尽可能不损失或少损失原始数据信息的情况下，将错综复杂的众多变量聚合成少数几个独立的公共因子，这几个公共因子可以反映原来众多变量的主要信息，在减少变量个数的同时，反映变量之间的内在联系。

通常因子分析有三种作用：一是因子降维，二是计算因子权重，三是计算加权计算因子汇总综合得分。首先因子降维，使用因子分析对多个观测变量进行降维处理，如将多个问卷题目降维为几个公共因子，提高数据处理效率，如分析用户对产品的态度、品质等。其次计算因子权重，使用因子分析计算因子权重，将多个观测变量转换为几个公共因子，从而更好地理解观测变量之间的关系，如分析影响股票价格的因素。最后计算加权计算因子汇总综合得分，使用因子分析计算加权综合得分，将多个观测变量转换为几个公共因子，并使用因子载荷计算加权得分，如评估企业综合风险等级。

因子分析类别包括探索性因子分析和验证性因子分析。

探索性因子分析法(exploratory factor analysis，EFA)是探讨一组可测变量的特征、性质和内部的关联性，并揭示有多少主要的潜在因子可能影响这些变量。探索性因子分析要求

找出相互独立的潜在因子，并且这些独立的潜在因子要尽可能多地概括原有可测变量的信息，适用于在研究初期对原始数据的探讨。

验证性因子分析（confirmatory factor analysis，CFA）在测量之前有相应的理论基础和因子结构假设，进行验证性因子分析的目的就是检验因子结构假设的合理性。目的是描述观察变量与潜在因子之间的关系，具有有效的实际意义，因此需要进行统计检验。验证性因子分析要求总样本数据（行数）最少是全部题目（列数）的 5 倍以上，最好 10 倍以上，且一般情况下至少需要 200 个样本。

7.1.8 深度学习

深度学习方法通常是指隐藏层超过两层的神经网络方法。主要分为两个步骤：第一步为深度神经网络模型训练，第二步为单参数调整模型预测分析。

深度神经网络模型训练的流程：首先将输入数据和目标数据导入并进行归一化。归一化方法为最大最小值法，对同类参数分别归一化，将值域控制在 0 和 1 之间。其次将输入数据随机分组为训练组和检验组，其中检验组数据占 20%。将训练组输入深度神经网络进行训练，训练合格后将检验组输入模型进行验证，当两者误差均达到较小时，输出深度神经网络模型。深度神经网络的结构如图 7.6 所示。

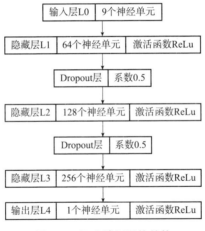

图 7.6 深度神经网络结构

7.2 二氧化碳地质封存主控因素分析

根据前文二氧化碳封存效果模拟研究，得到二氧化碳在地质封存过程中受储层物性参数、流体属性、盖层特征和断层特征等多方面因素影响，且各个因素对其影响机理和影响程度均存在差异。而明确二氧化碳地质封存的主控因素，可以为封存选址和改善封存效果提供有力支撑。本节选取灰色关联度分析方法，来分别分析枯竭油气藏和咸水层中二氧化碳地质封存的主控因素。

7.2.1 评价指标序列确定

CO_2 地质封存主要包括构造封存、溶解封存、残余气封存和矿物封存四种机理，随着封存时间增加，起主要作用的封存机理出现差异。单位体积储层 CO_2 的溶解质量代表了溶解封存能力，CO_2 的溶解能够减少气相 CO_2 的数量以及降低 CO_2 泄漏的风险，属于比较稳定的化学封存。因此溶解封存能力越大，以稳定状态封存的 CO_2 量越多；气态 CO_2 饱和度是指有效孔隙体积中气态 CO_2 体积所占的比例，即包括所有非液态 CO_2 的体积，由于气态 CO_2 越多，CO_2 向上运移突破盖层泄漏的风险越大，因此气态 CO_2 饱和度代表了储层中 CO_2 封存的安全性，即气态 CO_2 饱和度越小，封存安全性越高。鉴于此，选取单位体积储层中 CO_2 的溶解质量和气态 CO_2 饱和度为评价目标，即灰色关联度分析中的母序列。

根据前文的 CO_2 地质封存效果模拟分析，CO_2 地质封存过程中，封存效果的影响因素主要包括储层物性参数、流体属性、盖层特征和断层特征四方面。其中地层水组分对封存效果的影响不大，断层分布主要控制 CO_2 泄漏形式，因此不考虑以上两个因素，选取地层温度、地层压力、储层孔隙度、储层渗透率、纵横渗透率比、残余气饱和度、地层水矿化度、盖层总厚度、盖层内部单层厚度、盖地比、断层发育位置、断层带厚度和断层渗透率 13 个参数为评价指标，即灰色关联度分析中的子序列。

7.2.2 枯竭油气藏二氧化碳封存主控因素

通过数值模拟方法，建立了 20 组地质条件不同的枯竭油气藏 CO_2 封存模型。各模型中作为评价指标的参数根据国内外枯竭油气藏 CO_2 封存项目实际地质条件取值，并进行随机排序，其他参数均相同（设置储层厚度为 100m，CO_2 注入速率为 2.5kg/s）。20 组模型具体的评价指标参数见表 7.1，评价目标结果见表 7.2，模拟结果分别如图 7.7、图 7.8 所示。其中单位体积枯竭油气藏中 CO_2 的溶解质量（XCO_2aq）、气态 CO_2 饱和度（S_g）均为井筒附近储层顶部相同位置的单元格。

表 7.1 枯竭油气藏 20 组模型具体的评价指标参数

模型序号	地层温度/℃	地层压力/MPa	储层孔隙度/%	储层渗透率/($10^{-3}\mu m^2$)	纵横渗透率比	残余气饱和度	地层水矿化度/%	盖层总厚度/m	盖层内部单层厚度/m	盖地比	断层发育位置/m	断层带厚度/m	断层渗透率/($10^{-3}\mu m^2$)
1	73	9	22	50	0.5	0.05	2	54	3	0.33	600	500	6000
2	95	6	29	66	0.9	0.08	6	72	18	0.75	1000	200	5000
3	91	4	25	75	0.8	0.04	5	60	10	0.68	200	300	9000
4	76	4	27	96	1.1	0.08	1	88	22	0.5	400	100	4000
5	78	9	22	86	1.7	0.04	6	65	5	0.46	1100	400	8000
6	75	3	30	75	0.9	0.02	4	90	10	0.78	700	200	7000
7	96	11	28	95	2.4	0.05	6	78	6	0.23	600	600	4000
8	100	7	23	82	0.7	0.02	2	63	3	0.86	800	200	3000

续表

模型序号	地层温度/℃	地层压力/MPa	储层孔隙度/%	储层渗透率/($10^{-3}\mu m^2$)	纵横渗透率比	残余气饱和度	地层水矿化度/%	盖层总厚度/m	盖层内部单层厚度/m	盖地比	断层发育位置/m	断层带厚度/m	断层渗透率/($10^{-3}\mu m^2$)
9	97	9	26	90	1.5	0.04	6	55	11	0.80	300	400	8000
10	76	10	30	55	1.6	0.06	2	78	26	0.67	900	300	7000
11	70	5	28	69	1.8	0.07	3	77	7	0.55	500	500	5000
12	80	12	29	82	0.6	0.02	4	96	12	0.38	800	100	9000
13	78	4	22	58	0.7	0.06	5	72	6	0.92	1200	200	3000
14	95	12	30	68	0.6	0.08	6	81	9	0.22	300	400	6000
15	69	9	27	78	1.2	0.08	3	84	21	0.75	400	500	4000
16	87	7	25	97	1.9	0.04	5	90	3	0.43	100	300	9000
17	95	13	26	60	1.3	0.10	4	52	13	0.25	900	400	6000
18	85	3	21	87	1.3	0.04	1	48	6	0.88	700	100	3000
19	77	12	26	59	0.6	0.11	2	68	34	0.5	500	600	5000
20	78	13	24	72	1.5	0.06	1	96	4	0.63	200	300	8000

表 7.2　枯竭油气藏 20 组模型的评价目标结果

模型序号	1	2	3	4	5	6	7	8	9	10
$X\text{CO}_2\text{aq}/(\text{kg/m}^3)$	0.05555	0.04709	0.04904	0.05855	0.04672	0.5226	0.4723	0.05879	0.04839	0.05530
$S_g/\%$	0.580	0.474	0.519	0.511	0.554	0.531	0.588	0.571	0.523	0.553
模型序号	11	12	13	14	15	16	17	18	19	20
$X\text{CO}_2\text{aq}/(\text{kg/m}^3)$	0.05216	0.05025	0.04884	0.04704	0.05271	0.04842	0.05254	0.05912	0.05530	0.05806
$S_g/\%$	0.543	0.481	0.487	0.530	0.483	0.594	0.571	0.536	0.481	0.558

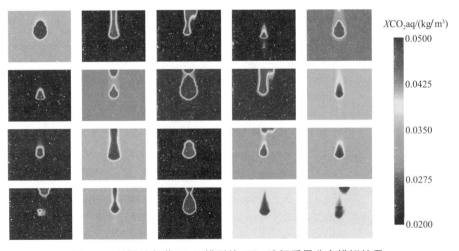

图 7.7　枯竭油气藏 20 组模型的 CO_2 溶解质量分布模拟结果

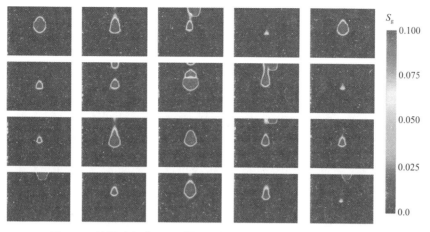

图 7.8 枯竭油气藏 20 组模型的气态 CO_2 饱和度分布模拟结果

在明确评价指标序列后，进行灰色关联度分析之前，需要对数据进行无量纲处理。选择极大值标准化（max - abs）方法处理数据，即把各单项参数除以同类参数中的最大值，消除量纲和数量级的影响，将各参数都化为 0 和 1 之间的数据。由于各参数对评价目标的影响存在差异，因此分两种情况进行数据标准化处理：①对于具有正相关影响的参数，用单个参数除以本指标系列的最大值；②对于具有负相关影响的参数，用本参数的最大值减去单项参数之差再除以最大值，使参数具有可比性。枯竭油气藏数据经无量纲处理后的结果分别见表 7.3 和表 7.4。

表 7.3 枯竭油气藏以 XCO_2aq 为评价目标的无量纲处理结果

模型序号	地层温度/℃	地层压力/MPa	储层孔隙度/%	储层渗透率/$(10^{-3}\mu m^2)$	纵横渗透率比	残余气饱和度	地层水矿化度/%	盖层总厚度/m	盖层内部单层厚度/m	盖地比	断层发育位置/m	断层带厚度/m	断层渗透率/$(10^{-3}\mu m^2)$
1	0.27	0.31	0.27	0.52	0.79	0.55	0.67	0.56	0.91	0.36	0.50	0.17	0.33
2	0.05	0.54	0.03	0.68	0.63	0.27	0.00	0.75	0.47	0.82	0.83	0.67	0.44
3	0.09	0.69	0.17	0.77	0.67	0.64	0.17	0.63	0.71	0.74	0.17	0.50	0.00
4	0.24	0.69	0.10	0.99	0.54	0.27	0.83	0.92	0.35	0.54	0.33	0.83	0.56
5	0.22	0.31	0.27	0.89	0.29	0.64	0.68	0.85	0.50	0.92	0.33	0.11	
6	0.25	0.77	0.00	0.77	0.63	0.82	0.33	0.94	0.71	0.85	0.58	0.67	0.22
7	0.04	0.15	0.07	0.98	0.00	0.55	0.00	0.81	0.82	0.25	0.50	0.00	0.56
8	0.00	0.46	0.23	0.85	0.71	0.82	0.67	0.66	0.91	0.93	0.67	0.67	0.67
9	0.03	0.31	0.13	0.93	0.38	0.64	0.00	0.57	0.68	0.87	0.25	0.33	0.11
10	0.24	0.23	0.00	0.57	0.33	0.45	0.67	0.81	0.24	0.73	0.75	0.50	0.22
11	0.30	0.62	0.07	0.71	0.25	0.36	0.50	0.80	0.79	0.60	0.42	0.17	0.44
12	0.20	0.08	0.03	0.85	0.75	0.82	0.33	1.00	0.65	0.41	0.67	0.83	0.00
13	0.22	0.69	0.27	0.60	0.71	0.45	0.17	0.75	0.82	1.00	1.00	0.67	0.67
14	0.05	0.08	0.00	0.70	0.75	0.27	0.00	0.84	0.74	0.24	0.25	0.33	0.33
15	0.31	0.31	0.10	0.80	0.50	0.27	0.50	0.88	0.38	0.82	0.33	0.17	0.56

模型序号	地层温度/℃	地层压力/MPa	储层孔隙度/%	储层渗透率/($10^{-3}\mu m^2$)	纵横渗透率比	残余气饱和度	地层水矿化度/%	盖层总厚度/m	盖层内部单层厚度/m	盖地比	断层发育位置/m	断层带厚度/m	断层渗透率/($10^{-3}\mu m^2$)
16	0.13	0.46	0.17	1.00	0.21	0.64	0.17	0.94	0.91	0.47	0.08	0.50	0.00
17	0.05	0.00	0.13	0.62	0.46	0.09	0.33	0.54	0.62	0.27	0.75	0.33	0.33
18	0.15	0.77	0.30	0.90	0.46	0.64	0.83	0.50	0.82	0.96	0.58	0.83	0.67
19	0.23	0.08	0.13	0.61	0.75	0.00	0.67	0.71	0.00	0.54	0.42	0.00	0.44
20	0.22	0.00	0.20	0.74	0.38	0.45	0.83	1.00	0.88	0.68	0.17	0.50	0.11

表7.4　枯竭油气藏以 S_g 为评价目标的无量纲处理结果

模型序号	地层温度/℃	地层压力/MPa	储层孔隙度/%	储层渗透率/($10^{-3}\mu m^2$)	纵横渗透率比	残余气饱和度	地层水矿化度/%	盖层总厚度/m	盖层内部单层厚度/m	盖地比	断层发育位置/m	断层带厚度/m	断层渗透率/($10^{-3}\mu m^2$)
1	0.73	0.69	0.73	0.48	0.21	0.55	0.33	0.44	0.09	0.64	0.50	0.83	0.67
2	0.95	0.46	0.97	0.32	0.38	0.27	1.00	0.25	0.53	0.18	0.17	0.33	0.56
3	0.91	0.31	0.83	0.23	0.33	0.64	0.83	0.38	0.29	0.83	0.83	0.50	1.00
4	0.76	0.31	0.90	0.01	0.46	0.27	0.17	0.08	0.65	0.46	0.67	0.17	0.44
5	0.78	0.69	0.73	0.11	0.71	0.64	1.00	0.32	0.15	0.50	0.08	0.67	0.89
6	0.75	0.23	1.00	0.23	0.38	0.82	0.67	0.06	0.29	0.15	0.42	0.33	0.78
7	0.96	0.85	0.93	0.02	1.00	0.55	1.00	0.19	0.18	0.75	0.50	1.00	0.44
8	1.00	0.54	0.77	0.15	0.29	0.82	0.33	0.34	0.09	0.07	0.33	0.33	0.33
9	0.97	0.69	0.87	0.07	0.63	0.64	1.00	0.43	0.32	0.13	0.75	0.67	0.89
10	0.76	0.77	1.00	0.43	0.67	0.45	0.33	0.19	0.76	0.27	0.25	0.50	0.78
11	0.70	0.38	0.93	0.29	0.75	0.36	0.50	0.20	0.21	0.40	0.58	0.83	0.56
12	0.80	0.92	0.97	0.15	0.25	0.82	0.67	0.00	0.35	0.59	0.33	0.17	1.00
13	0.78	0.31	0.73	0.40	0.29	0.45	0.83	0.25	0.18	0.00	0.00	0.33	0.33
14	0.95	0.92	1.00	0.16	0.26	0.76	1.00	0.16	0.26	0.76	0.75	0.67	0.67
15	0.69	0.69	0.90	0.20	0.50	0.27	0.50	0.13	0.62	0.18	0.67	0.83	0.44
16	0.87	0.54	0.83	0.00	0.79	0.64	0.83	0.06	0.09	0.53	0.92	0.50	1.00
17	0.95	1.00	0.87	0.38	0.54	0.09	0.67	0.46	0.38	0.73	0.25	0.67	0.67
18	0.85	0.23	0.70	0.10	0.54	0.64	0.17	0.50	0.18	0.04	0.42	0.17	0.33
19	0.77	0.92	0.87	0.39	0.25	0.27	0.33	0.29	1.00	0.46	0.58	1.00	0.56
20	0.78	1.00	0.80	0.26	0.63	0.45	0.17	0.00	0.12	0.32	0.83	0.50	0.89

数据标准化处理后，计算各影响因素与评价目标之间的灰色关联度系数和灰色关联度，结果见表7.5，具体计算方法见式(7.11)。结果表明，以单位体积枯竭油气藏 CO_2 溶解质量为评价目标时，各参数的灰色关联度由大到小为储层孔隙度、地层温度、断层渗透率、地层压力、地层水矿化度、断层带厚度、残余气饱和度、断层发育位置、纵横渗透率比、盖地比、盖层内部单层厚度、盖层总厚度、储层渗透率；以气态 CO_2 饱和度为评价目

标时，各参数的灰色关联度由大到小为纵横渗透率比、残余气饱和度、断层渗透率、断层带厚度、盖地比、断层发育位置、地层压力、地层水矿化度、盖层总厚度、储层渗透率、盖层内部单层厚度、地层温度、储层孔隙度。关联度越大，对评价目标的影响程度越大，因此枯竭油气藏 CO_2 溶解封存量受储层孔隙度、地层温度和断层渗透率的影响更大，CO_2 封存安全性受纵横渗透率比、残余气饱和度和断层渗透率的影响更大。

表 7.5　枯竭油气藏各指标参数与评价目标的灰色关联度计算结果

指标		单位体积枯竭油气藏 CO_2 溶解质量		气态 CO_2 饱和度	
		灰色关联度	排序	灰色关联度	排序
储层物性参数	地层温度	0.819	2	0.519	12
	地层压力	0.648	4	0.609	7
	储层孔隙度	0.844	1	0.497	13
	储层渗透率	0.406	13	0.538	10
	纵横渗透率比	0.54	9	0.687	1
流体属性	残余气饱和度	0.561	7	0.673	2
	地层水矿化度	0.641	5	0.562	8
盖层封闭性	盖层总厚度	0.41	12	0.546	9
	盖层内部单层厚度	0.467	11	0.536	11
	盖地比	0.481	10	0.62	5
断层特征	断层发育位置	0.557	8	0.611	6
	断层带厚度	0.587	6	0.633	4
	断层渗透率	0.661	3	0.644	3

7.2.3　咸水层二氧化碳封存主控因素

通过数值模拟方法，建立了 20 组地质条件不同的咸水层 CO_2 封存模型。各模型中作为评价指标的参数根据国内外咸水层 CO_2 封存项目实际地质条件取值，并进行随机排序，其他参数均相同（设置储层厚度为 100m，CO_2 注入速率为 2.5kg/s）。20 组模型具体的评价指标参数见表 7.6，评价目标结果见表 7.7，模拟结果分别如图 7.9、图 7.10 所示。其中单位体积咸水层中 CO_2 的溶解质量（XCO_2aq）、气态 CO_2 饱和度（S_g）为井筒附近储层顶部相同位置的单元格。

表 7.6　咸水层 20 组模型具体的评价指标参数

模型序号	地层温度/℃	地层压力/MPa	储层孔隙度/%	储层渗透率/($10^{-3}\mu m^2$)	纵横渗透率比	残余气饱和度	地层水矿化度/%	盖层总厚度/m	盖层内部单层厚度/m	盖地比	断层发育位置/m	断层带厚度/m	断层渗透率/($10^{-3}\mu m^2$)
1	73	16	38	242	2.4	0.10	10	69	3	0.39	600	200	6000
2	30	13	34	432	2.1	0.09	20	60	20	0.67	1000	400	5000
3	31	14	37	390	0.8	0.11	4	50	10	0.80	200	800	9000

续表

模型序号	地层温度/℃	地层压力/MPa	储层孔隙度/%	储层渗透率/($10^{-3}\mu m^2$)	纵横渗透率比	残余气饱和度	地层水矿化度/%	盖层总厚度/m	盖层内部单层厚度/m	盖地比	断层发育位置/m	断层带厚度/m	断层渗透率/($10^{-3}\mu m^2$)
4	72	10	31	308	4.5	0.09	6	64	4	0.56	400	1200	4000
5	79	17	35	272	1.9	0.03	12	72	12	0.33	1200	600	8000
6	49	10	30	368	0.6	0.08	11	95	5	0.74	800	200	7000
7	44	20	37	128	1.4	0.12	18	84	6	0.93	600	800	4000
8	35	12	33	199	2.2	0.05	6	77	11	0.43	1000	400	3000
9	71	20	40	159	0.7	0.10	1	56	7	0.50	400	1000	8000
10	54	15	31	335	1.2	0.07	13	69	23	0.67	600	1200	7000
11	46	14	36	434	0.9	0.09	15	85	17	0.80	1200	600	5000
12	49	20	34	313	1.7	0.12	7	96	8	0.33	800	200	9000
13	55	16	32	451	1.1	0.06	3	75	15	0.60	1200	400	3000
14	62	13	38	465	2.7	0.08	13	52	13	1.00	400	200	6000
15	67	15	38	330	0.5	0.04	4	60	6	0.83	800	800	4000
16	37	17	40	188	2.5	0.07	19	100	4	0.44	200	1200	9000
17	35	15	34	444	0.7	0.10	1	81	9	0.78	1000	400	6000
18	30	15	30	141	1.6	0.12	20	70	14	0.60	600	1000	3000
19	33	18	32	431	0.6	0.05	12	64	16	0.50	400	200	5000
20	74	18	34	426	1.8	0.08	16	55	5	0.91	200	400	8000

表7.7　20 组模型的评价目标结果

模型序号	1	2	3	4	5	6	7	8	9	10
$XCO_2 aq/(kg/m^3)$	0.04773	0.04828	0.04826	0.04835	0.04791	0.04829	0.04805	0.04799	0.04781	0.04839
$S_g/\%$	0.119	0.105	0.135	0.117	0.000	0.097	0.140	0.069	0.120	0.091
模型序号	11	12	13	14	15	16	17	18	19	20
$XCO_2 aq/(kg/m^3)$	0.04797	0.04764	0.04821	0.04837	0.04817	0.04707	0.04815	0.04838	0.04828	0.04851
$S_g/\%$	0.103	0.134	0.080	0.350	0.063	0.094	0.117	0.144	0.081	0.113

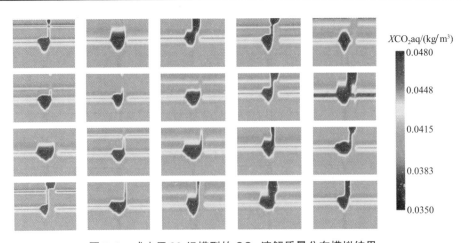

图 7.9　咸水层 20 组模型的 CO_2 溶解质量分布模拟结果

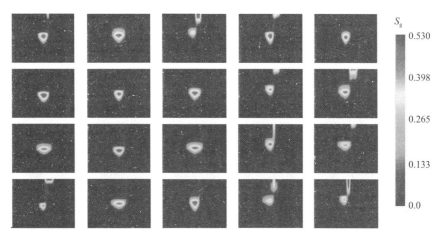

$$S_g$$

0.530
0.398
0.265
0.133
0.0

图 7.10　咸水层 20 组模型的气态 CO_2 饱和度分布模拟结果

　　咸水层中也采用极大值标准化方法对评价指标数据进行无量纲处理，具体方法和枯竭油气藏相同，咸水层数据经无量纲处理后的结果分别见表 7.8、表 7.9。

表 7.8　咸水层以 XCO_2aq 为评价目标的无量纲处理结果

模型序号	地层温度/℃	地层压力/MPa	储层孔隙度/%	储层渗透率/（$10^{-3}\mu m^2$）	纵横渗透率比	残余气饱和度	地层水矿化度/%	盖层总厚度/m	盖层内部单层厚度/m	盖地比	断层发育位置/m	断层带厚度/m	断层渗透率/（$10^{-3}\mu m^2$）
1	0.08	0.2	0.95	0.52	0.47	0.17	0.5	0.69	0.87	0.39	0.50	0.83	0.33
2	0.62	0.35	0.85	0.93	0.53	0.25	0	0.6	0.13	0.67	0.83	0.67	0.44
3	0.61	0.3	0.93	0.84	0.82	0.08	0.8	0.5	0.57	0.8	0.17	0.33	0.00
4	0.09	0.5	0.78	0.66	0.00	0.25	0.7	0.64	0.83	0.56	0.33	0.00	0.56
5	0.00	0.15	0.88	0.58	0.58	0.75	0.4	0.72	0.48	0.33	1.00	0.50	0.11
6	0.38	0.5	0.75	0.79	0.87	0.33	0.45	0.95	0.78	0.74	0.67	0.83	0.22
7	0.44	0	0.93	0.28	0.69	0.00	0.1	0.84	0.74	0.93	0.50	0.33	0.56
8	0.56	0.4	0.83	0.43	0.51	0.58	0.7	0.77	0.52	0.43	0.83	0.67	0.67
9	0.10	0	1	0.34	0.84	0.17	0.95	0.56	0.70	0.5	0.33	0.17	0.11
10	0.32	0.25	0.78	0.72	0.73	0.42	0.35	0.69	0.00	0.67	0.50	0.00	0.22
11	0.42	0.3	0.9	0.93	0.80	0.25	0.25	0.85	0.26	0.8	1.00	0.50	0.44
12	0.38	0	0.85	0.67	0.62	0.00	0.65	0.96	0.65	0.33	0.67	0.83	0.00
13	0.30	0.2	0.8	0.97	0.76	0.50	0.85	0.75	0.35	0.6	1.00	0.67	0.67
14	0.22	0.35	0.95	1.00	0.40	0.33	0.35	0.52	0.43	1	0.33	0.83	0.33
15	0.15	0.25	0.95	0.71	0.89	0.67	0.8	0.6	0.74	0.83	0.67	0.33	0.56
16	0.53	0.15	1	0.40	0.44	0.42	0.05	1	0.83	0.44	0.17	0.00	0.00
17	0.56	0.25	0.85	0.95	0.84	0.17	0.95	0.81	0.61	0.78	0.83	0.67	0.33
18	0.62	0.25	0.75	0.30	0.64	0.00	0	0.7	0.39	0.6	0.50	0.17	0.67
19	0.58	0.1	0.8	0.93	0.87	0.58	0.4	0.64	0.30	0.5	0.33	0.83	0.44
20	0.06	0.1	0.85	0.92	0.60	0.33	0.2	0.55	0.78	0.91	0.17	0.67	0.11

表 7.9 咸水层以 S_g 为评价目标的无量纲处理结果

模型序号	地层温度/℃	地层压力/MPa	储层孔隙度/%	储层渗透率/($10^{-3}\mu m^2$)	纵横渗透率比	残余气饱和度	地层水矿化度/%	盖层总厚度/m	盖层内部单层厚度/m	盖地比	断层发育位置/m	断层带厚度/m	断层渗透率/($10^{-3}\mu m^2$)
1	0.92	0.80	0.05	0.48	0.53	0.17	0.50	0.31	0.13	0.61	0.50	0.17	0.67
2	0.38	0.65	0.15	0.07	0.47	0.25	1.00	0.40	0.87	0.33	0.17	0.33	0.56
3	0.39	0.70	0.08	0.16	0.18	0.08	0.20	0.50	0.43	0.20	0.83	0.67	1.00
4	0.91	0.50	0.23	0.34	1.00	0.25	0.30	0.36	0.17	0.44	0.67	1.00	0.44
5	1.00	0.85	0.13	0.42	0.42	0.75	0.60	0.28	0.52	0.67	0.00	0.50	0.89
6	0.62	0.50	0.25	0.21	0.13	0.33	0.55	0.05	0.22	0.26	0.33	0.17	0.78
7	0.56	1.00	0.08	0.72	0.31	0.00	0.90	0.16	0.26	0.07	0.50	0.67	0.44
8	0.44	0.60	0.18	0.57	0.49	0.58	0.30	0.23	0.48	0.57	0.17	0.33	0.33
9	0.90	1.00	0.00	0.66	0.16	0.17	0.05	0.44	0.30	0.50	0.67	0.83	0.89
10	0.68	0.75	0.23	0.28	0.27	0.42	0.65	0.31	1.00	0.33	0.50	1.00	0.78
11	0.58	0.70	0.10	0.07	0.20	0.25	0.75	0.15	0.74	0.20	0.00	0.50	0.56
12	0.62	1.00	0.15	0.33	0.38	0.25	0.35	0.04	0.35	0.67	0.33	0.17	1.00
13	0.70	0.80	0.20	0.03	0.24	0.50	0.15	0.25	0.65	0.40	0.00	0.33	0.33
14	0.78	0.65	0.20	0.60	0.60	0.33	0.65	0.48	0.57	0.00	0.67	0.17	0.67
15	0.85	0.75	0.05	0.29	0.11	0.67	0.20	0.40	0.26	0.17	0.33	0.67	0.44
16	0.47	0.85	0.00	0.60	0.56	0.42	0.95	0.00	0.17	0.56	0.83	1.00	1.00
17	0.44	0.75	0.15	0.05	0.16	0.17	0.05	0.19	0.39	0.22	0.17	0.33	0.67
18	0.38	0.75	0.25	0.70	0.36	0.00	1.00	0.30	0.61	0.40	0.50	0.83	0.33
19	0.42	0.90	0.20	0.07	0.13	0.58	0.36	0.70	0.70	0.13	0.67	0.17	0.56
20	0.94	0.90	0.15	0.08	0.40	0.33	0.80	0.45	0.22	0.09	0.83	0.33	0.89

数据标准化处理后，计算各影响因素与评价目标之间的灰色关联度系数和灰色关联度，结果见表 7.10，具体计算方法见式(7.11)。计算结果表明，以单位体积咸水层 CO_2 溶解质量为评价目标时，各参数的灰色关联度由大到小为地层压力、残余气饱和度、断层渗透率、地层温度、地层水矿化度、断层带厚度、盖层内部单层厚度、断层发育位置、纵横渗透率比、盖地比、储层渗透率、盖层总厚度、储层孔隙度；以气态 CO_2 饱和度为评价目标时，各参数的灰色关联度由大到小为储层孔隙度、盖层总厚度、纵横渗透率比、储层渗透率、残余气饱和度、盖地比、盖层内部单层厚度、断层发育位置、断层带厚度、地层水矿化度、地层温度、断层渗透率、地层压力。关联度越大，对评价目标的影响程度越大，因此咸水层 CO_2 溶解封存量受地层压力、残余气饱和度、断层渗透率的影响更大，CO_2 封存安全性受孔隙度、盖层总厚度、纵横渗透率比的影响更大。

表 7.10 咸水层各指标参数与评价目标的灰色关联度计算结果

指标		单位体积咸水层 CO₂ 溶解质量		气态 CO₂ 饱和度	
		灰色关联度	排序	灰色关联度	排序
储层物性 参数	地层温度	0.658	4	0.504	11
	地层压力	0.736	1	0.442	13
	储层孔隙度	0.371	13	0.855	1
	储层渗透率	0.45	11	0.715	4
	纵横渗透率比	0.465	9	0.719	3
	残余气饱和度	0.677	2	0.714	5
流体属性	地层水矿化度	0.59	5	0.595	10
盖层 封闭性	盖层总厚度	0.425	12	0.74	2
	盖层内部 单层厚度	0.524	7	0.648	7
	盖地比	0.465	10	0.667	6
断层 特征	断层发育位置	0.523	8	0.646	8
	断层带厚度	0.568	6	0.605	9
	断层渗透率	0.66	3	0.502	12

7.3 小结

CO₂ 地质封存效果的影响因素较多，而筛选主控因素，可以为封存效果评价及封存选址提供重要理论支撑。理论研究中常用的主控因素分析包括灰色关联度分析、层次分析、主成分分析、机器学习算法、聚类分析、皮尔逊相关系数分析、因子分析和深度学习等多种方法，在实际应用中应结合各种方法的优缺点和实际需求选择合适的方法进行分析。本章以储层物性参数、流体属性、盖层特征和断层特征四个方面的影响因素作为评价指标，以单位体积储层 CO₂ 溶解质量和气态 CO₂ 饱和度为评价目标，建立主控因素分析的评价指标序列。结合数值模拟方法，以实际 CO₂ 地质封存项目的地质条件对各个评价指标参数取值，并随机排列，利用灰色关联度分析方法，分别分析了枯竭油气藏和咸水层 CO₂ 地质封存的主控因素。其中，枯竭油气藏 CO₂ 溶解封存量受储层孔隙度、地层温度和断层渗透率的影响较大，CO₂ 封存安全性受纵横渗透率比、残余气饱和度和断层渗透率的影响较大；咸水层 CO₂ 溶解封存量受地层压力、残余气饱和度、断层渗透率的影响较大，CO₂ 封存安全性受孔隙度、盖层总厚度、纵横渗透率比的影响较大。

8 二氧化碳地质封存效果评价方法

二氧化碳封存效果是封存是否可行的重要指标，其评价主要包括封存潜力评估和封存适宜性评价两方面。本章重点介绍二氧化碳地质封存潜力评估方法、封存潜力分级、封存评价体系和封存适宜性评价。

8.1 封存潜力评估

二氧化碳地质封存潜力是指实际封存能力的扩展性，这种封存潜力会受到地质条件、政策、技术水平等外部因素的影响。国外研究人员提出有关二氧化碳地质封存潜力的评价方法理论和基本框架较早，我国目前在进行二氧化碳地质封存潜力评价时，是以已有的模型作为开展潜力评价的基础。在进行封存潜力评价的过程中，二氧化碳地质封存量是一项重要指标，因此对封存量进行计算是评价研究的主要内容。当前已有的二氧化碳地质封存量计算方法包括封存机理法、面积法、容积法、容量系数法、溶解度法等。

8.1.1 封存机理法

CO_2 在地质封存过程中以超临界状态存在，CO_2 注入地层后在浮力作用下聚集在盖层底部，逐步充满整个储层空间，部分溶解在地层水中与离子、矿物等反应最终实现长期封存。由于 CO_2 在地质封存过程中主要包括构造封存、残余气封存、溶解封存和矿物封存四种封存机理，且不同封存机理发挥作用的时间存在差异，因此可以分别计算各封存机理的封存量，四种封存机理的封存量总和即为地质体的封存潜力。

8.1.1.1 构造封存量计算

1992 年，Koide 等提出基于面积法评估储层封存潜力，假设储层闭合构造，计算面积是地下面积投影到地面上的面积，欧盟委员会后来沿用了该方法。该方法参数少且易获得，但准确性不高，计算公式为：

$$M_s = F_{ac}S_t AH \tag{8.1}$$

式中　M_s——构造封存有效封存量，kg；

$\quad\quad F_{ac}$——覆盖系数，取值 50%；

$\quad\quad S_t$——封存系数，取值 200kg/m³；

$\quad\quad A$——储层面积，m²；

H——储层厚度，m。

美国能源部采用容积法评估碳封存量，该方法假设 CO_2 注入后替换储层内所有孔隙体积，精度更高，其计算公式为：

$$M_s = AH\varphi\rho_{CO_2}E \tag{8.2}$$

式中　φ——储层孔隙度,%；

　　　ρ_{CO_2}——地层条件下 CO_2 密度，kg/m^3；

　　　E——有效封存系数。

式(8.2)中有效封存系数 E 反映了理想条件下有效封存量与理论封存量的比值，用于校正计算参数与实际参数之间的差距。受储层地质特征、封存机理、地层温度压力等因素影响，其中地层压力和封存时间影响最大。中国沉积盆地的地质构造复杂，对于具体区域和场地尺度的封存潜力评估有必要开展相应数值模拟和室内实验研究，确定相对精准、可靠的封存系数。

碳收集领导人论坛(Carbon Sequestration Leadership Forum，CSLF)在容积法的基础上，提出封存潜力由构造封存、残余气封存、溶解封存构成，这对封存潜力的评估更为准确，被广泛应用。其中构造封存量公式如下：

$$M_s = \rho_{CO_2}V_t\varphi(1 - S_w)E = \rho_{CO_2}AH\varphi(1 - S_w)E \tag{8.3}$$

式中　V_t——储层构造封存圈闭体积，m^3；

　　　S_w——储层的残余水饱和度,%。

8.1.1.2　残余气封存量计算

根据 CSLF 提出的计算方法，残余气封存量计算式如下：

$$M_r = \Delta V_t\varphi S_{CO_2}\rho_{CO_2} \tag{8.4}$$

式中　M_r——残余气封存理论封存量，kg；

　　　ΔV_t——残余气封存体积，m^3；

　　　S_{CO_2}——残余气饱和度,%。

残余气封存体积随时间不断变化，随 CO_2 的扩散和运移而增加。因此，对该封存方式的潜力评估应基于某一时间点。诸多学者通过实验测定残余气饱和度，对残余气封存规律进行研究，但对其整体进行定量评价的研究较少，一般通过数值模拟对封存量进行评估。只有当 CO_2 通过储层岩石，且地层水重新渗入被 CO_2 占据的孔隙空间时，残余气封存机理才发挥作用，故常与溶解封存同时出现，对目标储层评估封存潜力时应将残余气封存和溶解封存结合起来考虑。

8.1.1.3　溶解封存量计算

在进行碳封存之前，地层原本有一部分无机碳溶解在水中，即初始含碳量，但由于地层水在地表条件下会不断析出气体，初始含碳量难以确定。Bachu 等的研究表明，在不考虑储层初始含碳量的情况下，计算的封存量稍微偏大1.3%，基本可忽略。

CSLF 采用忽略初始含碳量的方式直接利用溶解度计算封存量：

$$M_{\mathrm{b}} = AH\varphi(\rho_{\mathrm{s}}X_{\mathrm{s}}^{\mathrm{CO_2}} - \rho_{\mathrm{i}}X_{\mathrm{i}}^{\mathrm{CO_2}}) \tag{8.5}$$

简化后：

$$M_{\mathrm{b}} \approx AH\varphi\rho_{\mathrm{i}}R_{\mathrm{CO_2}}M_{\mathrm{CO_2}} \tag{8.6}$$

式(8.5)和式(8.6)中　M_{b}——溶解封存理论封存量，kg；

ρ_{s}——注入饱和 CO_2 后的密度，kg/m^3；

ρ_{i}——地层水初始密度，kg/m^3；

$X_{\mathrm{s}}^{\mathrm{CO_2}}$——注入饱和 CO_2 后的 CO_2 质量分数，%；

$X_{\mathrm{i}}^{\mathrm{CO_2}}$——地层水初始的 CO_2 质量分数，%；

$R_{\mathrm{CO_2}}$——地层水的 CO_2 溶解度，mol/kg；

$M_{\mathrm{CO_2}}$——CO_2 摩尔质量，取 0.044kg/mol。

李小春等在 CSLF 简化公式基础上，提出了考虑实际面积和厚度的潜力评价公式 (8.7)，并且计算出中国主要沉积盆地盐水层的有效封存量为 1.43505×10^{11}t。

$$G_{\mathrm{b}} = aA\eta H\varphi\rho_{\mathrm{s}}R_{\mathrm{CO_2}}M_{\mathrm{CO_2}} \tag{8.7}$$

式中　G_{b}——溶解封存有效封存量，kg；

a——封存实际面积占总面积比例，取经验值 0.01；

η——封存实际厚度占总厚度比例，取经验值 0.1。

以上方法均利用了 CO_2 溶解度计算溶解封存量。溶解度是决定溶解封存量的关键参数，主要受储层温度和压力、地层水矿化度以及 pH 值等因素影响，在低温、高压及低矿化度环境中溶解度较高，一般根据 DUAN 等模型确定取值。溶解封存潜力评估除了忽略初始含碳量，还要确保地层水饱和 CO_2 后不会再有矿物溶解或析出，事实上，考虑到储层的非均质性，储层不可能完全被饱和，所以该方法计算精度不高。

8.1.1.4　矿物封存量计算

由于复杂性强、时间尺度大及影响因素众多，目前关于矿物封存量的计算公式很少，准确评价矿物封存潜力尚需深入研究。不少学者通过室内实验或数值模拟对地层中的主要矿物封存量进行研究，Ding 等假设一年内矿物封存的速率保持不变，提出在不同时间点对以年为单位进行封存潜力评估：

$$M_{\mathrm{m}} = \sum(rM_{\mathrm{CO_2}} \times 3.1536 \times 10^{12})t \tag{8.8}$$

式中　M_{m}——矿物封存理论封存量，kg；

r——矿物溶解速率，mol/s；

t——封存时间，a。

构造封存、残余气封存、溶解封存和矿物封存四种封存机理在安全性、封存量上有很大的区别，随着时间增长，封存机理的安全性依次升高。由于与盖层封闭性、完整性及渗透性相关，构造封存安全性最差。在长期封存过程中，往往不是单一封存机理发挥作用，起主导作用的机理不断发生变化。在 CO_2 开始注入时构造封存起主导作用；随着时间增长，残余气封存和溶解封存的作用逐渐变大；随时间的进一步推移，矿物封存也开始发挥作用，封存稳定性和安全性随着时间增长不断增长。

在同一时间内四种封存机理同时存在，CO_2 封存潜力是四种封存机理的封存量之和，即

$$M_{CO_2t} = M_s + M_r + M_b + M_m \qquad (8.9)$$

式中　M_{CO_2t}——CO_2 地质封存潜力。

开放构造储层由于存在水动力作用，在长时间尺度范围内，地质构造中圈闭的 CO_2 可认为完全溶解在水中，即构造封存转化为溶解封存，而矿物封存反应速率远小于 CO_2 溶解速率，故储层中 CO_2 封存潜力可认为由残余气封存和溶解封存构成，即

$$M_{CO_2t} = M_r + M_b \qquad (8.10)$$

8.1.2　面积法

1992 年，Koide 等提出面积法，并被欧盟委员会应用于地质封存量估算。该计算方法假设储层是封闭的，地层岩石及储层孔隙流体压缩性为储层空间来源。假设 100m 厚储层的 CO_2 储存能力如以下估计：每单位面积的储存系数(SF)是 200kg/m²，储层的覆盖系数(ACF)为 50%，即有 50% 的面积适合于储存 CO_2，则储层中 CO_2 的储存潜力可按式(8.11)计算：

$$V_{CO_2} = A \cdot ACF \cdot SF \qquad (8.11)$$

式中　V_{CO_2}——CO_2 的储存能力，kg；

　　　A——储层面积，m²；

　　　ACF——储层覆盖系数；

　　　SF——储存系数，kg/m²。

8.1.3　容积法

利用容积法计算 CO_2 封存量的公式如下：

$$V_{CO_2} = A \cdot h \cdot \phi \cdot (1 - S_{wirr}) \qquad (8.12)$$

式中　V_{CO_2}——CO_2 的封存体积，m³；

　　　S_{wirr}——束缚水饱和度，%；

　　　A——储层面积，m²；

　　　h——储层厚度，m；

　　　ϕ——储层孔隙度，%。

容积法用体积来计算，相比面积法，考虑了饱和度，提高了准确性。

8.1.4　容量系数法

较容积法和面积法，容量系数法的准确性更高，其计算公式如下：

$$M_{CO_2} = A \cdot D \cdot \phi \cdot \rho_{CO_2}(C_{eff} + m) \qquad (8.13)$$

$$C_{eff} = (a + b)(S_g^{struc} + S_w^{struc} X_w^{CO_2} \rho_w / \rho_{CO_2}) \qquad (8.14)$$

式(8.13)、式(8.14)中 C_{eff}——储层有效容量系数;

$\qquad S_g^{struc}$——构造封存控制区内 CO_2 气体饱和度,%;

$\qquad S_w^{struc}$——构造封存控制区内的束缚水饱和度,%, $S_w^{struc} + S_g^{struc} = 1$;

$\qquad a$——构造封存控制区内体积比例系数;

$\qquad b$——残余气饱和度封存控制区折算成构造埋存控制区的体积比例系数;

$\qquad c$——溶解封存所占的体积比例系数;

$\qquad A$——储层覆盖面积,m^2;

$\qquad D$——储层厚度,m;

$\qquad m$——矿物封存系数;

$\qquad X_w^{CO_2}$——CO_2 在盐水中的溶解度,%;

$\qquad \rho_w$——封存条件下饱和 CO_2 的地层水密度,kg/m^3;

$\qquad M_{CO_2}$——储层 CO_2 封存量,kg。

Vangkilde – Pedersen 等对欧洲储层的埋藏容量的预测是采用 CSLF 提出的容量系数法:

$$M_{CO_2} = A \cdot h \cdot N/G \cdot \phi \cdot \rho_{CO_2} \cdot S_{eff} \qquad (8.15)$$

式中 $\quad M_{CO_2}$——区块或圈闭含水层封存容量,kg;

$\qquad A$——区块或圈闭含水层面积,m^2;

$\qquad h$——区块或圈闭含水层的平均厚度,m;

$\qquad N/G$——区块或圈闭含水层的平均有效厚度与总厚度的比值(又称平均砂岩净总比);

$\qquad \phi$——区块或圈闭含水层的平均储层孔隙度,%;

$\qquad \rho_{CO_2}$——CO_2 在油藏条件下的密度,kg/m^3;

$\qquad S_{eff}$——容量系数,kg/m^2。

除此之外,容量系数法的表达式还有:

$$M_{CO_2} = S_f \cdot A \cdot h \cdot S_g / B_{gCO_2} \cdot \varphi \cdot \rho \qquad (8.16)$$

$$M_{CO_2} = A \cdot h \cdot \phi \cdot \rho_{CO_{2r}} \cdot S_{eff} \qquad (8.17)$$

$$M_{CO_2} = V_r \cdot N/G \cdot E \cdot \phi \cdot \rho \qquad (8.18)$$

式(8.16)~式(8.18)中 S_f——容量系数,kg/m^2;

$\qquad S_g$——临界状态 CO_2 的饱和度,%;

$\qquad B_{gCO_2}$——体积系数;

$\qquad \rho$——标况下 CO_2 的密度,kg/m^3;

$\qquad h$——有效厚度,为含水层的平均厚度与平均砂岩净总比的乘积,m;

$\qquad V_r$——含水层总体积,km^3;

$\qquad E$——效率因子,kg/m^2。

该方法包含了 CO_2 的气体部分和在地层水中的溶解部分，基本涵盖了封存过程中可能影响封存的因素。但计算所涉及的参数值较难确定，因此不同机构计算出的结果差别较大。

8.1.5 溶解度法

溶解度法是以容量系数法为基础，将容量系数法中的 a 和 m 值取为 0，得到如下表达式：

$$M_{CO_2} = AD\phi\rho_{CO_2}X_w^{CO_2}\rho_w/\rho_{CO_2} \tag{8.19}$$

式中 A——储层覆盖面积，m^2；

$\quad\quad D$——储层厚度，m；

$X_w^{CO_2}$——CO_2 在地层水中的溶解度，%；

ρ_{CO_2}——CO_2 在对应温度和压力条件下的密度，kg/m^3；

ρ_w——封存条件下饱和了 CO_2 的地层水密度，kg/m^3。

除此之外，溶解度法的表达式还有：

$$M_{CO_2} = A \cdot h \cdot \varphi \cdot \left[\rho_s \cdot W_s^{CO_2} - \rho_o \cdot W_o^{CO_2}\right] \tag{8.20}$$

式中 ρ——地层水的密度，kg/m^3；

下标 o、s——CO_2 在水中原始状态和溶解后状态；

$W_o^{CO_2}$、$W_s^{CO_2}$——CO_2 的质量分数，%；

$\quad\quad h$——储层厚度，m。

8.2 封存适宜性评价

二氧化碳地质封存适宜性评价对封存选址和实现高效封存具有重要意义。我国目前适宜性评价体系主要是借鉴国外的基本评价流程，再考虑我国具有许多复杂特征的盆地，实际二氧化碳地质条件也十分特殊，同时综合我国当下的矿产资源开发原则，实际体系的评价流程总共可划分为五个阶段。本节在介绍封存潜力分级的基础上，构建封存评价体系，并分别进行枯竭油气藏和咸水层封存适宜性评价。

8.2.1 封存潜力分级

根据碳封存适宜性评价的实际需要，CSLF 提出将封存潜力的评估分为理论封存量、有效封存量、实际封存量和匹配封存量，构建了 CO_2 封存潜力分级金字塔模型（图 8.1）。理论封存量为未考虑物理极限、技术水平、经济能力和法律法规等因素制约的最大封存量；有效封存量是考虑了储层物性、封闭性、封存深度等因素影响的封存量；实际封存量表示考虑当前技术条件、法律及政策、基础设施和经济条件等因素影响的封存量；匹配封存量是根据源汇匹配得到的最终封存量。枯竭油气藏和咸水层 CO_2 封存潜力评估需要确定理论封存量和有效封存量。

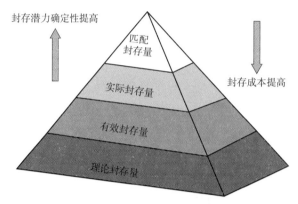

图 8.1　CO_2 封存潜力分级金字塔

枯竭油气藏和咸水层 CO_2 封存潜力适宜性评价的指标及各指标权重、分析方法目前尚无统一标准，一般根据目标地区地质条件、评估目的等自行制定。在充分考虑我国地质构造复杂性、碳封存条件特殊性等因素，借鉴 CSLF 和国内外相关研究成果，中国地质调查局将 CO_2 地质封存潜力与适宜性评价工作划分为国家级、盆地级、目标区级、场地级和灌注级五个评价阶段，并明确了各阶段的目的和任务（表 8.1）。

表 8.1　中国 CO_2 地质封存潜力与适宜性评价工作阶段划分

工作阶段	研究对象	等级	潜力级别	目的、任务
国家级潜力	沉积盆地	E	预测潜力	以单个盆地为单元进行适宜性评价并排序，评价出适宜 CO_2 地质封存的盆地
盆地级潜力	盆地一级构造单元	D	推定潜力	以盆地一级构造单元为单元进行适宜性评价，评价出盆地中 CO_2 地质封存远景区
目标区级潜力	盆地圈闭级构造单元	C	控制潜力	制定 CO_2 地质封存目标靶区选择标准，在圈闭内比选出封存目标靶区
场地级潜力	封存场地	B	基础封存量	对场地开展地质封存勘查和评估，指导灌注工程的设计
灌注级潜力	地质封存工程场地	A	工程封存量	开展 CO_2 灌注工程监测，根据灌注工程的运行状况，对场地灌注量及环境风险进行评估

8.2.2　封存评价体系

CO_2 地质封存场地选址受自然地理条件、气候条件、社会经济条件、交通条件以及工程技术条件等诸多因素的影响。因此，本节从以下四个方面系统总结了 CO_2 地质封存适宜性评价体系，使评价体系具有广泛的适用性（表 8.2）。但不同封存场所的条件存在差异，所以在对具体封存场地的适宜性进行评价时，应视场地情况建立合适的封存评价体系。

表 8.2 CO$_2$ 地质封存适宜性评价指标体系

指标层	指标亚层	指标
安全性	盖层封闭性	岩性
		主力盖层埋深
		单层厚度
		累计厚度
		分布连续性
	断裂条件	断裂特征
		断裂封闭性
	地震火山条件	地震
		地震峰值加速度($g = 9.8 \, \mathrm{m^2/s}$)
		火山
	水动力条件	水动力作用
技术性	储层条件	岩性
		埋藏深度
		厚度
		孔隙度
		渗透率
		渗透率变异系数
	封存潜力	推定潜力
		单位面积推定潜力
	地质地热条件	地表温度
		地温梯度
		地热流值
经济性		碳源规模
		碳源距离
		运输条件
		基础设施
		收益
社会环境		社会认可条件
		人口密度
		地理位置

1）安全性指标。CO$_2$ 注入储层后可能通过盖层裂缝、地层断层、水动力系统等泄漏。因此，安全性指标包括盖层封闭性、断裂条件、地震火山条件和水动力条件等。

2）技术性指标。包括储层条件、封存潜力、地质地热条件等。

3）经济性指标。由于缺少碳税政策推动，目前在中国开展碳封存需要合理考虑碳源、运输条件和收益等指标，达到以较少的投资实现封存的目的。

4）社会环境指标。建立适宜性评价指标体系必须考虑社会环境和自然环境，社会认可条件、地理位置等因素会对当地开展 CO$_2$ 地质封存工程产生一定的影响。

8.2.3 封存适宜性评价方法

根据前文研究，本节以 CO_2 地质封存主控因素分析中的评价指标序列(具体见 7.2.1 节)作为封存评价体系，在灰色关联度分析的基础上，通过计算得到各评价指标参数在不同评价目标中所占权重[式(8.21)]，并建立 CO_2 地质封存适宜性评价模型，对封存储层进行等级划分，为有效评价封存储层条件及封存选址提供有力支撑。权重计算结果见表8.3。

表8.3 权重计算结果

指标	枯竭油气藏		咸水层	
	XCO_2aq	S_g	XCO_2aq	S_g
地层温度/℃	0.107	0.068	0.093	0.061
地层压力/MPa	0.085	0.079	0.103	0.053
孔隙度/%	0.111	0.065	0.052	0.102
渗透率/($10^{-3}\mu m^2$)	0.053	0.070	0.063	0.086
纵横渗透率比	0.071	0.090	0.065	0.086
残余气饱和度/%	0.074	0.088	0.095	0.085
矿化度/%	0.084	0.073	0.083	0.071
盖层总厚度/m	0.054	0.071	0.060	0.089
盖层内部单层厚度/m	0.061	0.070	0.074	0.078
盖地比	0.063	0.081	0.065	0.080
断层发育位置/m	0.073	0.080	0.074	0.077
断层带厚度/m	0.077	0.082	0.080	0.072
断层渗透率/($10^{-3}\mu m^2$)	0.087	0.084	0.093	0.060

单位体积储层 CO_2 溶解质量间接决定了溶解封存能力，气态 CO_2 饱和度表征了封存安全性，因此，结合权重系数和评价矩阵标准化数据，分别建立溶解封存评价因子(R)和封存安全性评价因子(S)，具体计算方法见式(8.22)、式(8.23)。CO_2 封存量和封存安全性是储层适宜性评价中两个同等重要的因素，R 越大，CO_2 溶解封存量越多，即储层越适宜封存；但 S 越大，气态 CO_2 饱和度越高，封存安全性越差，即储层封存适宜性降低。考虑到上述因素，首先对 S 取倒数，将倒数值进行极大值标准化处理后，再对 R 和经过标准化处理后的 S 倒数分别以 0.5 的比重进行加权平均，计算适宜性综合评价因子(F)。建立的适宜性评价模型见式(8.24)：

$$c_i = r_i \Big/ \sum_{i=1}^{m} r_i, i = 1,2,\cdots,m \tag{8.21}$$

$$R = \sum_{i=1}^{k} c_i X_t^{(R)*}(i), t = 1,2\cdots,n; i = 1,2,\cdots,k \tag{8.22}$$

$$S = \sum_{i=1}^{k} c_i X_t^{(S)*}(i), t = 1,2\cdots,n; i = 1,2,\cdots,k \tag{8.23}$$

$$F = 0.5 \times R + 0.5 \times \overline{1/S} \tag{8.24}$$

式(8.21)~式(8.24)中 r_i ——灰色关联度；

c_i——盐水层 CO_2 封存影响因素权重系数；

R——溶解封存评价因子；

S——封存安全性评价因子；

F——适宜性综合评价因子；

$X_t^{(R)*}(i)$——各参数以单位体积储层 CO_2 溶解质量为评价目标的标准化数据；

$X_t^{(S)*}(i)$——各参数以气态 CO_2 饱和度为评价目标的标准化数据；

$\overline{1/S}$——评价因子 S 的倒数标准化处理值；

k——参数数量；

i——子序列个数；

m——常数。

计算得到的枯竭油气藏和咸水层 20 组模型的 R、S 和 F 分别见表 8.4、表 8.5。结果显示，R 分布在 $0.301 \sim 0.622$，S 分布在 $0.259 \sim 0.559$，F 分布在 $0.392 \sim 0.811$。R 和 S 对咸水层封存适宜性的影响相反，R 值越大，S 值越小，溶解封存量越多，封存安全性越高，越适宜封存，因此在此 CO_2 封存选址时应尽可能选择 R 较高、S 较低、F 较大的储层。

表 8.4　枯竭油气藏 20 组模型的 R、S、F 计算结果

参数	模型序号									
	1	2	3	4	5	6	7	8	9	10
R	0.451	0.427	0.410	0.519	0.416	0.526	0.312	0.585	0.348	0.405
S	0.465	0.417	0.479	0.341	0.450	0.365	0.517	0.315	0.511	0.450
F	0.516	0.537	0.487	0.655	0.508	0.634	0.417	0.721	0.438	0.503

参数	模型序号									
	11	12	13	14	15	16	17	18	19	20
R	0.428	0.451	0.578	0.301	0.418	0.381	0.314	0.614	0.329	0.427
S	0.420	0.448	0.300	0.559	0.437	0.473	0.525	0.270	0.536	0.433
F	0.535	0.527	0.738	0.392	0.518	0.476	0.414	0.807	0.416	0.525

表 8.5　咸水层 20 组模型的 R、S、F 计算结果

参数	模型序号									
	1	2	3	4	5	6	7	8	9	10
R	0.463	0.500	0.479	0.436	0.464	0.601	0.441	0.599	0.398	0.400
S	0.418	0.411	0.386	0.493	0.506	0.313	0.401	0.399	0.463	0.522
F	0.542	0.565	0.575	0.480	0.488	0.714	0.543	0.624	0.479	0.448

参数	模型序号									
	11	12	13	14	15	16	17	18	19	20
R	0.549	0.460	0.618	0.506	0.594	0.377	0.622	0.406	0.535	0.431
S	0.337	0.374	0.331	0.404	0.372	0.530	0.259	0.475	0.426	0.453
F	0.660	0.577	0.700	0.574	0.645	0.433	0.811	0.476	0.571	0.502

根据适宜性综合评价因子（F），采用拐点法将枯竭油气藏和咸水层分为Ⅰ、Ⅱ、Ⅲ三个等级，其中枯竭油气藏拐点的阈值分别为 0.48、0.54（图 8.2），咸水层拐点的阈值分别为 0.50、0.62（图 8.3）。其中Ⅰ级储层封存 CO_2 的适宜性好，枯竭油气藏的 F 为 0.54 ~ 1.00，咸水层的 F 为 0.62 ~ 1.00；Ⅱ级咸水层封存 CO_2 的适宜性水平中等，枯竭油气藏的 F 为 0.48 ~ 0.54，咸水层的 F 为 0.50 ~ 0.62；Ⅲ级咸水层封存 CO_2 的适宜性较差，枯竭油气藏的 F 为 0.00 ~ 0.48，咸水层的 F 为 0.00 ~ 0.50。F 越大，储层的等级越高，即地质体封存条件越好，CO_2 溶解封存量越多，气态 CO_2 饱和度越低，储层发生泄漏风险的可能性越小，CO_2 封存潜力越大，越适宜封存 CO_2。

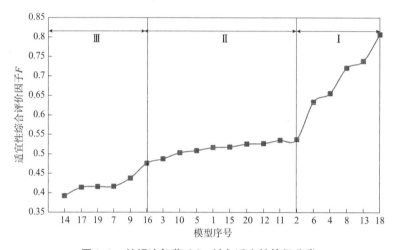

图 8.2　枯竭油气藏 CO_2 封存适宜性等级分类

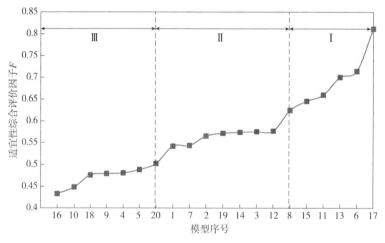

图 8.3　咸水层 CO_2 封存适宜性等级分类

R、S 和 F 的相关性分别如图 8.4、图 8.5 所示。R 和 F 呈线性正相关，S 与 F 呈线性负相关，表明单位体积储层的 CO_2 溶解质量和气态 CO_2 饱和度对封存适宜性的影响较大。CO_2 溶解封存量越多，封存安全性越高，储层封存 CO_2 的适宜性越好。因此在实际 CO_2 封存项目中，应尽可能选择适宜性综合评价因子（F）较大的储层。

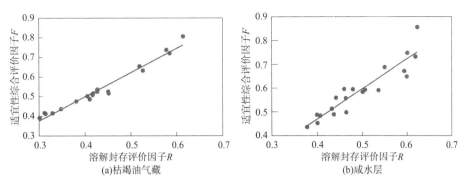

图8.4 评价因子 R 和 F 相关性

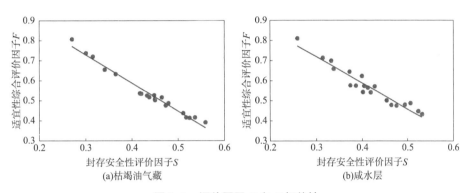

图8.5 评价因子 S 和 F 相关性

图8.6、图8.7分别为枯竭油气藏和咸水层20组模型的 R、S、F 分布。根据 F 划分的储层等级界限，也同样可以将 R 和 S 分为 Ⅰ、Ⅱ、Ⅲ三个等级。其中 Ⅰ 级枯竭油气藏对应的 R 为 $0.42 \sim 1$、S 为 $0 \sim 0.42$；Ⅱ 级枯竭油气藏对应的 R 为 $0.38 \sim 0.42$、S 为 $0.42 \sim 0.47$；Ⅲ 级枯竭油气藏对应的 R 为 $0 \sim 0.38$、S 为 $0.47 \sim 1$。Ⅰ 级咸水层对应的 R 为 $0.56 \sim 1$、S 为 $0 \sim 0.4$；Ⅱ 级咸水层对应的 R 为 $0.44 \sim 0.56$、S 为 $0.40 \sim 0.45$；Ⅲ 级咸水层对应的 R 为 $0 \sim 0.44$、S 为 $0.45 \sim 1$。

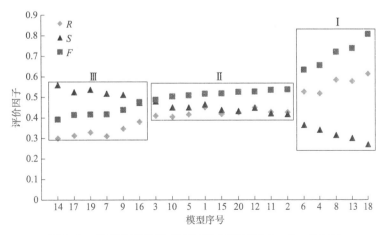

图8.6 枯竭油气藏20组模型的评价因子 R、S、F 分布

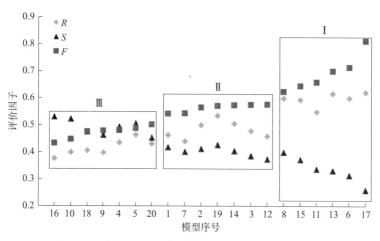

图8.7　咸水层20组模型的评价因子 R、S、F 分布

同理，根据 R 和 S 的等级划分，可以得到各参数在不同 CO_2 封存适宜性条件下的界限值。由于各参数对单位体积储层中 CO_2 溶解质量和气态 CO_2 饱和度的影响并不呈单一线性变化，各因素之间也会相互影响，故采取对不同等级中的相同评价指标取平均值方法，来确定各参数的界限值。枯竭油气藏和咸水层根据 R 和 S 界限得到的各参数在不同等级中的平均值如表8.6、表8.7所示。从表中可以看到，同一参数在不同评价因子的相同等级中的平均值结果近似。受数据点少和不同因素间相互作用的影响，某些因素对应的数值并未随等级增加呈线性变化趋势。

由于 CO_2 地质封存适宜性受溶解封存量和封存安全性的共同影响，同时为了消除各因素间的相互影响，采取和计算适宜性综合评价因子（F）相同的方法，对根据两个评价因子界限得到的相同等级同一参数分别以0.5的比重进行加权求和，并将 Ⅰ、Ⅲ 级储层对应的计算结果作为各参数在不同 CO_2 封存适宜性等级下的界限值（枯竭油气藏结果见表8.8，咸水层结果见表8.9）（对于单一线性变化不明显的指标参数，将 Ⅰ、Ⅱ 级对应的计算结果作为其封存适宜性的等级界限值）。从而依据储层特征参数即可初步判断封存适宜性，为 CO_2 封存选址和后续工作参数优化提供了充分理论支撑。

表8.6　枯竭油气藏根据 R、S 界限得到的各指标参数在不同等级中的平均值

因子	等级	地层温度/℃	地层压力/MPa	孔隙度/%	渗透率/（$10^{-3}\mu m^2$）	纵横渗透率比	残余气饱和度	矿化度/%	盖层总厚度/m	盖层内部单层厚度/m	盖地比	断层发育位置/m	断层带厚度/m	断层渗透率/（$10^{-3}\mu m^2$）
R	Ⅰ	81	7	26	74	1.0	0.05	3	76	9	0.66	690	240	5300
	Ⅱ	80	8	26	78	1.4	0.05	4	75	13	0.60	540	360	7400
	Ⅲ	92	11	27	74	1.3	0.08	5	67	15	0.40	520	480	5800
S	Ⅰ	85	5	25	77	0.9	0.05	3	72	11	0.78	800	167	4167
	Ⅱ	75	10	26	70	1.3	0.05	3	79	11	0.54	643	371	6714
	Ⅲ	91	10	27	78	1.3	0.07	5	69	12	0.44	414	429	6714

表 8.7 咸水层根据 R、S 界限得到的各指标参数在不同等级中的平均值

因子	等级	地层温度/℃	地层压力/MPa	孔隙度/%	渗透率/($10^{-3}\mu m^2$)	纵横渗透率比	残余气饱和度	矿化度/%	盖层总厚度/m	盖层内部单层厚度/m	盖地比	断层发育位置/m	断层带厚度/m	断层渗透率/($10^{-3}\mu m^2$)
R	I	48	14	33	358	1.0	0.07	5	78	9	0.68	960	440	4600
	II	50	16	36	345	1.6	0.09	12	70	12	0.64	711	444	6333
	III	56	16	34	260	2.1	0.09	13	69	10	0.61	400	1000	6500
S	I	46	15	35	340	1.1	0.09	8	78	10	0.69	844	511	5556
	II	50	15	36	393	2.0	0.08	14	61	13	0.64	600	250	5500
	III	60	16	34	261	2.0	0.08	12	69	10	0.57	514	943	6714

表 8.8 各指标参数在不同枯竭油气藏 CO_2 封存适宜性等级下的界限值

等级	地层温度/℃	地层压力/MPa	孔隙度/%	渗透率/($10^{-3}\mu m^2$)	纵横渗透率比	残余气饱和度	矿化度/%	盖层总厚度/m	盖层内部单层厚度/m	盖地比	断层发育位置/m	断层带厚度/m	断层渗透率/($10^{-3}\mu m^2$)
I	<83	<6	<25	>76	<1	<0.05	<3	>74	<10	>0.7	>745	<203	<4733
II	83~92	6~11	25~27	74~76	1~1.3	0.05~0.07	3~5	68~74	10~13	0.4~0.7	467~745	203~454	4733~6257
III	>92	>11	>27	<74	>1.3	>0.07	>5	<68	>13	<0.4	<467	>454	>6257

表 8.9 各指标参数在不同咸水层 CO_2 封存适宜性等级下的界限值

等级	地层温度/℃	地层压力/MPa	孔隙度/%	渗透率/($10^{-3}\mu m^2$)	纵横渗透率比	残余气饱和度	矿化度/%	盖层总厚度/m	盖层内部单层厚度/m	盖地比	断层发育位置/m	断层带厚度/m	断层渗透率/($10^{-3}\mu m^2$)
I	<47	<14	>36	>349	<1.1	<0.076	<6	>78	<9	>0.68	>902	<476	<5078
II	47~58	14~16	34~36	260~349	1.1~2.0	0.076~0.084	6~12	69~78	9~12	0.59~0.68	457~902	476~971	5078~6607
III	>58	>16	<34	<260	>2.0	>0.084	>12	<69	>12	<0.59	<457	>971	>6607

8.3 实例分析验证

应用上述储层适宜性等级分类方法，对目前国内外大规模枯竭油气藏和咸水层 CO_2 封存项目进行等级划分。由于一些地质参数、盖层和断层信息较难收集，因此假设各项目无法收集的地质参数、盖层和断层特征相同，且盖层足够厚，断层距注入井极远，均不存在封存安全性问题。两类地质体各封存项目物性参数及等级划分结果分别如表 8.10、表 8.11 所示。不同项目的储层等级与其封存规模相符，说明上述 CO_2 地质封存适宜性等级分类方法得到了较好验证。

对于枯竭油气藏，五个较大 CO_2 封存项目按照适宜性综合评价因子（F）由大到小的顺

序排列，依次为匈牙利气田项目、加拿大的 Alberta 项目、荷兰的 K12 – B 项目、德国的 CLEAN 项目、澳大利亚的 CO_2 CRC Otway 项目。根据上述方法，虽然各项目的"F"存在差异，但封存适宜性等级相同，均为 I 级，表明这些枯竭油气藏都是较适宜的封存场所。其中除了加拿大 Alberta 项目的封存规模不详，荷兰 K12 – B 项目的 CO_2 年注入量最高达 31 万 ~48 万 t；德国 CLEAN 项目预计注入 10 万 tCO_2；匈牙利气田项目和澳大利亚 CO_2 CRC Otway 项目都在六年的时间里封存 CO_2 约 7 万 t。这些都属于枯竭油气藏 CO_2 地质封存示范工程中封存规模较大的项目，与封存适宜性评价结果一致。

对于咸水层，挪威北海的 Sleipner 项目和加拿大 Quest 项目的 CO_2 封存适宜性最好，封存适宜性等级为 I，相应地，两个项目的 CO_2 年封存规模均超过 100 万 t；其次为澳大利亚的 Gorgon 项目、阿伯及利亚的 In Salah 项目和挪威的 Snøhvit 项目，其封存适宜性等级为 II，三个项目的 CO_2 年封存规模分别约为 100 万 t、70 万 t、40 万 t，神华集团 CCS 项目的封存适宜性等级为 III，其 CO_2 年封存规模为 10 万 t。虽然神华集团 CO_2 封存规模小，但经专家评估，其封存场地——鄂尔多斯盆地的 CO_2 封存潜力大，达 3.45×10^{10} t，因此我国在后续工作中可以将其作为选址重点考虑。

表8.10　国际枯竭油气藏 CO_2 封存项目实际参数及等级划分结果

项目名称	国家	压力/MPa	温度/℃	渗透率/($10^{-3}\mu m^2$)	孔隙度/%	R	S	F	等级
匈牙利气田	匈牙利	2.5	34	5 ~40	8 ~11	0.41	0.51	0.71	I
K12 – B	荷兰	4	128	5 ~30	7 ~10	0.32	0.57	0.61	I
Alberta	加拿大	1	110	10 ~100	12 ~22	0.34	0.53	0.65	I
CO_2 CRC Otway	澳大利亚	17	85	1000 ~5000	20 ~25	0.26	0.60	0.56	I
CLEAN	德国	3 ~5	125	0.2	1 ~6	0.31	0.58	0.60	I

表8.11　国际咸水层 CO_2 封存项目实际参数及等级划分结果

项目名称	国家	矿化度/%	压力/MPa	温度/℃	渗透率/($10^{-3}\mu m^2$)	R	S	F	等级
Sleipner	挪威	1 ~20	9.32	42	1000 ~8000	0.51	0.34	0.76	I
Quest	加拿大	1 ~20	17.94	69	>1000	0.43	0.42	0.62	I
Gorgon	澳大利亚	1 ~20	22.25	82.5	30 ~100	0.37	0.48	0.54	II
In Salah	阿伯及利亚	1 ~20	15.48	65.76	10 ~100	0.41	0.45	0.58	II
SH – CCS	中国	30	15.26 ~21.81	52.4 ~72.92	0.1 ~6.58	0.26	0.56	0.44	III
Snøhvit	挪威	160	28.5	98	185 ~883	0.39	0.47	0.56	II

8.4　小结

CO_2 地质封存潜力评估是封存选址不可或缺的前提，具体方法包括封存机理法、面积法、容积法、容量系数法和溶解度法等，在实际应用中可结合实际地质情况选择较合适的方法进行评估。根据碳封存适宜性评价的实际需要，CSLF 提出将封存潜力的评估分为理论封存量、有效封存量、实际封存量和匹配封存量。中国地质调查局将 CO_2 地质封存潜力与适宜性评价工作划分为国家级、盆地级、目标区级、场地级和灌注级五个评价阶段，不同阶段的目的和任务存在差别。CO_2 地质封存适宜性评价体系可以总结为安全性、技术性、经济性、社会环境四个方面。本章在主控因素分析基础上，计算了各影响因素权重，建立了 CO_2 封存适宜性评价模型，得到了溶解封存评价因子（R）、封存安全性评价因子（S）和适宜性综合评价因子（F）。根据 F 分别将枯竭油气藏和咸水层适宜性由好到差分为Ⅰ、Ⅱ、Ⅲ三个等级；又进一步根据 R 和 S 确定了各影响因素的等级界限范围；利用适宜性评价模型，划分了现有枯竭油气藏和咸水层的实际封存项目的等级，通过验证，得到各项目的封存规模与储层等级的正相关性良好，即等级越好的储层，对应项目的封存规模越大。

参考文献

[1]王亚男，樊毅龙，王朝阳. CO_2 地质封存数值模拟研究[J]. 山东化工，2023，52(4)：53 – 56.

[2]刘世奇，皇凡生，杜瑞斌，等. CO_2 地质封存与利用示范工程进展及典型案例分析[J]. 煤田地质与勘探，2023，51(2)：158 – 174.

[3]姜睿. 国内外 CCUS 项目现状分析及展望[J]. 安全、健康和环境，2022，22(4)：1 – 4，21.

[4]蔡博峰，李琦，张贤，等. 中国二氧化碳捕集利用与封存(CCUS)年度报告(2021)：中国 CCUS 路径研究[R]. 北京：生态环境部环境规划院，中国科学院武汉岩土力学研究所，中国 21 世纪议程管理中心，2021.

[5]袁士义，马德胜，李军诗，等. 二氧化碳捕集、驱油与埋存产业化进展及前景展望[J]. 石油勘探与开发，2022，49(4)：828 – 834.

[6]窦立荣，孙龙德，吕伟峰，等. 全球二氧化碳捕集、利用与封存产业发展趋势及中国面临的挑战与对策[J]. 石油勘探与开发，2023，50(5)：1083 – 1096.

[7]李阳，赵清民，薛兆杰. "双碳"目标下二氧化碳捕集、利用与封存技术及产业化发展路径[J]. 石油钻采工艺，2023，45(6)：655 – 660.

[8]张贤，杨晓亮，鲁玺，等. 中国二氧化碳捕集利用与封存(CCUS)年度报告(2023)[R]. 中国 21 世纪议程管理中心，全球碳捕集与封存研究院，清华大学. 2023.

[9]Garcia, Julio E. Density of Aqueous Solutions of CO_2[R]. Berkeley：Lawrence Berkeley National Laboratory Report，2001.

[10]于立松，张卫东，吴双亮，等. 二氧化碳在深部盐水层中溶解封存规律的研究进展[J]. 新能源进展，2015，3(1)：75 – 80.

[11]李光霁，陈王川. 超临界 CO_2 在超高压状态下的热力学性质研究[J]. 机械设计与制造，2018(6)：243 – 245.

[12]程丽平. 二氧化碳盐水层封存的数值模拟研究[D]. 合肥：中国科学技术大学，2015.

[13]张新平. CO_2 盐水层埋存数值模拟研究[D]. 青岛：中国石油大学(华东)，2011.

[14]Battistelli A，Calore C，Pruess K. The simulator TOUGH2/EWASG for modelling geothermal reservoirs with brines and non – condensible gas[J]. Geothermics，1997，26(4)：437 – 464.

[15]Anderson G，Probst A，Murray L，et al. An accurate PVT model for geothermal fluids as represented by H_2O – NaCl – CO_2 mixtures[C]. California：Proceedings 17th Workshop on Geothermal Reservoir Engineering，Stanford，CA，1992：239 – 248.

[16]舒娇娇. 深部咸水层封存二氧化碳迁移规律研究[D]. 大连：大连海事大学，2020.

[17]吴迪胜. 化工基础(上册)[M]. 北京：高等教育出版社，2000.

[18]张哲伦. 超临界二氧化碳地质封存机理实验研究[D]. 成都：西南石油大学，2016.

[19]吕苗. 鄂尔多斯盆地吴起地区某区块长 4 + 5 二氧化碳封存层特征及潜力评估[D]. 西安：西北大学，2014.

[20]周万山. 砂岩油藏水平井生产效果影响因素研究[D]. 大庆：大庆石油学院，2009.

[21]郝奇琛. 中国内陆盆地地下水流与水盐运移耦合模拟研究：以柴达木盆地典型剖面为例[D]. 北京：

中国地质大学（北京），2015.

[22]付登伟．基于 TOUGH2 的石油运移数值模拟研究［D］．南京：南京大学，2013.

[23]施小清，张可霓，吴吉春．TOUGH2 软件的发展及应用［J］．工程勘察，2009，37（10）：29 – 34，39.

[24]郑艳，陈胜礼，张炜，等．江汉盆地江陵凹陷二氧化碳地质封存数值模拟［J］．地质科技情报，2009，28（4）：75 – 82.

[25]肖勇．柴达木盆地南缘地下水循环演化模式及其变化趋势研究［D］．北京：中国地质大学（北京），2018.

[26]许雅琴，张可霓，王洋．利用 TOUGH2 进行场地规模 CO_2 地质封存的模拟方法［J］．工程勘察，2012，40（3）：37 – 43.

[27]于茵．页岩气开采水力压裂对地下水环境影响的数值模拟分析［D］．北京：中国地质大学（北京），2016.

[28]谭家华，雷宏武．基于 GMS 的三维 TOUGH2 模型及模拟［J］．吉林大学学报（地球科学版），2017，47（4）：1229 – 1235.

[29]许智超．超临界 CO_2 作用下低渗透砂岩的储层物性及渗流参数研究［D］．北京：中国地质大学（北京），2017.

[30]赵利昌，王涛．盐水层 CO_2 埋存潜力及影响因素数值模拟［J］．科技导报，2012，30（31）：39 – 42.

[31]唐蜜．地下盐水层 CO_2 埋存机理及数值模拟研究［D］．成都：西南石油大学，2014.

[32]马垚．二氧化碳地质封存运移规律研究［D］．成都：西南石油大学，2017.

[33]高诚，胥蕊娜，姜培学．超临界 CO_2 在地下盐水层内弥散现象的数值模拟［J］．清华大学学报（自然科学版），2015，55（10）：1105 – 1109，1116.

[34]金旸钧，陈乃安，盛溢，等．地质封存条件下 CO_2 在模拟盐水层溶液中的溶解度研究［J］．油气藏评价与开发，2019，9（3）：77 – 81.

[35]程丽平，易建新，李迪迪，等．盐水层中注水促进超临界 CO_2 溶解的数值模拟［J］．安全与环境学报，2017，17（1）：309 – 314.

[36]张志雄，谢健，戚继红，等．地质封存二氧化碳沿断层泄漏数值模拟研究［J］．水文地质工程地质，2018，45（2）：109 – 116.

[37]杨睿芝．枯竭气藏 CO_2 注入和埋存中与地层水岩石相互作用研究［D］．成都：西南石油大学，2016.

[38]Rezk M G，Foroozesh J. Study of convective – diffusive flow during CO_2 sequestration in fractured heterogeneous saline aquifers［J］．Journal of Natural Gas Science And Engineering，2019，69：102926.

[39]陈晓倩． CO_2 在盐水层扩散与运移实验研究［D］．青岛：中国石油大学（华东），2013.

[40]Zhang C，Wang M L. A critical review of breakthrough pressure for tight rocks and relevant factors［J］．Journal of Natural Gas Science and Engineering，2022，100（45）：104456.

[41]Zhang C，Wang M L. CO_2/brine interfacial tension for geological CO_2 storage：A systematic review［J］．Journal of Petroleum Science and Engineering，2023，220（111154）：1 – 16.

[42]Al – Yaseri A，Yekeen N，Ali M，et al. Effect of organic acids on CO_2 – rock and water – rock interfacial tension：Implications for CO_2 geostorage［J］．Journal of Petroleum Science and Engineering，2022，214：110480.

[43]Ma C F.，Lin C Y，Dong C. M.，et al. Quantitative relationship between argillaceous caprock thickness and

maximum sealed hydrocarbon column height[J]. Natural Resources Research, 2020, 29(3): 2033 – 2049.

[44] Wu T, Pan Z J, Connell L D, et al. Gas breakthrough pressure of tight rocks: A review of experimental methods and data[J]. Journal of Natural Gas Science and Engineering, 2020, 81: 103408.

[45] 高帅, 魏宁, 李小春. 盖岩 CO_2 突破压测试方法综述[J]. 岩土力学, 2015, 36(9): 2716 – 2727.

[46] 鲁雪松, 柳少波, 田华, 等. 深层背斜圈闭中泥岩盖层完整性评价方法及其应用: 以四川盆地川中地区震旦系气藏为例[J]. 石油学报, 2021, 42(4): 415 – 427.

[47] 鲁雪松, 张凤奇, 赵孟军, 等. 准噶尔盆地南缘高探 1 井超压成因与盖层封闭能力[J]. 新疆石油地质, 2021, 42(6): 666 – 675.

[48] 刁玉杰, 张森琦, 郭建强, 等. 深部咸水层 CO_2 地质储存地质安全性评价方法研究[J]. 中国地质, 2011, 38(3): 786 – 792.

[49] 陈博文, 王锐, 李琦, 等. CO_2 地质封存盖层密闭性研究现状与进展[J]. 高校地质学报, 2023, 29(1): 85 – 99.

[50] Hao F, Zhu W L, Zou H Y, et al. Factors controlling petroleum accumulation and leakage in overpressured reservoirs[J]. AAPG Bulletin, 2015, 99(5): 831 – 858.

[51] 张立松, 蒋梦罡, 李文杰, 等. 考虑地质断层激活后的 CO_2 封存流体泄漏模型及数值分析[J]. 油气藏评价与开发, 2022, 12(5): 754 – 763.

[52] 郑菲, 施小清, 吴吉春, 等. 苏北盆地盐城组咸水层 CO_2 地质封存泄漏风险的全局敏感性分析[J]. 高校地质学报, 2012, 18(2): 232 – 238.

[53] 谢健, 魏宁, 吴礼舟, 等. CO_2 地质封存泄漏研究进展[J]. 岩土力学, 2017, 38(S1): 181 – 188.

[54] 胡叶军, 王媛, 刘阳. 深部咸水层二氧化碳沿断层泄漏的运移规律研究[J]. 科学技术与工程, 2015, 15(4): 40 – 46.

[55] 夏盈莉, 许天福, 杨志杰, 等. 深部储层中 CO_2 沿断层泄漏量的影响因素[J]. 环境科学研究, 2017, 30(10): 1533 – 1541.

[56] 张士岩. 考虑断层活化的 CO_2 地质封存流体泄漏及交换机理研究[D]. 青岛: 中国石油大学(华东), 2019.

[57] 李曙光, 王红娜, 徐博瑞, 等. 大宁 – 吉县区块深层煤层气井酸化压裂产气效果影响因素分析[J]. 煤田地质与勘探, 2022, 50(3): 165 – 172.

[58] 姚秀田. 水驱油藏产量递减主控因素确定与应用[J]. 科学技术与工程, 2021, 21(9): 3582 – 3587.

[59] 李铁军, 李成玮, 李曙光, 等. 鄂尔多斯盆地 DJ 区块煤层压裂主控因素及最优区间[J]. 科学技术与工程, 2021, 21(29): 12559 – 12565.

[60] 宋佳, 唐善杰. 基于机器学习的火驱产油量主控因素筛选[J]. 精细石油化工进展, 2023, 24(2): 44 – 48.

[61] 苏朋辉, 夏朝辉, 刘玲莉, 等. 澳大利亚 M 区块低煤阶煤层气井产能主控因素及合理开发方式[J]. 岩性油气藏, 2019, 31(5): 121 – 128.

[62] 闵超, 代博仁, 石咏衡, 等. 基于聚类匹配的煤层气压裂效果主控因素识别[J]. 特种油气藏, 2022, 29(4): 135 – 141.

[63] 马文礼, 李治平, 高闯, 等. 页岩气井初期产能主控因素"Pearson – MIC"分析方法[J]. 中国科技论文, 2018, 13(15): 1765 – 1771.

［64］张天涯．庆城长 7 页岩油水平井产能主控因素分析及有利区优选［D］．西安：西安石油大学，2023．

［65］黄宇琪．贵州地区典型层系页岩含气量主控因素及其定量模型［D］．北京：中国地质大学（北京），2015．

［66］尹卫丽．稀疏主成分分析方法的分类比较［D］．云南：云南财经大学，2022：12 - 21．

［67］张泉，林进，折印楠，等．我国二氧化碳地质封存潜力评价研究进展［J］．中国石油和化工标准与质量，2022，42(11)：144 - 146．

［68］赵玉龙，杨勃，曹成，等．盐水层 CO_2 封存潜力评价及适应性评价方法研究进展［J］．油气藏评价与开发，2023，13(4)：484 - 494．

［69］孙腾民，刘世奇，汪涛．中国二氧化碳地质封存潜力评价研究进展［J］．煤炭科学技术，2021，49(11)：10 - 20．

［70］Ye J，Afifi A，Rowaihy F，et al. Evaluation of geological CO_2 storage potential in Saudi Arabian sedimentary basins［J］. Earth - Science Reviews，2023，244.

［71］Medina E，Levresse G，Carrera - Hernández J J，et al. A basin scale assessment framework of onshore aquifer - based CO_2 suitability storage in Tampico Misantla basin，Mexico［J］. International Journal of Greenhouse Gas Control，2023，125.

［72］Krumins J，Klavins M，Delina A，et al. Potential of the Middle Cambrian Aquifer for Carbon Dioxide Storage in the Baltic States［J］. Energies，2021，14(12)．

［73］Mi Z X，Wang F G，Yang Y Z.，et al. Evaluation of the potentiality and suitability for CO_2 geological storage in the Junggar Basin，northwestern China［J］. International Journal of Greenhouse Gas Control，2018，78：62 - 72.

［74］Zhan J，Su Z Z，Fan C，et al. Suitability Evaluation of CO_2 Geological Storage Based on Unascertained Measurement［J］. Arabian Journal for Science and Engineering，2022，47(9)：11453 - 11467.

［75］Wang J Q，Yuan Y，Chen J W.，et al. Geological Conditions and Suitability Evaluation for CO_2 Geological Storage in Deep Saline Aquifers of the Beibu Gulf Basin(South China)［J］. Energies，2023，16(5).

［76］Wei N，Li X C，Wang Y，et al. A preliminary sub - basin scale evaluation framework of site suitability for onshore aquifer - based CO_2 storage in China［J］. International Journal of Greenhouse Gas Control，2013，12：231 - 246.

［77］Sun J，Chen J W，Yang C Q，et al. Cenozoic Sedimentary Characteristics of the East China Sea Shelf Basin and an Evaluation of the Suitability of Geological Storage of Carbon Dioxide in the Saline Water Layer［J］. Sustainability，2023，15(10).

［78］Oldenburg C M. Screening and ranking framework for geologic CO_2 storage site selection on the basis of health，safety，and environmental risk［J］. Environmental Geology，2008，54(8)：1687 - 1694.

［79］Lv T X，Wan J H，Zheng Y J，et al. Optimization of CO_2 geological storage sites based on regional stability evaluation - A case study on geological storage in tianjin，china［J］. Frontiers in Earth Science，2022，10.

［80］Wang S，Vincent C J，Zeng R S，et al. Geological suitability and capacity of CO_2 storage in the Jiyang Depression，East China［J］. Greenhouse Gases - Science and Technology，2018，8(4)：747 - 761.

［81］Raza A，Gholami R，Rezaee R，et al. Suitability of depleted gas reservoirs for geological CO_2 storage：A simulation study［J］. Greenhouse Gases - Science and Technology，2018，8(5)：876 - 897.

[82] He H J, Yang X K, Chao H X, et al. Creation of CO_2 Geological Storage Suitability Model in Coal – accumulating Basin based on AHP and Fuzzy Comprehensive Evaluation[J]. Disaster Advances, 2013, 6(5): 24 – 30.

[83] He H J, Tian C, Jin G, et al. Evaluating the CO_2 geological storage suitability of coal – bearing sedimentary basins in China[J]. Environmental Monitoring and Assessment, 2020, 192(7).